SHIYOU HUAGONG SHENGCHAN
SHIXI ZHIDAO

石油化工生产实习指导

● 石淑先　主　编
● 乔　宁　副主编

化学工业出版社
·北京·

本书结合高等院校石油化工类、材料类专业生产实习教学特点，在介绍石油化工生产实习的目的和石油化工行业生产特点的基础上，重点介绍与高校有多年合作基础、着重培养工程实践人才的大型石油化工生产企业——中国石化北京燕山分公司的原油炼制、聚乙烯的生产、聚丙烯的生产、顺丁橡胶的生产和溶聚丁苯橡胶的生产；同时对石油化工仿真培训技术进行了介绍。通过生产现场的实地实习，结合仿真培训，全面培养学生或工程技术人员的工程实践能力和生产操作能力。

该书适用于化学工程、材料科学与工程、高分子科学与工程、功能材料、应用化学等与石油化工相关的专业的实习教学，也可为相关技术人员的培训提供参考。

图书在版编目（CIP）数据

石油化工生产实习指导/石淑先主编．—北京：化学工业出版社，2016.9

ISBN 978-7-122-27665-0

Ⅰ.①石… Ⅱ.①石… Ⅲ.①石油化工-生产技术-实习-教材 Ⅳ.①TE65

中国版本图书馆CIP数据核字（2016）第166681号

责任编辑：白艳云　　装帧设计：韩　飞

责任校对：宋　夏

出版发行：化学工业出版社（北京市东城区青年湖南街13号　邮政编码100011）

印　　装：三河市延风印装有限公司

787mm×1092mm　1/16　印张12¾　字数310千字　2016年10月北京第1版第1次印刷

购书咨询：010-64518888（传真：010-64519686）　售后服务：010-64518899

网　　址：http://www.cip.com.cn

凡购买本书，如有缺损质量问题，本社销售中心负责调换。

定　　价：30.00元

前言

21世纪的高校要培养高级创新人才，是要培养具有基本学习技能、信息素质和创新思维能力、人际交往与合作精神、实践能力的高级人才，而生产实习是高校培养学生具备一定实践能力的重要环节和手段，也是本科教学计划中非常重要的一个实践性教学环节，是学校教学的重要补充。特别是对于要求具备工程背景的工科学生或工程类高等职业技术人员，通过生产一线的学习，了解化工企业产品的生产原理、工艺流程及设备等，不仅能加深对书本知识的理解，而且能将理论和实践紧密结合。

本书结合高等院校石油化工类、材料类专业生产实习教学特点，在介绍石油化工生产实习的目的和石油化工行业生产特点的基础上，重点介绍与高校有多年合作基础、着重培养工程实践人才的大型石油化工生产企业——中国石化北京燕山分公司的原油炼制、聚乙烯的生产、聚丙烯的生产、顺丁橡胶的生产和溶聚丁苯橡胶的生产；同时对石油化工仿真培训技术进行了介绍。通过生产现场的实地实习，结合仿真培训，全面培养学生或工程技术人员的工程实践能力和生产操作能力。由于介绍的相关内容大多来自生产实际，因此该书适用于化学工程、材料科学与工程、高分子科学与工程、功能材料、应用化学等与石油化工相关的专业的实习教学，也可为相关技术人员的培训提供参考。

本书由北京化工大学多年带领高分子材料与工程、材料科学与工程专业本科生生产实习的教师和中国石化北京燕山分公司多名工作在生产一线的工程技术人员共同编写。全书共7章，其中第1章由石淑先、陈晓农编写；第2章由乔宁编写；第3章由石淑先、夏宇正、李大伟、杨晚编写；第4章由石淑先、张向莉编写；第5章由石淑先、罗军编写；第6章由石淑先、朱晓光编写；第7章由乔宁、张玉良编写。中国石化北京燕山分公司邓萍、李兴顺及公司专家组对全书进行了审阅和修改。书中部分插图由龚鸿亮绘制。全书由石淑先统稿。

在本书编写过程中，得到了中国石化北京燕山分公司及下属各分厂的大力支持；得到了北京化工大学相关领导和同仁的大力支持及“北京化工大学教材建设项目”、“北京化工大学本科工程实践教育教学改革专项研究项目”的资助；化学工业出版社为本书的出版提供了大力支持和帮助，在此向他们表示诚挚谢意！

由于时间仓促和水平有限，书中难免有不妥之处，敬请同行专家和使用本书的师生批评指正。

编者

2016 年 4 月

目录

第1章

绪 论

21 世纪的高校要培养高级创新人才，是要培养具有基本学习技能、信息素质和创新思维能力、人际交往与合作精神、实践能力的高级人才，而生产实习是高校培养学生具备一定实践能力的重要环节和手段。生产实习是本科教学计划中非常重要的一个实践性教学环节，是学校教学的重要补充部分，是区别于普通学校教育的一个显著特征，是教育教学体系中的一个不可缺少的重要组成部分和不可替代的重要环节。它不仅是校内教学的延续，而且是校内教学的总结，是高校实现高素质人才培养目标的主要途径。

生产实习与课堂教学完全不同。课堂教学中，教师讲授，学生领会，而生产实习则是在教师和生产现场技术人员的共同指导下，通过现场的讲授、参观、座谈、讨论、分析等多种形式，由学生向生产实际学习。生产实习一方面可以使学生巩固在书本上学到的理论知识，另一方面，可获得在书本上不易了解和不易学到的生产现场的实际知识，使学生在实践中得到提高和锻炼，帮助学生将理论知识同生产实践有效结合起来。

1.1 生产实习目的

生产实习的目的是培养学生建立工程意识，培养理论与实践相结合的能力，培养在实践中学习的能力，学会人际交流与共同生活，从而使学生在毕业后能顺利地走上工作岗位。生产实习的目的具体体现在以下几个方面。

(1) 使学生了解和掌握基本的生产知识，验证、巩固和丰富已经学过的课程内容，为后续专业课程的学习、课程设计和毕业设计打下基础。

(2) 让学生了解本专业范围内现代企业的生产组织形式、管理模式及其先进的生产设备和先进的生产技术。

(3) 让学生学会用工程技术的观点和方法去研究问题、分析问题、解决问题，在实际生产中灵活运用所学的理论知识分析实际生产原理和生产过程，提高学生分析问题和解决问题的能力。

(4) 培养学生尊重生产实际的思想作风、实事求是的科学态度、严肃认真的工作作风，并训练学生具备从事专业技术工作及管理工作所必需的各种基本技能和实践动手能力。

1.2 生产实习内容

生产实习是门实践性课程。化工相关专业学生通过到生产企业进行生产实习，掌握和深化专业理论知识，为将来从事化工生产、开发、管理等工作打下坚实的基础，以适应化工生产企业和科技进步对人才的需求。学生在生产实习中，需要学习以下相关内容。

(1) 了解化工生产企业生产的基本情况、产品种类及用途、相关领域的现状与发展。

(2) 学习化工生产企业产品的生产原理、工艺生产流程、技术操作规程、生产影响因素的控制及安全措施。

(3) 了解化工生产企业生产装置中主要设备的结构类型、特点及运行情况。

(4) 了解化工生产企业的总平面布置、化工工艺管道的设计特点及公用工程与主生产装置的配套。

(5) 了解化工生产企业管理机构和职能部门的运行机制及其对生产的作用。

1.3 生产实习要求

生产实习与课堂教学的不同，不仅体现在学习内容和学习方法上，还体现在学习场所上。生产实习要进入生产现场学习，由于生产现场的特殊性，特别是石油化工行业的生产特点，如高温高压、易燃易爆，因此学生实习时必须遵守一定的要求。安全要求是必须放在第一位的，其次是学习的要求。为了保证企业的安全生产，也为了更好地保护实习学生的人身安全和健康，学生在生产实习前有必要对生产过程中的不安全因素进行研究和学习，特别是了解石油化工行业的生产特点，了解生产实习的环境，了解安全生产的各项规章制度等。

1.3.1 了解石油化工行业生产特点

学生的实习是在生产现场，而现场的安全生产是企业的生命线，是企业的头等大事，所以学生接受安全教育和培训是生产实习的重要组成部分。学生必须具备基本的安全意识和安全素质，在保证自身安全、不侵害他人安全、不被外界伤害的前提下，才能更好地完成实习任务。因此了解石油化工行业，了解石油化工行业生产的特点，学习石油化工安全生产知识，使学生自觉地树立安全意识，遵章守纪，学习掌握基本的安全知识和技能，在遇到意外事故时，才能头脑冷静、不惊慌失措；并在听从现场专业技术人员的指挥下，正确地处理和保护自己。石油化学工业（简称石油化工）是以石油或天然气为原料，经过众多生产和加工过程而制取各种石油化工产品的工业，从最初的原油到化工原料，再到数不清的化工产品，因此石油化工行业生产线长，涉及面广，产品众多。石油化工行业目前已成为国计民生中不可缺少的重要行业，熟悉石油化工行业生产链，深入了解石化生产流程具有重要意义。我国的石油化工企业是 20 世纪 60 年代发展起来的，

每年为国家提供大量的石油产品、化肥、合成纤维、合成橡胶和塑料，以及一些基本化工原料，不但保证了国内市场需要，而且部分产品打入了国际市场，其产品对发展工业、农业、科学技术和巩固国防发挥了重要作用。石油化工行业产业链如图 1-1 所示，从原料到成品一目了然。

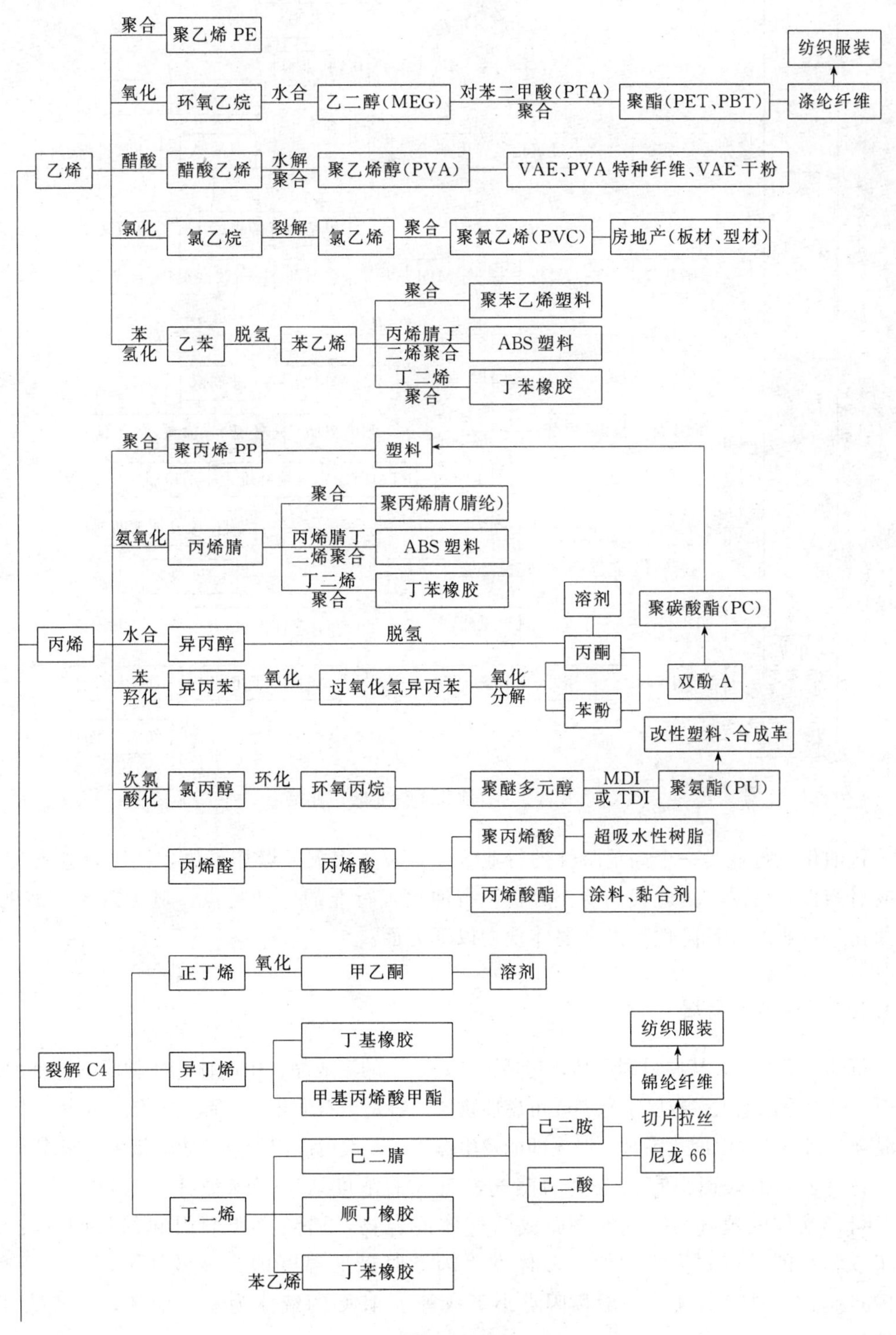

图 1-1

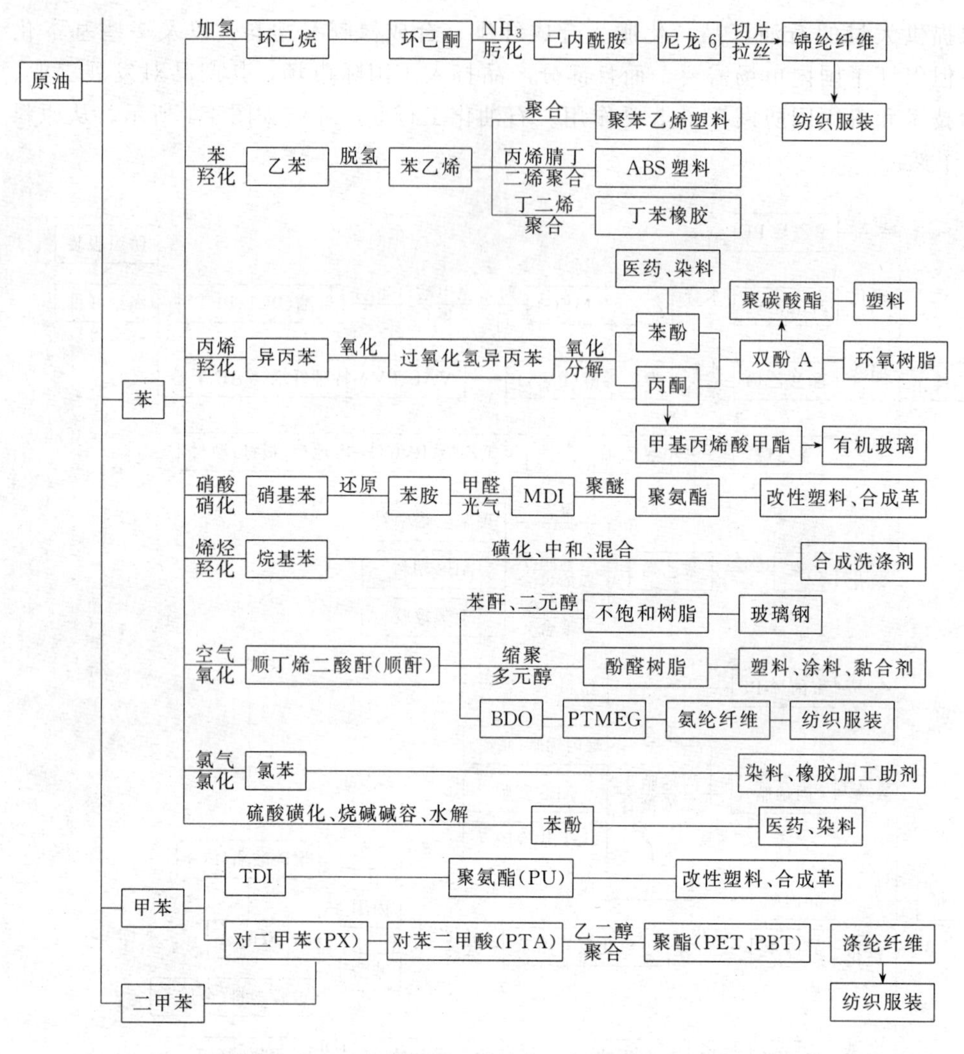

图 1-1 石油化工行业的产业链

石油化工行业是一个高危险性的行业，一旦发生火灾、爆炸事故，往往会造成较大的伤亡或财产损失后果。因此我们要充分认识石油化工行业的生产特点，避免重大事故的发生。石油化工行业的高危险性特点主要体现在以下方面。

1.3.1.1 易燃、易爆

石油化工生产，从原料到产品，包括工艺过程中的半成品、中间体、各种溶剂、添加剂、催化剂、试剂等，绝大多数属于易燃或可燃性物质，特别当石油化工产品的蒸气（可燃气体）和空气混合达到一定的浓度范围时，遇火即能发生爆炸。一般可以用闪点、爆炸极限等来表征。

各种液体的表面都有一定量的蒸气，蒸气的浓度取决于该液体的温度。在一定温度下，可燃液体的蒸气与空气混合而成的气体混合物，遇到火源而引起的瞬间（延续时间少于 5 秒）的燃烧，称为闪燃。液体发生闪燃时最低温度即为该液体的闪点。可燃液体的闪点越低，越易着火。一般称闪点小于或等于 45℃的液体为易燃液体，闪点大于 45℃的液体为可燃液体。

 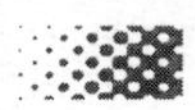

爆炸极限，是可燃物质（可燃气体、蒸气和粉尘）与空气（或氧气）在一定的浓度范围内均匀混合，形成预混气，遇着火源发生爆炸，这个浓度范围称为爆炸极限，或爆炸浓度极限。可燃性混合物能够发生爆炸的最低浓度和最高浓度，分别称为爆炸下限和爆炸上限。可燃性化合物浓度低于爆炸下限时，由于含有过量的空气，空气的冷却作用阻止了火焰的传播；可燃性化合物浓度高于爆炸上限时，由于空气量不足，火焰也不能传播。物质的爆炸下限越低，或爆炸上限和下限间的爆炸范围越宽，爆炸的危险性越大。石油化工中常见物质的闪点和爆炸极限如表 1-1 所示。

表 1-1　常见物质的闪点和爆炸极限

名　称	闪点/℃	爆炸下限/%(体积分数)	爆炸上限/%(体积分数)
甲烷	−188	5.0	15.0
乙烷	<−50	3.0	15.5
丙烷	−104	2.1	9.5
正丁烷	−60	1.5	8.5
异丁烷	−83	1.8	8.4
正戊烷	−40	1.4	7.8
正已烷	−23	1.2	7.5
环已烷	−16.5	1.2	8.3
正庚烷	−4	1.1	6.7
正辛烷	12	0.8	6.5
环氧乙烷	−29	3.0	100
乙烯	—	1.7	34
丙烯	−108	2.0	11.7
1-丁烯	−80	1.8	9.6
异丁烯	−77	1.7	8.8
1,3-丁二烯	<−6	1.4	16.3
苯乙烯	31	1.1	6.1
甲醇	11	5.5	36.0
乙醇	13	3.5	19.0
正丙醇	15	2.0	13.6
异丙醇	12	2.0	12.0
正丁醇	35	1.4	11.3
异丁醇	28	1.7	10.9
叔丁醇	11	2.4	8.0
苯	−10	1.2	8.0
甲苯	4	1.2	7.0
对二甲苯	27	1.0	7.6
邻二甲苯	30	1.0	7.6
乙苯	15	2.3	7.4
异丙苯	43.9	0.9	5.9
丙酮	−20	2.5	13.0
乙腈	6	4.4	16.0
氢气	—	4.0	75.6
氯气(与氢气混合)	—	5.0	87.0
氨气	—	15.0	28.0
一氧化碳	—	12.5	74.0
天然气	28	6.5	17.0
原油	28	1.1	8.7
汽油	<28	1.4	7.6
煤油	28～45	0.7	5.8

1.3.1.2 有毒、有害、有腐蚀

石油化工生产所用的原料、半成品、中间体、溶剂、添加剂、催化剂、试剂等，绝大部分都有毒、有害，甚至有腐蚀性。在现场生产设备密封不好或因设备管道腐蚀，在设备检修、操作失误、发生事故等情况下，这些有毒有害物质会迅速发生外泄，从而严重污染现场环境。现场工作人员如果防护不当或处理不及时，很容易发生中毒事故，对人体造成不同程度的伤害。此外，在生产操作环境和施工作业场所中出现的噪声、粉尘、射线等也是有害的，会严重影响现场工作人员的身体健康，导致各种职业性疾病。所以在进入生产现场前，要充分认识和了解这些有毒有害物质的性质，并采取相应的防护措施。

石油化工生产过程中还会经常用到硫酸、硝酸、盐酸、烧碱等强腐蚀性原料，也有些原料和产品本身具有较强的腐蚀作用，如原油中含有的硫化物，它们不但对人体有很强的化学灼伤作用，而且对金属设备也有很强的腐蚀作用。此外，石油化工生产中涉及很多的化学反应，有些会生成许多新的具有不同腐蚀性的物质，如硫化氢、氯化氢、氮氧化物等。腐蚀不但会使设备减薄、变脆，使得其承受不了原设计压力而发生泄漏或爆炸着火事故，而且还会大大降低设备的使用寿命。

1.3.1.3 静电

静电是一种处于静止状态的电荷或者说不流动的电荷。当电荷聚集在某个物体上或表面时就形成了静电。各类物体都可能由于移动或摩擦而产生静电。化工产品及橡胶制品中的涂胶作业、成型作业及运输途中，都会产生大量的静电荷，其电压最高可达几万伏。例如石油产品在装卸、灌装、泵送等作业过程中，由于流动、喷射、过滤、冲击等缘故，所产生的静电电场强度和油面电位往往高达20～30kV。一般材料的绝缘性越好，越容易产生静电。当带静电物体接触零电位物体（接地物体）或与其有电位差的物体时都会发生电荷转移，发生火花放电现象，可引燃有机粉尘和化学易燃品，引起火灾和爆炸事故，造成严重的经济损失。

要完全消除静电几乎不可能，但可以采取一些措施控制静电使其不产生危害。在设计、试验、生产过程中，要从工艺流程、设备结构材料选配、操作管理等方面采取可靠措施，控制或减少静电的产生，例如静电接地就是一种最简便的防静电措施。同时在有静电的危害场所，不得穿产生静电的衣服和鞋子，要穿防静电服、防静电鞋和手套；使用规定的劳动防护用品和工具，不得携带与工作无关的金属物品等。

1.3.1.4 高温、高压或低温、低压

一个石油化工产品，从原料到最终产品，一般都需要经过很多工序和复杂的加工单元，经过多次反应、分离或加工才能完成。在整个生产流程中，很多工序和单元都需要在高温高压或低温低压的操作条件下实施。这些特殊生产过程的操作条件参数要求非常苛刻，给实现安全生产带来了很大的困难。例如：乙烯生产过程中，石油裂解最高温度需达1000℃；丁基橡胶生产过程中，异丁烯的聚合温度低至－100℃；而在生产高压聚乙烯时，其操作压力高达300 MPa；抽提时操作压力又很低。石油化工生产工艺过程和操作条件都极其复杂，石油化工产品在受热后体积又会迅速膨胀使蒸气压升高，冷却后又会

因体积收缩形成负压，加上许多原料、中间体、添加剂等具有强烈腐蚀性，若储存在密闭的容器内，在温度应力、交变应力等作用下，常会造成容器受压，甚至爆裂，给正常生产造成严重的后果。

1.3.1.5 生产连续、自动化程度高

为了降低单位产品的投资和成本，提高经济效益，现代石油化工生产的装置越来越大，生产连续化程度越来越高，同时为了保证石油化工产品的平稳生产和安全生产，现代化的石油化工生产过程又大多采用了自动化程度很高的操作系统。从原料输入到产品输出，各个生产装置和工序之间都是紧密相连、相互制约，如果一个工序或者一台重要设备发生故障，都会影响到整个生产过程的平稳正常进行，甚至有可能会造成装置停车或发生重大事故。因此，为了最大程度的保证安全生产，在与安全相关的控制系统中，设计了大量的紧急停车控制系统，以及用于设备的各种自动控制、安全联锁、信号报警装置和电视监控等。

1.3.2 学习安全生产规章制度

实习学生进入石油化工生产企业实习，除了了解石油化工行业生产特点外，还要了解安全生产的各项规章制度。为了加强安全生产工作，防止和减少生产安全事故，保障人民群众生命和财产安全，促进经济社会持续健康发展，2002年6月29日第九届全国人民代表大会常务委员会第二十八次会议通过《中华人民共和国安全生产法》，并于2002年11月1日起施行。2014年8月31日第十二届全国人民代表大会常务委员会对该法进行了修订，修订法于2014年12月1日起施行。为了加强安全生产，根据国务院颁布的“关于加强企业生产中安全工作的几项规定”，结合中国石化集团公司《安全生产监督管理制度》，对于化工行业人身安全、防火防爆、车辆、静电、中毒等又发布了十大禁令。因此，实习学生有必要了解各种安全生产相关的规章制度。

1.3.2.1 安全生产方针

目前我国的安全生产方针是“安全第一，预防为主，综合治理”。安全生产方针是政府对安全生产工作总的要求，它是安全生产工作的方向。我国安全生产方针经历了三次变化，即：“生产必须安全、安全为了生产”（1949～1983）；“安全第一，预防为主”（1984～2004）；“安全第一，预防为主，综合治理”（2005～至今）。

1.3.2.2 化工行业“人身安全”十大禁令

① 未经安全教育和技术考核不合格者，严禁独立顶岗操作。

② 不按规定着装或班前饮酒者，严禁进入生产岗位和施工现场。

③ 不戴安全帽，严禁进入检修施工现场或者进入交叉作业场所。

④ 未办理安全作业票及不系安全带者，严禁登高作业。

⑤ 未办理操作票，严禁进入塔、容器、油罐、油舱、有害缺氧场所作业。

⑥ 未办理维修工作票，严禁拆卸停用的机泵或设备管道。

⑦ 未办理电气作业票，严禁进行电气施工作业。

⑧ 未办理施工动土工作票，严禁破土施工。

⑨ 机动设备或受压容器的安全附件、防护装置不齐全好用，严禁启动或使用。

⑩ 机动设备的转动部件必须加防护设施，在运转中严禁擦洗或拆卸。

1.3.2.3 化工行业“防火防爆”十大禁令

① 严禁在厂内吸烟及携带火种和易燃、易爆、有毒、易腐蚀物品入厂。

② 严禁未按规定办理用火手续，在厂内进行施工用火或生活用火。

③ 严禁穿易产生静电的服装进入油气区工作。

④ 严禁穿带铁钉的鞋进入油气区及易燃、易爆装置。

⑤ 严禁用汽油、易挥发溶剂擦洗设备、衣物、工具及地面等。

⑥ 严禁未经批准的各种机动车辆进入生产装置、罐区及易燃易爆区。

⑦ 严禁就地排放易燃、易爆物料及化学危险品。

⑧ 严禁在油气区用黑色金属或易产生火花的工具敲打、撞击和作业。

⑨ 严禁堵塞消防通道及随意挪用或损坏消防设施。

⑩ 严禁损坏厂内各类防爆设施。

1.3.2.4 化工行业“车辆安全”十大禁令

① 严禁超速行驶、酒后驾车。

② 严禁无证开车或学习、实习司机单独驾驶。

③ 严禁空档放坡或采用直流供油。

④ 严禁人货混载、超限装载或驾驶室超员。

⑤ 严禁违反规定装运危险物品。

⑥ 严禁迫使、纵容驾驶员违章开车。

⑦ 严禁车辆带病行驶或私自开车。

⑧ 严禁非机动车辆或行人在机动车临近时，突然横穿马路。

⑨ 严禁吊车、叉车、电瓶车等工程车辆违章载人行驶或作业。

⑩ 严禁撑伞、撒把、带人及超速骑自行车。

1.3.2.5 化工行业“防止静电危害”十大禁令

① 严格按规定的流速输送易燃易爆介质，不准用压缩空气调和、搅拌。

② 易燃、易爆流体在输送停止后，须按规定静止一段时间，方可进行检尺、测温、采样等作业。

③ 对易燃易爆流体贮罐进行测温、采样，不准使用两种或两种以上材料的器具。

④ 不准从罐上部收油，油槽车应采用底管液下装车，严禁在装置或罐区灌装油品。

⑤ 严禁穿易产生静电的服装进入易燃易爆区，尤其不得在该区穿、脱衣服或用化纤织物擦拭设备。

⑥ 容易发生化纤和粉体静电的环境，其湿度必须控制在规定的界限内。

⑦ 易燃易爆区、易产生化纤和粉体静电的装置，必须做好设备防静电接地；混凝土地

面、橡胶地板等导电性要符合规定。

⑧ 化纤和粉体的输送和包装，必须采取消防静电或泄出静电措施，易产生静电的装置设备必须设静电消除器。

⑨ 防静电措施和设备，要指定专人定期进行检查并建卡登记建档。

⑩ 新产品、设备、工艺和原材料的投用，必须对静电情况做出评价，并采取相应的消除静电措施。

1.3.2.6 化工行业“防止中毒”十大禁令

① 对从事有毒作业、有窒息危险作业人员，必须进行防毒急救安全知识教育。

② 工作环境（设备、容器、井下、地沟等）含氧量必须达到20%以上，毒物物质浓度符合国家规定时，方能进行工作。

③ 在有毒场所作业时，必须佩戴防护用具，必须有人监护。

④ 在有毒或有窒息危险的岗位，要制定防救措施和设置相应的防护用具。

⑤ 进入缺氧或有毒气体设备内作业时，应将与其相通的管道加盲板隔绝。

⑥ 对有毒有害场所的有害物浓度，要定期检测，使之符合国家标准。

⑦ 对各类有毒物品和防毒器具必须有专人管理，并定期检查。

⑧ 涉及和监测有毒物质的设备、仪器要定期检查，保持完好。

⑨ 发生人员中毒、窒息，处理及救护要及时、正确。

⑩ 健全有毒物质管理制度，并严格执行。长期达不到规定卫生标准的作业场所，应停止工作。

1.3.2.7 劳动防护用品管理标准

为了加强劳动防护用品的管理，保障劳动者免遭或减轻事故伤害或职业危害，根据《中华人民共和国劳动法》和有关法律法规的规定，劳动者在劳动过程中要求配备防护装备。

① 上岗作业，进入生产、检修、施工现场，必须依照规定穿戴好所需劳动防护用品，如安全帽、劳保鞋、工作服。

② 高空作业必须佩带好安全带。

③ 凡进入有毒有害介质的场所作业，必须佩戴防毒面具。

④ 凡进入高压电场所作业，必须根据电压高低选择适应的绝缘防护装具，并穿戴好绝缘手套、绝缘鞋等防护品。

⑤ 凡进入酸、碱及其他有腐蚀性物质的场所作业，必须穿戴好胶防护服、防护眼镜、胶手套等。

1.3.2.8 防火安全管理标准

① 严禁携带各种火种、引火物、易燃易爆和有毒物品进入可燃可爆区域。

② 严禁穿钉底鞋、拖鞋、高跟鞋进入可燃可爆区域。

③ 严禁使用汽油及各种有机溶剂油擦洗设备、机件、衣物、地板、门窗等。

④ 任何单位和个人未经厂级以上安全部门批准，不得在生产装置和罐区的机房、泵房、采样口等处灌装液化气、汽油、石脑油、溶剂油等石油化工产品。

⑤ 在易燃易爆区域，不得穿脱易产生静电的服装。

⑥ 进入可燃可爆区域，严禁使用手机等非防爆通讯工具。

1.3.3 接受安全教育

安全生产是一项涉及经济、政治、科学、教育、环境的重大问题，是保证社会安定、经济建设健康发展的重要环节。由于石油化工行业与其他行业相比，存在更多的不安全因素，危险性和危害性更大，因此对安全生产的要求也更加严格。石油化工行业发生的各种事故，绝大部分是由于违章指挥、违章作业和违反劳动纪律导致的，还有一些是管理不善、职工安全意识差或存在的隐患造成的，因此为了搞好安全生产，有效预防事故发生，提高人员安全素质，做好安全教育，加强安全管理非常重要。

学生进入化工生产企业实习之前必须接受安全教育。石油化工企业的安全教育一般执行的是三级安全教育，包括厂级安全教育（入厂教育）、车间级安全教育（车间教育）和岗位安全教育（班组教育）。三级安全教育是企业安全教育的基本教育制度，主要是针对新进厂人员，包括新员工、临时工、实习人员等。受教育者，经各级教育考试合格后，方可上岗操作。

1.3.3.1 入厂安全教育

入厂安全教育一般由厂安全技术部门和教育培训部门组织进行。主要负责讲解劳动保护的意义、任务、内容和其重要性；介绍企业的安全概况；介绍国务院颁发的《全国职工守则》和企业职工奖惩条例，以及企业内设置的各种警告标志和信号装置等；介绍企业典型事故案例和教训，抢险、救灾、救人常识以及工伤事故报告程序等。通过入厂安全教育，使新入厂的职工或实习学生树立起“安全第一”和“安全生产人人有责”的思想；了解工厂安全工作发展史、工厂生产特点、工厂设备分布情况及工厂安全生产的组织。

1.3.3.2 车间安全教育

车间安全教育一般由车间主任或车间安全技术人员负责。主要介绍车间的概况、安全技术基础知识、车间防火知识及安全生产文件和安全操作规章制度。例如介绍车间生产的产品、工艺流程及其特点，车间人员结构、安全生产组织状况及活动情况，车间危险区域、有毒有害工种情况，车间劳动保护方面的规章制度和对劳动保护用品的穿戴要求和注意事项，车间事故多发部位、原因、有什么特殊规定和安全要求，介绍车间常见事故和对典型事故案例的剖析，介绍车间文明生产方面的具体做法和要求等。

1.3.3.3 班组安全教育

班组安全教育一般由班组长和安全员负责。主要负责介绍本班组的生产特点、作业环境、危险区域、设备状况、消防设施等；介绍本工种的安全操作规程和岗位责任；介绍正确使用爱护劳动保护用品和文明生产的要求；并进行安全操作示范。重点要介绍高温、高压、易燃易爆、有毒有害、腐蚀、高空作业等方面可能导致发生事故的危险因素；要求受教育者思想上应时刻重视安全生产，自觉遵守安全操作规程，不违章作业，出了事故或发现了事故隐患，应及时报告领导，并采取措施。

1.3.3.4 生产现场注意事项

实习学生在穿好符合化工生产要求的安全帽、工作服等防护用品后，进入现场时，除了遵守常规安全规则外，还应尽可能注意头顶、地上及身边的各种“动”设备。由于化工生产的特殊性和复杂性，很多管线、阀门等设备往往正好在头顶上或在一定的高度上，在现场生产实习时要尽量注意头顶上的这些设备，并尽量避开它们，以免自身受到不必要的伤害。再者化工生产车间很多是由钢制平台搭建而成，有些设备的“跑冒滴漏”会造成现场地面非常湿滑，而且“跑冒滴漏”出的液体往往都是带一定腐蚀性的化工原料，甚至带有很高的温度或气压，因此在平台上行走或者上下楼梯要特别小心，以防踏空跌落。由于化工生产一般都连续进行，实习学生进厂实习时各设备都在正常运转，如搅拌釜、输送泵、压缩机、传送带等，在现场实习时千万不能忽视这些设备的存在，以防受到不必要的伤害。另外由于现代化的化工生产现场很难见到工作人员，几乎所有的控制都在中控室完成，因此实习学生到现场实习时，千万不要触碰生产装置上的所有阀门、按钮、控制开关等，以免影响生产的稳定操作，如果随意触碰造成紧急停车，损失不可计量；一旦发生事故，后果也不可估量。现场的同学要相互提醒，结伴而行，不可擅自行动，一定要遵守工厂的各项规章制度。

1.3.4 会用实习方法

生产实习是到实际生产现场中学习。实习者不仅要了解工厂的基本情况，还要对生产过程进行全面的了解，对主要装置的作用、生产原理、工艺流程、主要设备、工艺指标、控制手段、产品质量标准等有一个全面的感知和学习。前面说过，石油化工行业不同于一般的行业，除了易燃易爆、有毒有害、高温高压或低温低压等特点外，石油化工生产过程复杂，生产工序多，操控要求高，有些产品需要几十个生产工序才能完成，不仅涉及物料的输送、化学反应，还涉及反应产物的分离、提纯等过程。当一名化工生产的初学者（如新入职员工或实习学生）来到化工生产现场时，面对形形色色的管道、各种各样的设备，根本分不清工艺走向和过程，因此实习学生要想学到更多的知识，更好地为走出校门踏上工作岗位奠定坚实的基础，在实习过程中，不仅要学会有效的实习方法，还要学会看工艺流程图，会找关键设备，会写实习报告。

生产实习是在生产现场进行学习，因此学习的方法不同于学校的课堂学习。学生在深入生产车间和装置现场实习时，要变被动学习为主动学习，虚心向现场工作人员请教，在服从现场管理的情况下，要做到“多听、多看、多问、多想、多记”。要听现场工程技术人员或指导教师的讲解和指导；要看生产装置的操作规程，看实习指导书，看现场的各种设备，看工艺流程；遇到不懂或不明白的问题要多问现场技术人员或指导教师；同时要多想，多问自己几个为什么，例如为什么用这种生产方法？为什么用这种设备？为什么选用这种工艺条件？由于生产现场可能没有教室多媒体和课桌椅等学习条件，而且很多知识是现场技术人员多年工作经验的积累，所以实习学生要随身携带笔记本进行现场记录，实习笔记不仅方便实习学生在实习结束后完成实习报告，而且有利于对知识的巩固吸收。

此外，提前做好一些准备工作，将会使实习达到事半功倍的效果。例如，可以通过网络或专业书籍的查阅，提前了解实习单位的概况、生产的产品种类、生产原理和方法、原材料的种类、设备等，了解各种物料的物理性质和化学性质，了解生产过程中可能存在的影响因素，带着问题去实习，最终带回答案完成实习。

1.3.5 会看工艺流程图

在化工工业生产中，从化工原料到制成化工产品的各项工序安排的程序叫化工生产工艺流程。化工生产工艺流程通常用化工工艺流程图和工艺流程说明来表达。工艺流程说明是用文字的方式对化工生产工艺流程进行描述的另一种方式，在表述过程中可以将原材料、辅助材料的名称、工艺条件等一并表达出来。化工生产工艺流程图是石油化工企业的最基本技术文件，无论是学习了解一个化工厂或生产装置，或者对装置进行设计及技术改造，都必须首先阅读该技术文件。在生产实习过程中，结合现场，认真阅读和学习装置的工艺流程图，学会从纸上认图到现场摸流程、摸设备，做到对生产现场的每个管道、设备、阀门、仪表、流动或生产物料的信息等都能一一对应，最大限度地丰富对各种设备和工艺的感性认识，并最终达到理论与实践的结合，并指导实践，提高自身分析问题和解决问题的综合能力。因此为了达到更好的实习效果，实习学生必须熟悉工艺流程，学会看图、画图。

工艺流程图中主要有图形、标注、图例、标题栏等信息。图形是各种设备的示意图和管线的流程线等。一般主要设备都是按生产过程进行的先后排列并合理布局的，连接设备的管线走向一般是垂直和水平线，两支管线相交时，其中的一条断开一段；管线转弯时一律是直角。标注中会有设备位号及名称、控制点代号及必要的工艺数据等，例如：各类塔设备（填料塔、筛板塔、浮阀塔、泡罩塔、喷洒塔等）用字母 T 表示；各类反应器（固定床反应器、管式反应器、聚合釜等）用字母 R 表示；各类容器（槽、罐等）用字母 V 表示；各类泵（离心泵、齿轮泵、螺杆泵、活塞泵、喷射泵等）用字母 P 表示；各类换热器用字母 E 表示；各类风机用字母 C 表示；温度或者温差用字母 T 表示；压力或者压差用字母 P 表示；流量用字母 F 表示；液位用字母 L 表示。图例表示管件、阀门控制点及其他标注说明等。标题栏则注写了图名和图号等。

如图 1-2 所示为气液相本体组合法聚丙烯生产工艺流程简图，详细的工艺流程图非常复杂。

气液相本体组合法聚丙烯生产简单的工艺流程如下。

由罐区引入的丙烯经脱水后进入丙烯加料罐（D209），通过丙烯加料泵（P209），一部分送到第一液相反应器（D201）、第二液相反应器（D202），浆液洗涤系统（M211）和第一气相反应器凝液罐（D208）等液相系统，另一部分送入丙烯气化罐汽化后送往第一气相反应器（D203）、第二气相反应器（D204）等气相系统。液相丙烯在第一液相反应器（D201）、第二液相反应器（D202）中进行液相本体聚合，聚合热靠丙烯本身的汽化—冷凝—回流来撤除。循环丙烯在浆液洗涤系统（M211）中与液相聚合釜排出的淤浆逆向接触，使细粉末及由短路带出的催化剂循环回第一液相反应器（D201）。洗涤后浆液进入第一气相反应器（D203），进入聚合釜的液相丙烯靠聚合热汽化成气相作为使聚合物流化

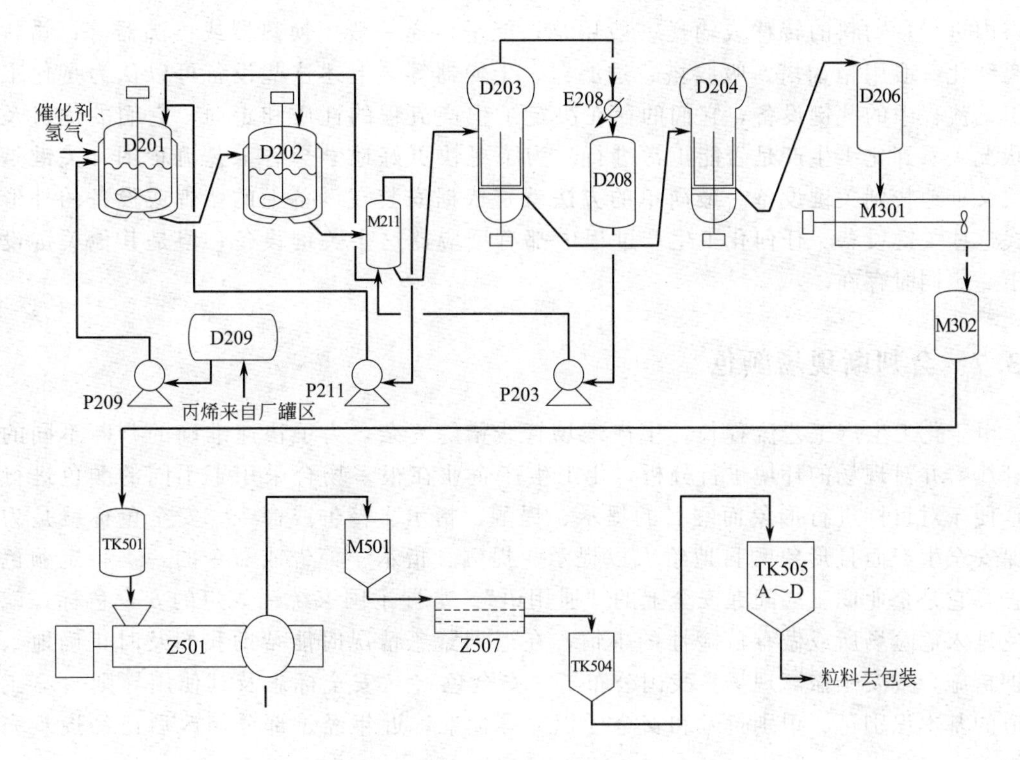

图 1-2 气液相本体组合法聚丙烯生产工艺流程简图

D201—第一液相反应器；D202—第二液相反应器；D203—第一气相反应器；D204—第二气相反应器；D206—粉料分离系统；D208—第一气相反应器凝液罐；D209—丙烯加料罐；P203—丙烯循环泵；P209—丙烯加料泵；P211—丙烯循环泵；E208—第一气相反应器冷凝器；M301—粉末干燥器；M302—汽蒸罐；M211—浆液洗涤系统；M501—颗粒干燥器；Z501—造粒机；Z507—颗粒振动筛；TK501—粉末料仓；TK504—颗粒料斗；TK505—颗粒料仓

的气体。该气体由第一气相反应器冷凝器（E208）冷凝以控制聚合压力。冷凝后的丙烯用丙烯循环泵（P203）返回液相系统，第一气相反应器（D203）的聚合热主要靠丙烯汽化带走。从第一气相反应器（D203）出来的粉料进入第二气相反应器（D204）。第二气相反应器（D204）加入一定量的气相丙烯进行反应。气体从流化床的下部吹入，聚合热靠循环气体带出，再经冷却后撤除。聚合物经过粉料分离系统（D206）降压闪蒸除去少量未反应的丙烯（或乙烯）气体后送到后续单元。从粉料分离系统（D206）排出的粉末进入粉末干燥器（M301）进行干燥，干燥粉末通过旋转阀进入汽蒸罐（M302）。在汽蒸罐（M302）内，用热氮气和蒸汽混合气吹入，以分解掉粉末中的残余催化剂，并进一步使粉末干燥，干燥后的粉末用氮气输送到粉末料仓（TK501）中储存，然后用计量进料器连接稳定地向造粒机（Z501）提供粉料进行造粒。颗粒送入颗粒干燥器（M501）中进一步离心干燥，干燥后颗粒送到颗粒振动筛（Z507）筛分，除去不合格颗粒。合格颗粒送到颗粒料斗（TK504）中，再由颗粒输送风机送到颗粒料仓（TK505A～D）中，最后粒料送去包装车间进行包装。

1.3.6 会找关键设备

化工生产过程中会用到很多化工设备，例如化学反应一般是在反应釜、反应器或反应塔内进行；物料的转移或输送一般用泵；能量传递一般用换热器或再沸器等；物料的分离纯化一般用精馏塔、吸收塔、过滤器、干燥器等。上述这些设备可以认为是化工生产工艺流程中的关键设备，它们的存在决定了生产流程的性质和走向，它们的优劣及运转状况关系到化工生产是否能正常进行。为了更快更好地学会看工艺流程图，关键是要又快又准地找到关键设备。最简单的方法就是依据安装在设备上的铭牌或设备的外形来查找这些关键设备。任何化工生产过程中都有反应器这个关键设备，但是其他关键设备却不一定同时存在。

1.3.7 会判断现场颜色

由于化工生产工艺流程长，生产现场管线错综复杂，为了快速准确的判断不同的物流管线，并对现场的环境进行分析，化工生产企业在很多场合采用了不同的颜色进行标记，便于对目标进行形象而醒目的提示、提醒、指示、警告或命令。安全色标就是为了确保安全生产而且形象醒目地给人以提示、提醒、指示、警告或命令的一类特定颜色的标志，它是企业职工之间在安全上的“通用语”。掌握了国家统一规定的安全色标，就可避免进入危险场所或做有危险性的事情，在遇到紧急情况时能帮助我们及时正确地采取保护措施，或安全撤离现场。我国公布了《安全色》、《安全标志及其使用导则》、《工业管道的基本识别色、识别符号和安全标识》等标准，近年经过部分修改后已经逐步完善和规范。

1.3.7.1 安全色

《安全色》(GB 2893—2008) 强制性规定采用红、黄、蓝、绿四种颜色来表示安全色。红色是表示禁止、停止、危险以及消防设备的意思。蓝色表示指令，要求人们必须遵守的规定。黄色表示提醒人们注意。绿色表示给人们提供允许、安全的信息。此外，为了使安全色衬托的更加醒目，又规定用白色和黑色作为安全色的对比色，其中黄色的对比色为黑色，红、蓝、绿的对比色为白色。黄色与黑色对比色表示警告危险。红色与白色对比色表示禁止通过，一般用在铁路、公路、道路、企业等的防护栏上，起到警告危险、禁止通行的目的。

1.3.7.2 安全标志

《安全标志及其使用导则》(GB 2894—2008) 规定安全标志由安全色、几何图形和图形符号构成，目的是为了引起人们对不安全因素的注意，预防发生事故。安全标志共有 56 个，共分成四大类，即禁止、警告、指令和提示，并用四个不同的几何图形表示。

① 禁止标志是红色圆环加一斜杠，图形用黑色，背景用白色。禁止标志有禁止烟火、禁止吸烟、禁止用水灭火、禁止通行、禁放易燃物、禁带火种、禁止启动、修理时禁止转动、运转时禁止加油、禁止跨越、禁止乘车、禁止攀登、禁止饮用、禁止架梯、禁止入内、禁止停留、禁止触摸、禁止戴手套、禁止穿带钉鞋等 40 个。

② 警告标志的三角形和图像用黑色，背景用黄色。警告标志有：当心火灾、当心爆炸、当心腐蚀、当心中毒、当心伤手、当心机械伤人、当心滑跌等 39 个。

③ 指令标志是提醒人们必须要遵守的一种标志。几何图形是圆形，用白色绘画图形，背景用蓝色。指令标志有：必须戴防护眼镜、必须戴防毒面具、必须戴安全帽、必须戴护耳器、必须戴防护手套、必须穿防护靴、必须系安全带、必须穿防护服 8 个。

④ 提示标志是指示目标方向的安全标志。背景用绿色文字，图形配白色。几何图形是长方形，按长短边的比例不同，分一般提示标志和消防设备提示标志两类。一般提示标志有：安全通道、太平门。消防提示标志由消防警铃、火警电话、地下消火栓、地上消火栓、消防水带、灭火器、消防水泵接合器等 16 个。

此外，安全标志的文字说明必须与安全标志同时使用，补充标志应位于安全标志几何图形的下方，文字有横写和竖写两种方式。

1.3.7.3 工业管道的识别色

化工生产企业的化工管道在实际使用中会涂成不同颜色，这种涂色与安全色的含义虽然不同，不能完全称为安全色标，但是能帮助人们正确地识别某种较危险物质或危险物质，在方便操作、排除故障、处理事故中具有重要的作用。

《工业管道的基本识别色、识别符号和安全标识》(GB 7231—2003) 规定不同颜色的钢瓶储存不同性质的气体。例如：氮气钢瓶是黑色的；氧气钢瓶是天蓝色的；液氯钢瓶是草绿色的；氢气钢瓶是淡绿色的；液氨钢瓶是黄色的；二氧化碳钢瓶是铝白色的；液化石油气（民用）钢瓶是银灰色的；液化石油气（工业用）钢瓶是棕色的。表 1-2 是常用气体钢瓶的外部颜色标志。

表 1-2 常用气体钢瓶的外部颜色标志

序号	充装气体	化学式	瓶色	字样	字色	色环
1	乙炔	$CH \equiv CH$	白	乙炔不可近火	大红	
2	氢气	H_2	淡绿	氢	大红	P=20,淡黄色单环 P=30,淡黄色双环
3	氧气	O_2	淡(酞)蓝	氧	黑	P=20,白色单环 P=30,白色双环
4	氮气	N_2	黑	氮	淡黄	
5	空气		黑	空气	白	
6	二氧化碳	CO_2	铝白	液化二氧化碳	黑	P=20,黑色单环
7	氨气	NH_3	淡黄	液化氨	黑	
8	氯气	Cl_2	深绿	液化氯	白	
9	氟气	F_2	白	氟	黑	
10	一氧化氮	NO	白	一氧化氮	黑	
11	二氧化氮	NO_2	白	液化二氧化氮	黑	
12	碳酰氯	$COCl_2$	白	液化光气	黑	
13	砷化氢	AsH_3	白	液化砷化氢	大红	
14	磷化氢	PH_3	白	液化磷化氢	大红	
15	乙硼烷	B_2H_6	白	液化乙硼烷	大红	
16	四氟甲烷	CF_4	铝白	氟氯烷 14	黑	
17	二氟二氯甲烷	CCl_2F_2	铝白	液化氟氯烷 12	黑	
18	二氟溴氯甲烷	$CBrClF_2$	铝白	液化氟氯烷 12B1	黑	
19	三氟氯甲烷	$CClF_3$	铝白	液化氟氯烷 13	黑	P=12.5,深绿色单环
20	三氟溴甲烷	$CBrF_3$	铝白	液化氟氯烷 B1	黑	
21	六氟乙烷	CF_3CF_3	铝白	液化氟氯烷 116	黑	

续表

序号	充装气体	化学式	瓶色	字样	字色	色环
22	一氟二氯甲烷	$CHCl_2F$	铝白	液化氟氯烷 21	黑	
23	二氟氯甲烷	$CHClF_2$	铝白	液化氟氯烷 22	黑	
24	三氟甲烷	CHF_3	铝白	液化氟氯烷 23	黑	
25	四氟二氯乙烷	$CClF_2—CClF_2$	铝白	液化氟氯烷 114	黑	
26	五氟氯乙烷	$CF_3—CClF_2$	铝白	液化氟氯烷 115	黑	
27	三氟氯乙烷	$CH_2Cl—CF_3$	铝白	液化氟氯烷 133a	黑	
28	八氟环丁烷	$CF_2CF_2CF_2CF_2$（环）	铝白	液化氟氯烷 C318	黑	
29	二氟氯乙烷	CH_3CClF_2	铝白	液化氟氯烷 142b	大红	
30	1,1,1-三氟乙烷	CH_3CF_3	铝白	液化氟氯烷 143a	大红	
31	1,1-二氟乙烷	CH_3CHF_2	铝白	液化氟氯烷 152a	大红	
32	甲烷	CH_4	棕	甲烷	白	P=20,淡黄色单环 P=30,淡黄色双环
33	天然气		棕	天然气	白	
34	乙烷	CH_3CH_3	棕	液化乙烷	白	P=15,淡黄色单环 P=20,淡黄色双环
35	丙烷	$CH_3CH_2CH_3$	棕	液化丙烷	白	
36	环丙烷	$CH_2CH_2CH_2$（环）	棕	液化环丙烷	白	
37	丁烷	$CH_3CH_2CH_2CH_3$	棕	液化丁烷	白	
38	异丁烷	$(CH_3)_3CH$	棕	液化异丁烷	白	
39-1	工业用液化石油气		棕	液化石油气	白	
39-2	民用液化石油气		银灰	液化石油气	大红	
40	乙烯	$CH_2=CH_2$	棕	液化乙烯	淡黄	P=15,白色单环 P=20,白色双环
41	丙烯	$CH_3CH=CH_2$	棕	液化丙烯	淡黄	
42	1-丁烯	$CH_3CH_2CH=CH_2$	棕	液化丁烯	淡黄	
43	顺丁烯	$H_3C—CH$ ‖ $H_3C—CH$	棕	液化顺丁烯	淡黄	
44	反丁烯	$H_3C—CH$ ‖ $HC—CH_3$	棕	液化反丁烯	淡黄	
45	异丁烯	$(CH_3)_2C=CH_2$	棕	液化异丁烯	淡黄	
46	1,3-丁二烯	$CH_2=(CH)_2=CH_2$	棕	液化丁二烯	淡黄	
47	氩	Ar	银灰	氩	深绿	
48	氦	He	银灰	氦	深绿	P=20,白色单环 P=30,白色双环
49	氖	Ne	银灰	氖	深绿	
50	氪	Kr	银灰	氪	深绿	
51	氙	Xe	银灰	液氙	深绿	
52	三氟化硼	BF_3	银灰	氟化硼	黑	
53	一氧化二氮	N_2O	银灰	液化笑气	黑	P=15,深绿色单环
54	六氟化硫	SF_6	银灰	液化六氟化硫	黑	P=12.5,深绿色单环
55	二氧化硫	SO_2	银灰	液化二氧化硫	黑	
56	三氯化硼	BCl_3	银灰	液化氯化硼	黑	
57	氟化氢	HF	银灰	液化氟化氢	黑	

续表

序号	充装气体	化学式	瓶色	字样	字色	色环
58	氯化氢	HCl	银灰	液化氯化氢	黑	
59	溴化氢	HBr	银灰	液化溴化氢	黑	
60	六氟丙烯	$CF_3CF=CF_2$	银灰	液化全氟丙烯	黑	
61	硫酰氟	SO_2F_2	银灰	液化硫酰氟	黑	
62	氘	D_2	银灰	氘	大红	
63	一氟化碳	CF	银灰	一氟化碳	大红	
64	氟乙烯	$CH_2=CHF$	银灰	液化氟乙烯	大红	P=12.5,深黄色单环
65	1,1-二氟乙烯	$CH_2=CF_2$	银灰	液化偏二氟乙烯	大红	
66	甲硅烷	SiH_4	银灰	液化甲硅烷	大红	
67	氯甲烷	CH_3Cl	银灰	液化氯甲烷	大红	
68	溴甲烷	CH_3Br	银灰	液化溴甲烷	大红	
69	氯乙烷	C_2H_5Cl	银灰	液化氯乙烷	大红	
70	氯乙烯	$CH_2=CHCl$	银灰	液化氯乙烯	大红	
71	三氟氯乙烯	$CF_2=CClF$	银灰	液化三氟氯乙烯	大红	
72	溴乙烯	$CH_2=CHBr$	银灰	液化溴乙烯	大红	
73	甲胺	CH_3NH_2	银灰	液化甲胺	大红	
74	二甲胺	$(CH_3)_2NH$	银灰	液化二甲胺	大红	
75	三甲胺	$(CH_3)_3N$	银灰	液化三甲胺	大红	
76	乙胺	$C_2H_5NH_2$	银灰	液化乙胺	大红	
77	二甲醚	CH_3OCH_3	银灰	液化甲醚	大红	
78	甲基乙烯基醚	$CH_2=CHOCH_3$	银灰	液化乙烯基甲醚	大红	
79	环氧乙烷	CH_2OCH_2（环状）	银灰	液化环氧乙烷	大红	
80	甲硫醇	CH_3SH	银灰	液化甲硫醇	大红	
81	硫化氢	H_2S	银灰	液化硫化氢	大红	

注：1. 色环栏内的 P 是气瓶的公称工作压力，MPa。

2. 序号 39，民用液化石油气瓶上的字样应排成两行，“家用燃料”居中的下方为“（LPG）”。

不同颜色的化工管道输送不同性质的流体，高压蒸汽管是红色的；氨气管是黄色的；水管是绿色的；排污管是黑色的；氧气管是蓝色的；放空管是白色的。表 1-3 是化工管道涂颜色和注字规定表。

表 1-3　化工管道涂颜色和注字规定表

序号	介质名称	涂色	管道注字名称	注字颜色
1	工业水	绿	上水	白
2	井水	绿	井水	白
3	生活水	绿	生活水	白
4	过滤水	绿	过滤水	白
5	循环上水	绿	循环上水	白
6	循环下水	绿	循环回水	白
7	软化水	绿	软化水	白
8	清静下水	绿	净化水	白
9	热循环回水(上)	暗红	热水(上)	白
10	热循环回水	暗红	热水(回)	白
11	消防水	绿	消防水	红
12	消防泡沫	红	消防泡沫	白
13	冷冻水(上)	淡绿	冷冻水	红
14	冷冻回水	淡绿	冷冻回水	红
15	冷冻盐水(上)	淡绿	冷冻盐水(上)	红

续表

序号	介质名称	涂色	管道注字名称	注字颜色
16	冷冻盐水(回)	淡绿	冷冻盐水(回)	红
17	低压蒸汽	红	低压蒸汽	白
18	中压蒸汽	红	中亚蒸汽	白
19	高压蒸汽	红	高压蒸汽	白
20	过热蒸汽	暗红	过热蒸汽	白
21	蒸汽回水冷凝液	暗红	蒸汽冷凝液(回)	绿
22	废气的蒸汽冷凝液	暗红	蒸汽冷凝液(废)	黑
23	空气(压缩空气)	深蓝	压缩空气	白
24	仪表用空气	深蓝	仪表空气	白
25	氧气	天蓝	氧气	黑
26	氢气	深绿	氢气	红
27	氮(低压气)	黄	低压氮	黑
28	氮(高压气)	黄	高压氮	黑
29	仪表用氮	黄	仪表用氮	黑
30	二氧化氮	黑	二氧化氮	黄
31	真空	白	真空	天蓝
32	氨气	黄	氨	黑
33	液氨	黄	液氨	黑
34	氨水	黄	氨水	绿
35	氯气	草绿	氯气	白
36	液氨	草绿	纯氯	白
37	纯碱	粉红	纯碱	白
38	烧碱	深蓝	烧碱	白
39	盐酸	灰	盐酸	黄
40	硫酸	红	硫酸	白
41	硝酸	管本色	硝酸	蓝
42	醋酸	管本色	醋酸	绿
43	煤气等可燃气体	紫	煤气(可燃气体)	白
44	可燃液体	银白	油类(可燃液体)	黑
45	物料管道	红	按管道介质注字	黄

注：1. 对于采暖装置一律涂刷银漆，不注字。

2. 通风管道（塑料管除外）一律涂灰色。

3. 对于不锈钢管、有色金属管、玻璃管、塑料管以及保温外用铅皮保护罩时，均不涂色。

4. 对于室外地沟的管道不涂色，但在阴井内接头处应按介质进行涂色。

5. 对于保温涂沥青的防腐管道，均不涂色。

1.3.8 会写实习报告

化工生产实习报告是学生深入工厂车间实习后的总结和汇报。实习结束前，学生要将专业实习的全过程进行分析和总结，及时写出实习报告。实习报告的基本内容包括实习目的、主要原料、基本原理、工艺流程、工艺条件、主要设备、生产操作要点、操作注意事项、问题分析、认识和体会等。实习报告一般用文字形式编写，字数要求在5000字左右，其中工艺流程可以绘制成图形。

1.3.9 组织纪律要求

为了保证化工企业的安全生产，也为了保护实习学生的人身安全，学生进入化工企业实习，必须具备良好的组织纪律性。

① 实习期间服从带队老师的统一领导。

② 实习期间必须按生产企业规定穿戴整齐安全帽、工作服等。

③ 严格遵守生产企业的各项规章制度，服从生产企业现场人员的管理。

④ 在生产现场要虚心向工程技术人员学习，认真做好实习记录。

⑤ 实习期间不得无故缺席、迟到、早退。实习期间原则上不准请假。

⑥ 实习期间禁止出入各种社会娱乐场所，禁止与社会闲杂人员发生争吵。

⑦ 实习休息期间禁止单独行动，禁止单独外出，禁止在规定以外地方留宿。

⑧ 同学之间互相关心，互相帮助，严禁打架斗殴和聚众闹事。

⑨ 自觉遵守实习基地的各项规章制度，与实习基地的老师处理好各种关系。若对基地有意见或者建议，需与带队老师沟通后提出。

⑩ 实习期间违反纪律，指导教师有权终止其实习资格，并上报学校按学生守则有关规定进行处理。

思 考 题

1. 大学生为什么要进行生产实习？
2. 生产实习和课堂学习有何不同？
3. 石油化工生产行业的生产特点是什么？
4. 为什么说石油化工行业是个高危险的行业？
5. 大学生在石油化工生产企业实习期间，要学习和了解哪些方面的内容？
6. 大学生进入石油化工生产企业生产实习时，需要如何进行劳动保护？
7. 大学生在石油化工生产企业生产实习有哪些要求？
8. 大学生进入石油化工生产企业生产实习时，为什么不能带打火机进入厂区？
9. 大学生进入石油化工生产企业生产实习时，为什么必须接受安全教育？
10. 大学生在生产实习时，如何使生产实习达到事半功倍的效果？
11. 石油化工生产企业生产现场的管线为什么颜色各不相同？
12. 为什么石油化工生产企业生产现场会有很多标语？
13. 石油化工生产企业要求的“三不伤害”指的是什么？

参考文献

[1] 徐忠娟，诸昌武．化工生产实习指导．北京：中国石化出版社，2013.

[2] 张君涛．炼油化工专业实习指南．北京：中国石化出版社，2013.

[3] 张群安，史政海．化工实习实训指导．北京：化学工业出版社，2011.

[4] 陶贤平．化工实习及毕业论文(设计)指导．北京：化学工业出版社，2010.
[5] 郭泉．认识化工生产工艺流程——化工生产实习指导．北京：化学工业出版社，2009.
[6] 尹先清，卞平官，刘军．化学化工专业实习．北京：石油工业出版社，2009.
[7] 付梅莉．石油化工生产实习指导书．北京：石油工业出版社，2009.
[8] 刘小珍．化工实习．北京：化学工业出版社，2008.
[9] 汤建伟，江振西，贾建功．化工和制药工程认识实习教程．郑州：郑州大学出版社，2007.
[10] 杜克生，张庆海，黄涛．化工生产综合实习．北京：化学工业出版社，2007.
[11] 王方林，陈改荣．化工实习指导．北京：化学工业出版社，2006.
[12] 曾坚贤，彭青松．化工实习．北京：中国矿业大学出版社，2014.
[13] 王虹，高敬松，程丽华．化学工程与工艺专业实习指南．北京：中国石化出版社，2009.

第2章

炼 油

石油，又称原油，是从地底深处开采的棕黑色可燃黏稠液体。最早提出“石油”一词的是公元977年中国北宋编著的《太平广记》。正式命名为“石油”是根据中国北宋杰出的科学家沈括（1031～1095）在所著《梦溪笔谈》中根据这种油“生于水际砂石，与泉水相杂，惘惘而出”而命名的。

世界现代石油工业最早诞生于美国宾西法尼亚州的泰特斯维尔村。乔治・比尔斯于1855年请美国耶鲁大学西利曼教授对石油进行了化学分析，得出了石油能够通过加热蒸馏分离成几个组分，每个组分都含有碳和氢的成分，其中一种就是高质量的用以发光照明的油。1858年比尔斯请德雷克上校带人打井，1859年8月27日在钻至112米时，终于获得了石油。从此，利用钻井获取石油、利用蒸馏法炼制石油的技术真正实现了工业化，现代石油工业由此诞生了。

随着人类对石油研究的不断深入，到了20世纪，石油不仅成为现代社会最重要的能源材料，而且其五花八门的产品已经深入到人们生活的各个角落，被人们称为“黑色的金子”，“现代工业的血液”，极大地推动了人类现代文明的进程。

2.1 石油采出及运输

从寻找石油到利用石油，大致要经过四个主要环节，即寻找、开采、输送和加工，这四个环节一般又分别称为石油勘探、油田开发、油气集输和石油炼制。石油勘探是寻找和查明油气资源，利用各种勘探手段了解地下的地质状况并依靠钻井来证实地下是否有油的过程。油田开发是指用钻井的办法证实油气的分布范围，并且油井可以投入生产而形成一定生产规模。油气集输是对油田开采出来的原油和天然气进行运输，现代技术多使用长距离管线和油轮进行输送。石油炼制则是对原油进行炼制加工成为各种石油产品，如汽油、柴油、煤油、石蜡、润滑油等。

2.1.1 石油采出

2.1.1.1 油井

石油和天然气埋藏在地下的油气层中，要把它开采出来，也需要在地面和地下油（气）

层之间建立一条油气通道，称为油井。油井主要由三部分组成，即井筒、完井结构和井口装置。

井筒由多层同心钢管并经水泥固结后形成。油井下入的第一层管子叫导管，其作用是建立最初的钻井液循环通道，保护井口附近的地表层；油井下入的第二层管子叫表层套管，一般为几十至几百米，其作用是封隔上部不稳定的松软地层和浅水层；油井下入的第三层套管叫技术套管，是钻井中途遇到高压油、气、水层、漏失层和坍塌层等复杂地层时，为保证钻井能钻到设计深度而下的套管；油井下入的最内层套管叫油层套管，油层套管的下入深度取决于油层深度和完井结构，其作用是封隔油、气、水层，建立一条供长期开采油、气的通道。以上各层套管都要用水泥与地层固结在一起，并与井口装置连接起来，形成永久性通道。正常采油生产时还要再下入油管，以便携带抽油泵、各种工具进入井内并通过油管将油气导出。

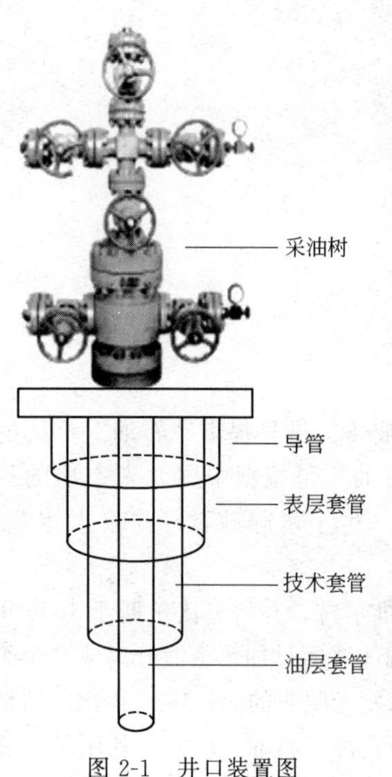

图 2-1　井口装置图

下入钢管后，仅仅建成了井眼，通道还不完善，还需要完井。完井是为满足各种不同性质油气层的开采需要，而选择的油、气层与井底的连通方式和井底结构。油井完井中应用最多的方法是射孔完井法，用一种特殊的枪对准油、气层，射穿套管和水泥环并进入地层一定的深度，使油气通过射开的孔眼流入井筒，实现油层与井筒连通。井筒一旦和油气层连通后，就会处于高压状态，因此还必须有一套能控制和调节油气生产的设备，这套设备就叫做井口装置，如图 2-1 所示，主要由套管头、油管头和采油树组成，其作用是控制油气的流动。

2.1.1.2　石油采集

随着石油工业的发展，越来越多产量高、油层埋藏很深的油田被发现，自喷采油和各种人工举升采油（包括二次采油、三次采油）的方法相继出现。

（1）自喷采油　油井用钻井的方法钻孔、下入钢管连通到油层后，原油就会像喷泉那样，沿着油井的钢管自动向地面喷射出来。油层内的压力越大，喷出来的油就越快越多。这种靠油层自身的能量将原油举升到地面的能力，称为自喷，用这种办法采油，称为自喷采油，常发生在油井开发的初期。自喷的产生原因是由于石油和天然气深埋于地下封闭的岩石构造中，在上覆地层的重压下，它们与岩石一起受到压缩，从而集聚了大量的弹性能量，形成高温高压区。当油层通过油井与地面连通后，在弹性能量的驱动下，石油、天然气必然向处于低压区的井筒和井口流动并喷射而出。

自喷井的产量一般来说都比较高，据统计，目前世界上约有 50%～60%的原油是靠自喷的方法开采出来的。特别是中东地区的油井，大多数具有旺盛的自喷能力，其油井日产量甚至可达 1 万～2 万吨。这种方法不需要昂贵的设备，油井管理比较方便，是一种高效益的采油方法。所以，在油田开发过程中，应设法保持油井的长期自喷。

然而，到了油井开发中后期，油层的压力逐渐减小，不足以将地层内的原油驱替到井底并举升到地面。就需要给油层补充能量，如注水或天然气，增加油层的压力，以延长油井的自喷期。

（2）二次采油　随着油田的不断开发，地层能量逐渐消耗，油井最终会停止自喷。当天然能量不足以把流体举升上来时，流体不再流动，大量的石油会被滞留在地下。通过向油层中注气或注水，可以提高油层压力，为地层中的岩石和流体补充能量，地层流体可以始终流向油井，从而能够采出仅靠天然能量不能采出的石油，这就是通常所说的二次采油。二次采油可通过气举法（气体注入井底）和抽油法（深井泵采油）两种方法进行。其中抽油法用量最多，大约占世界人工举升采油总井数的 80％～90％。

下面简单介绍一下最常见的有杆深井泵采油方法。这种方法仅仅有抽油机还不能采油，还必须配备井下抽油泵及连接抽油泵和抽油机的抽油杆。抽油机、抽油泵、抽油杆组合起来叫有杆泵抽油系统，这是最传统、最典型的人工举升采油方法。抽油机主要由底盘、减速箱、曲柄、平衡块、连杆、横梁、支架、驴头、悬绳器及刹车装置、电动机、电路控制装置组成。抽油杆是两端带螺纹的 10m 左右长的钢杆，一根根用螺纹连接起来，最上端连接抽油机，下端连接抽油泵活塞并将动力传递给抽油泵，如图 2-2 所示。

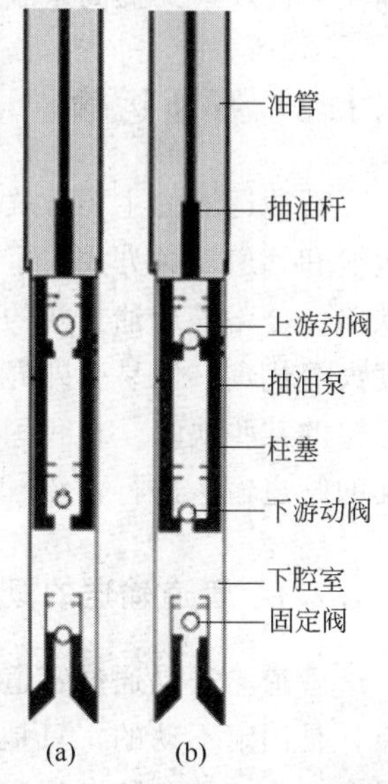

图 2-2　抽油泵工作原理图

抽油泵的原理和水井的手压式抽水泵相似，有工作筒和活塞。工作筒接在油管下部，工作筒下部有固定阀门，下到井筒液面以下。活塞是空心的，上面有游动阀，它是用抽油杆下到工作筒里去的。抽油杆带动活塞上下运动，当活塞在磕头机和抽油杆的带动下向上运动时，游动阀在液体压力下关闭，这时活塞上面的原油就从工作筒内提升到上面的油管里去，再流到地面管道中。同时，工作筒内下腔室的压力降低，油管外的原油就依靠地层压力顶开固定阀流入工作筒内。同样，当活塞在抽油机和抽油杆的带动下向下运动时，工作筒内下腔室压力升高，固定阀门关闭，工作筒内的原油就顶开游动阀排到活塞上面去，此时，油管外的原油不能进入工作筒内。这样，深井泵活塞上下往复运动，井里的原油就被源源不断地抽到油管里去，并不断地从油管排到地面。

（3）三次采油　由于地层的非均质性，注入流体总是沿着阻力最小的途径流向油井，处于阻力相对较大的区域中的石油将不能被驱替出来。即便是被注入流体驱替过的区域，也还有一定数量的石油由于岩石对石油的吸附作用而无法采出。另外，有的原油在地下就像沥青一样根本无法在油层这种多孔介质中流动，因此，二次采油方法提高原油采收率的能力是有限的。

为解决这一问题，人们开发出了三次采油技术。即采用各种物理、化学方法改变原油的黏度和对岩石的吸附性，增加原油的流动能力，进一步提高原油采收率。三次采油的主要方法有热力采油法、化学驱油法、混相驱油法、微生物驱油法等。

热力采油法主要是利用降低黏度来提高采收率。其中蒸汽吞吐法就是热力采油法的一种常用方法。它利用石油的黏度随温度升高迅速下降的特性，采取周期性地向油井中注入蒸汽，注入的热量可使油层中的石油温度升高数十至上百摄氏度，从而大大降低了原油黏度，提高了原油的流动能力。

化学驱油法主要是通过注入一些化学药剂如聚丙烯酰胺增加地层水的黏度，改变石油和地层水的黏度比，减小地层中水的流动能力和油的流动能力之间的差距，同时，降低石油对岩石的吸附性，从而扩大增黏水驱油面积，提高驱油效率。

混相驱油法主要是通过注入的气体与原油发生混相，可以降低石油黏度和对岩石的吸附性，常用的气体有天然气和二氧化碳。

微生物驱油法是利用微生物及其代谢产物能裂解重质烃类和石蜡，使石油的大分子变成小分子，同时代谢产生的气体 CO_2、N_2、H_2、CH_4 等可溶于石油，从而降低石油黏度，增加流动性，达到提高采收率的目的。

2.1.2 石油运输

石油运输的主要方式包括海上油轮运输、管道输送、铁路运输、公路运输等。其中油轮运输和管道输送方式占了绝对优势，特别是对于跨国输油，油轮和管道的成本要比其他诸如铁路、公路等运油方式的成本低得多。一般来说，油轮运输方式具有成本低、效率高和灵活度大等优点，但易受外界因素干扰。管道输送方式则适用于内陆石油贸易，且可以弥补油轮运输的某些缺陷。在我国，管道输送是原油和成品油最主要的运输方式。因此，本节仅对石油的管道输送进行介绍。

2.1.2.1 管道输送的概念与特点

管道输送是通过管道输送气体或液体物资的一种运输方式。管道输送的工具本身就是管道，是固定不动的，只是所运输的物质具有流动性，在管道内移动，它是运输通道和运输工具合二为一的一种专门运输方式。管道输送是石油、天然气最经济、最方便、最主要的运输方式之一，具有如下特点：

① 运输量大。一条 Φ720mm 管道年输油量约 2000 万吨，Φ1220mm 管道年输油量约 1 亿吨。

② 运输成本低。管道输送无需包装，无需装卸，能耗少。据统计，输送每吨公里轻质原油的能耗只有铁路的 1/12～1/17。

③ 安全可靠，连续性好。

④ 占地少，受地形限制少。管线可以翻山越岭，可以取捷径，起终点相同的两地间，管线一般比铁路短 30％。

⑤ 受天气影响小，便于管理。

⑥ 管道输送只适用于大量、单向、定点的运输，不如铁路、公路运输灵活。

2.1.2.2 管道输送系统

管道是石油生产过程中的重要环节，是石油工业的动脉。开采出的石油经原油管道送至炼油厂进行生产加工，所得产品经成品油管道送至最终用户处。一般从油田到炼油厂的管道输送均为长输管道。长输管道即为长距离输油管道，是流量大、管径大、运距长的自成体系管道系统。如图 2-3 所示为长距离输油管线的组成。

管道输送系统主要由输油站和管线两大部分组成。输油站包括首站、末站、中间输油站等。输油管道的起点称为首站，其任务是集油，经计量后加压向下一站输送，故首站的设备除输油机泵外，一般有较多的油罐。输油管道沿途设有中间输油站，其任务是对所输送的原

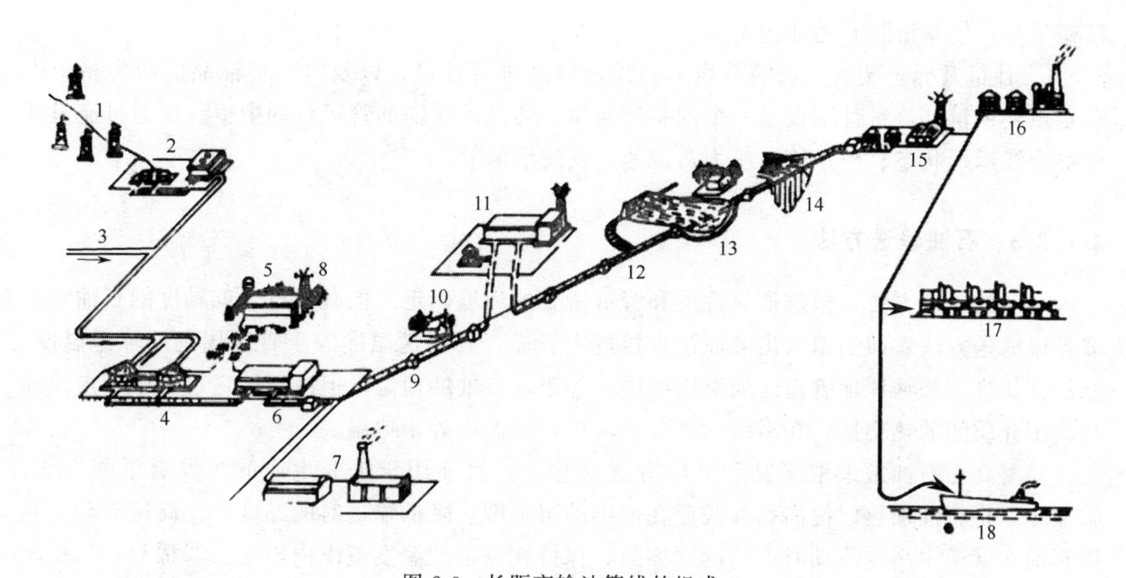

图 2-3 长距离输油管线的组成

1—油井；2— 输油站；3—管线；4—罐区和泵房；5—调度中心；6—清管器；7—锅炉房；
8—通讯塔；9—阀门；10—维修站；11—中间输油站；12—穿越铁路；13—穿越河流；
14—跨越工程；15—车站；16—炼厂；17—铁路运输；18—油轮

油加压、升温，也俗称中间泵站。中间泵站的主要设备有输油泵、加热炉、阀门等设备。输油管道末站接受输油管道送来的全部油品，供给用户或以其他方式转运，因此末站也有较多的油罐和准确的计量装置。

输油管道的线路（即管线）部分包括管道、沿线阀室、穿越江河、山谷等的设施和管道阴极防腐保护设施等。为保证长距离输油管道的正常运营，还设有供电和通讯设施。

输油管道的主要设备包括离心泵、输油加热炉、储油罐、管道系统、清管系统、计量及标定装置。

① 离心泵。泵是一种将机械能（或其他能）转化为液体能的液力机械，是输油管线的心脏。离心泵通过离心力作用完成介质的输送任务。

② 输油加热炉。在输送过程中对石油采用加热输送的目的是使其温度升高，防止输送过程中石油在输油管道中凝结，减少结蜡，降低动能损耗。多采用加热炉进行升温。

③ 储油罐。油罐是一种储存石油及其产品的设备。油罐按建造方式可分为地下油罐（罐内油品最高液面比邻近自然地面低 0.2m 以上者）、半地下油罐（油罐高度的 2/3 左右在地下）和地上油罐（油罐底部在地面或高于地面者）三种；按建造材料分为金属油罐、非金属油罐。一般地，应用较广的是钢质金属油罐，安全可靠，经久耐用，施工方便，投资省，可储存各种油品。非金属油罐大都建造在地下或半地下，用于储存原油或重油，容积较小，易于搬迁，油品蒸发比钢罐低，抗腐蚀能力亦比金属罐强；其缺点是易渗漏，不适合储存轻质油品，且当罐底发生不均匀沉陷时易产生裂纹，且难以修复。

④ 管道系统。输油系统一般采用有缝或无缝钢管，大口径者可采用螺旋焊接钢管。

⑤ 清管系统。油品在运输过程中，管道结蜡会使管径缩小，造成输油阻力增加，能力下降，严重时可使原油丧失流动性，导致凝管事故。处理管道结蜡有效而经济的方法是机械清蜡，即从泵站收发装置处放入清蜡球或其他类型的刮蜡器械，利用泵输送原油在管内顶挤

清蜡工具，使蜡清除并随油输走。

⑥ 计量及标定装置。长输管线上必须对油品进行计量，以及时掌握油品的收发量、库存量及耗损量。流量计不仅是一个油品计量器，还是监测输油管运行的中枢。可通过流量计调整全线运行状态、校正输油压力与流速、发现泄漏等。

2.1.2.3 石油输送方法

石油的输送方法，根据油品性质和管道所处的环境确定。低凝固点、低黏度的石油常采取等温输送方法，即油田采出的原油直接进入管道，其输送温度等于管道周围的环境温度。原油开始进入长输埋地管道时的温度可能不等于入口处的地温，但由于输送过程中管内原油与周围介质间的热交换，在沿线大部分管段中，油温将等于地温。

易凝高黏石油常采取降黏和减阻等方法输送。目前用于工业生产的主要有下列方法。①加热。将石油加热以提高蜡和胶质在油中的溶解度，降低输送时的黏度。②高速流动。利用石油在管道中高速流动时产生的摩擦热，保持在一定的温度范围内输送。③稀释。与低凝原油、凝析油或轻馏分油混合输送，以减少输送时的摩阻，并降低凝固点。④改变蜡在石油中的结构形态。常用热处理方法，将石油加热到某一温度后，按一定条件和速度冷却，使蜡在重新结晶时形成强度较低的网络结构，从而降低凝固点，改善流动性。⑤用水分散易凝高黏石油或改变管壁附近的液流形态，有水悬浮和乳化降黏两种方法。水悬浮是将易凝油品注入温度远低于凝固点的水中，形成凝油粒与水组成的悬浮液，输送时摩擦阻力仅略大于水。乳化降黏方法是将表面活性剂水溶液或浓度0.05%～0.2%的碱性化合物加入高黏油中，在适当的温度和剪切力作用下，形成水包油型乳化液，可显著降低高黏油的黏度，这是目前最常用的高黏油的输送方法。

2.2 原油预处理

从地下采出的石油，没有经过加工提炼成各种产品以前统称为原油（Crude Oil）。原油是一种复杂的多组分混合物，主要成分是烃类（烷烃、环烷烃、链烯烃和芳香烃等），其次是数量不多的非烃组分（含硫化合物、含氧化合物、含氮化合物、胶质和沥青质），通常具有相似的特性。然而，实际资料表明，不同油田、不同油层、不同油井，甚至同一油井不同时间产出的原油在物理化学性质上也存在着明显的差异，反映了原油化学组成的多样性和复杂性。原油主要是由C、H及S、O、N五种元素组成，它们在原油中的含量一般是C占83.0%～87.0%，H占10.0%～14.0%，S占0.05%～8.00%，N占0.02%～2.00%，O占0.05%～2.00%。此外还有微量的金属元素钒、镍、铁、铜、铅和非金属元素氯、硅、磷、砷等。

2.2.1 原油的分类

原油的组成十分复杂，对其确切分类很困难。但性质和组成相似的原油，其加工、储运方案也类似，因此有必要根据原油特性对其进行分类。原油可从商品、地质、化学或物理等不同角度进行分类。本书仅简要介绍常用的商品分类法、化学分类法。

2.2.1.1 商品分类法

原油的商品分类法又称为工业分类法，国际常用的计价的标准是按比重指数API°分类和含硫量分类。如表2-1所示是按API°分类的原油种类。

表2-1 按API°分类的原油种类

类别	API°	20℃相对密度	类别	API°	20℃相对密度
轻质原油	>31.1	<0.8661	重质原油	22.3～10	0.9162～0.9968
中质原油	31.1～22.3	0.8661～0.9162	特重原油	<10	>0.9968

按含硫量不同则可以把原油分为：低含硫（<0.5%）、含硫（0.5%～2.0%）、高含硫（>2.0%）。

2.2.1.2 化学分类法

原油的化学分类以原油的化学组成为基础，通常用与原油化学组成直接有关的参数作为分类依据，其中应用最广的是特性因数分类。

特性因数分类是根据相对密度和沸点组合成的复合常数K，常用其来判断原油的化学组成。由原油特性因数K值大小分为石蜡基（>12.1）、中间基（11.5～12.1）和环烷基（10.5～11.5）三类原油，多年来在欧美国家普遍使用。

2.2.2 原油预处理

原油预处理是在原油进入炼制加工之前的工段，一般指对原油进行脱水脱盐处理。

从地底油层中开采出来的石油都伴有水，这些水中都溶解有无机盐，如$NaCl$、$MgCl_2$、$CaCl_2$等，一般在油田上都先采取沉降法除去部分水和固体杂质（泥沙、固体盐类等），可以把大部分水及水中的盐脱除，但仍有部分以乳化状态存在于原油中的水不能脱除。

外输原油含水量控制小于0.5%，含盐小于50mg/L。我国主要原油进厂时含盐含水量见表2-2。

表2-2 我国主要原油进厂时含盐含水量

原油来源	含盐量/(mg/L)	含水量/%	原油来源	含盐量/(mg/L)	含水量/%
大庆原油	3～13	0.15～1.00	辽河原油	6～26	0.30～1.00
胜利原油	33～45	0.10～0.80	鲁宁管输原油	16～60	0.10～0.50
中原原油	约200	约1.00	新疆原油	33～49	0.30～1.80
华北原油	3～18	0.08～0.20			

由于原油在油田的脱盐、脱水效果很不稳定，含盐量及含水量仍不能满足石油加工过程对原油含水和盐的要求，必须在原油加工之前进一步脱盐脱水。

2.2.2.1 原油脱水脱盐目的

原油中含水含盐带来的危害如下。

(1) 增加设备的负荷和动力、热能、冷却水的消耗　原油含水会增加储运、加工设备

(如油罐、油罐车或输油管线、蒸馏塔、加热炉、冷换设备等）的负荷，增加动能、热能和冷却水的消耗。一座年处理量位 250 万吨的常减压蒸馏装置，若原油含水量增加 1%，热能耗将增加约 7000MJ/h。

(2）影响蒸馏塔正常操作　水的相对分子质量（18）比油（平均相对分子质量为 100～1000）小得多，含水过多的原油，水分气化造成蒸馏塔内压降增加，气速过大，易引起冲塔等操作事故。

(3）影响传热，堵塞管路　原油中的盐分，随着水分的蒸发，会在换热器和加热炉管壁上形成盐垢，降低传热效率，严重时会堵塞管路，烧穿管壁，造成事故。

(4）腐蚀设备　$MgCl_2$、$CaCl_2$能水解产生具有腐蚀性的 HCl，特别在低温设备部分存在水分时，形成盐酸，腐蚀更为严重。

加工含硫原油时，会分解出 H_2S，造成设备腐蚀，但腐蚀产物 FeS 附着在金属表面上能起到一定保护作用。但当同时存在 HCl 时，可与 FeS 反应破坏保护层，放出的 H_2S 又进一步与 Fe 反应，加剧腐蚀。

$$FeS + 2HCl \longrightarrow FeCl_2 + H_2S$$

(5）影响产品质量　原油中的盐类在蒸馏时，大多残留在渣油和重馏分中，毒害催化剂，影响二次加工原料质量和石油产品质量。

为了减少原油含盐、含水对加工的危害，目前对设有重油催化裂化装置的炼油厂提出了深度电脱盐的要求：脱后原油含盐量要小于 3mg/L，含水量小于 0.2%；对不设重油催化裂化的炼油厂，仅为满足设备不被腐蚀时可以放宽要求，脱后原油含盐量应小于 5mg/L，含水量小于 0.3%。

2.2.2.2　原油脱水脱盐

(1）原油中水和盐分存在形式　原油脱盐脱水是根据原油中水和盐的存在形式选择相应的方法。

① 原油中水存在形式。原油中的水存在形式包括游离水、溶解水和乳化水。绝大部分水以游离分层的形态存在于原油底层。这部分水采用静置沉降或机械沉降方法就能容易除去，油田中脱水采用此方法。

有少量水溶解于油中，由于这部分水量很小，且又难除去。工业上一般不考虑除去溶解水。

由于原油中含有一些天然乳化剂，使一部分水以乳化形态存在于油中，由于乳化水颗粒较小、表面强度又大，使乳化水不易聚集和沉降，分散于原油层中。这部分水采用加破乳化剂及加载高压电场的方法可除去。

② 原油中盐分存在形式。原油中的盐分除少量以结晶状态悬浮于原油中，绝大部分盐溶解于水中。水分以微粒状态均匀分散在油中，形成稳定的油包水型乳化液。

(2）原油脱盐脱水原理　原油中的盐大部分溶于水中，所以脱盐脱水是同时进行的。常用的脱盐脱水过程是向原油中注入部分含氯低的新鲜水，以溶解原油中的结晶盐类，并稀释原有盐水，形成新的乳状液，之后在一定温度、压力和破乳剂及高压电场作用下，使微小的水滴，聚集成较大水滴，因密度差别，借助重力，水滴从油中沉降、分离，达到脱盐脱水的目的，称为电化学脱盐脱水，简称电脱盐过程。其工艺流程如图 2-4 所示。

原油进装置后，注入 5～40 mg/kg（占原油比例）浓度为 1%的破乳剂，由原油泵抽出，分成2～3路换热，换热温度达120～145℃，然后注入≤10%（占原油比例）软化水（净化水）最后经混合阀使原油、水、破乳剂、杂质充分进行混合，进入电脱盐罐，电脱盐罐压力控制在0.8～1.2MPa左右，电脱盐罐内设有金属电极板，在电极板之间形成高压电场，在破乳剂和高压电场作用下，发生破乳和水滴极化，小水滴聚成大水滴，具有一定的质量后，由于油水密度差，水穿过油层落于罐底，由于水是导电的，这样的下层接电极板与水层之间又形成一弱电场，促使油水进一步分离，从而达到脱除水和溶解于水中盐的目的，罐底的水通过自动控制连续地自动排出，脱盐后油从罐顶集合管流出，进入脱盐后原油换热部分。

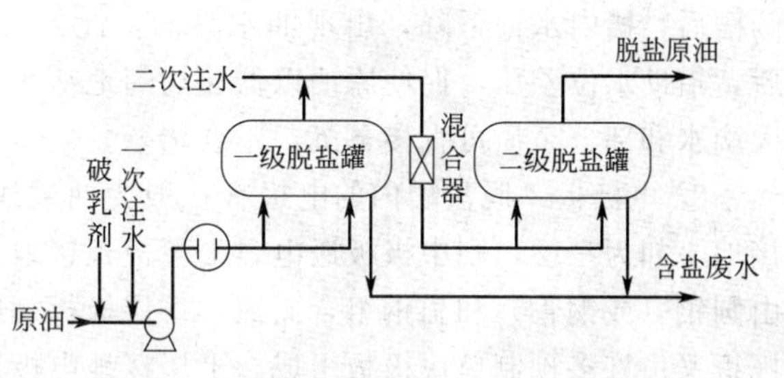

图 2-4 原油二级脱盐脱水工艺原理流程

一级脱盐罐脱盐率在90%～95%之间，在进入二级脱盐罐之前，仍需注入淡水，注水是为了溶解悬浮的盐粒和增大原油中的水量，以增大水滴的偶极聚结力。

(3) 主要设备 原油脱盐脱水最主要的设备为电脱盐罐，其结构如图2-5所示。

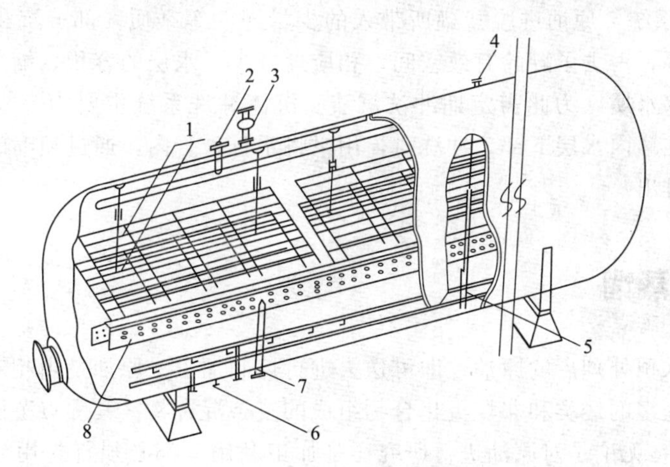

图 2-5 电脱盐罐

1—电极板；2—出油口；3—变压器；4—油水界面控制器；5—罐体；6—排水口；7—原油进口；8—分配器

电脱盐罐主要由罐体、电极板、油进出口、油水界面控制器、排水口、分配器等构成。脱盐罐的大小尺寸是根据原油在强电场中合适的上升速度确定的。也就是说首先要考虑罐的轴向截面积及油和水的停留时间。我国炼油厂的电脱盐罐，其直径大多为3200 mm，也有直径为3600 mm的。一般认为轴向截面相同的两个罐在所用材料相近的条件下，直径大的优于直径小的。因为大直径罐界面上油层和界面下水层的容积均大于小直径罐的相应容积。容积大意味着停留时间长，有利于水滴的聚集和沉降分离。另外，采用较大直径的脱盐罐，对干扰的敏感性小，操作较稳定，对脱盐脱水均有利。

① 原油分配器 原油从罐底进入后要求通过分配器均匀地垂直向上流动。常用有两种型式的分配器，一种是由带小孔的分配管组成，孔直径不等，距入口处越远，孔径越大，使流经各小孔的流量尽量相等。但这种分配器在原油处理量变化较大时，喷出原油不均匀，并有孔小易堵塞的缺点。另一种型式是低速倒槽型分配器（见图2-5）。倒槽型分配器位于油水界面以下，槽的侧面开两排小孔，乳化原油沿槽长每隔2～3m处进入槽内。当原油进入

倒槽后，槽内水面下降，出现油水界面，此界面与罐的油水界面有一位差，原油进入槽内后，借助水位差压，促使原油以低速均匀地从小孔进入罐内。倒槽的另一好处是底部敞开，大滴水和部分杂质可直接下沉，不会堵塞。

② 电极板　脱盐罐内的电极板一般为两层或三层。如为两层，则下极板通电，上极板接地。如为三层，则中极板通电，上下极板接地。现在各炼油厂采用两层的较多。电极板可由圆钢（或钢管）和扁钢组合而成。每层极板一般分为三段以便于与三相电源连接。每段电极板又由许多预制单块极板组成。上层接地电极用圆钢悬吊在罐内上方支耳或横梁上，下层通电电极则用聚四氟乙烯棒挂在上层电极板下面。上下层极板之间为强电场，间距一般为200～300mm，可根据处理的原油导电性质预先作好调整。下层极板与油水界面之间为弱电场，间距约600～700mm，视罐的直径不同而异。

③ 界面控制器　脱盐罐内保持油水界面的相对稳定是电脱盐操作好坏的关键因素之一。油水界面稳定，能保持电场强度稳定。其次是，界面稳定能保证脱盐水在罐内所需的停留时间，保证排放水含油达到规定要求。油水界面一般采用防爆内浮筒界面控制器控制。利用油与水的密度差和界面的变化，通过界面变送器，产生直流电输出信号，再经电/气转换器，产生气动信号，经调节器输出至放水调节阀进行油界面的控制。

④ 沉渣冲洗系统　原油进脱盐罐所带入的少量泥沙等杂质，部分沉积于罐底，运行周期越长，沉积越厚，占去了罐的有效空间，相应地减少了水层的容积，缩短了水在罐内的停留时间，影响出水水质，为此需定期冲洗沉渣。沉渣冲洗系统主要为一根带若干喷嘴的管子。沿罐长安装在罐内水层下部，冲洗时，用泵将水打入管内，通过喷嘴的高速水流，将沉渣吹向各排泥口排出。

2.3　常减压蒸馏

经过脱盐脱水预处理后的原油，即可送去进行炼制加工。原油是由相对分子质量为数十到数千的，数目众多的烃类和非烃类化合物组成的复杂混合物。其沸点范围很宽，从常温到500℃以上。因此，无论是对原油进行研究还是加工利用，都必须首先用分馏的方法，将原油按沸点高低切割成若干部分，即所谓馏分，每个馏分的沸点范围简称为馏程或沸程。原油的馏分划分如表2-3所示。

表2-3　原油的馏分划分

沸点范围/℃	名　称
初馏点～200(或180)	汽油馏分、轻油或石脑油
200(或180)～350	柴油馏分、常压粗柴油(AGO)
350～500	减压馏分、润滑油馏分、减压馏分油(VGO)
>500	减压渣油

馏分并不等同于石油产品，只是可作为制取汽油、柴油、煤油及润滑油产品的原料。

由此，从原油到最终石油产品的基本途径为：①将原油按不同产品的沸点要求，分割成不同的馏分油，然后按照产品的质量标准要求，除去这些馏分油中的非理想组分；②通过化学反应转化，生成所需要的组分，进而得到一系列石油产品。

炼油厂的首要任务就是解决原油的分割和各种石油馏分在加工过程中的分离问题。蒸馏是最经济和最易实现的分离手段，几乎所有的炼油厂中原油的第一个加工过程就是原油蒸馏，最常采用的原油蒸馏流程是两段汽化流程和三段汽化流程。所谓汽化段数就是原油经历的加热汽化蒸馏次数。两段汽化流程包括常压蒸馏和减压蒸馏两个部分。三段汽化流程包括原油初馏、常压蒸馏和减压蒸馏三个部分。三段汽化主要工艺流程如图 2-6 所示，根据原油中各组分沸点的不同，将混合物切割成不同沸点的馏分。

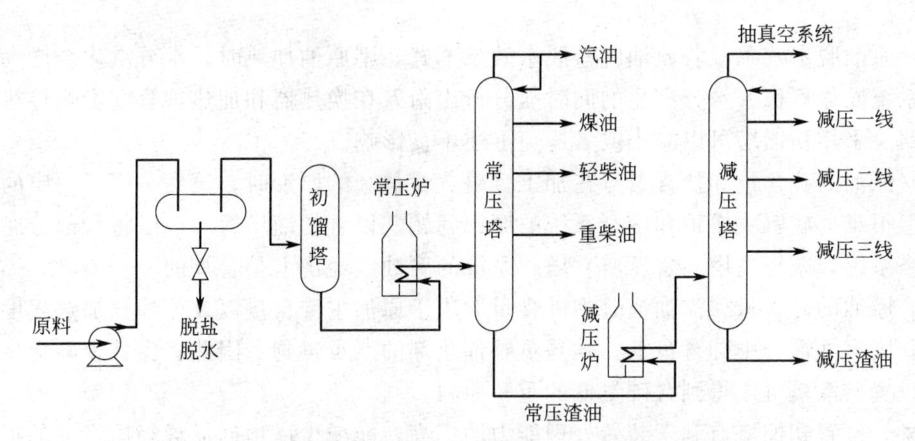

图 2-6　常减压蒸馏三段汽化工艺流程

经过脱盐脱水预处理的原油经换热到 220℃左右进入初馏塔（预汽化塔），塔顶出轻汽油馏分或催化重整原料。初馏塔底油称为拔头原油，经一系列换热后，在常压炉加热至 360～370℃进入常压塔。常压塔是原油的主馏分塔，塔顶出汽油，侧线自上而下分别出煤油、柴油以及其他油料。通常各侧线处设有汽提塔，用吹入水蒸气或采用热重沸（加热油品使之汽化）的方法调节产品质量。常压部分拔出率高低不仅关系到常压塔产品质量与收率，也影响减压部分的负荷以及整个装置生产效率的提高。除塔顶回流外，常压塔通常还设置 2～3 个中段循环回流。塔底用水蒸气汽提，塔底重油（或称常压渣油，AR）用泵抽出送减压部分。

常压塔底油经减压炉加热到 390℃进入减压塔，为减少管路压力降和提高塔顶真空度，减压塔顶一般不出产品而直接与抽真空设备联接，采用顶循环回流方式。减压塔大都开有 2～4 个侧线，根据不同的加工类型可生产裂化原料或润滑油料。润滑油型减压塔设有侧线汽提塔调节馏出油质量，也设有 2～3 个中段循环回流；燃料型减压塔则无需汽提塔。减压塔底重油（或称减压渣油，VR）用泵抽出送入二次加工工序。

从三段汽化流程可见，油料在每一部分都经历一次加热—汽化—冷凝过程，从过程原理来看，实际只是常压蒸馏和减压蒸馏两部分，常压蒸馏部分可采用单塔（常压塔）流程或双塔（初馏塔＋常压塔）流程。

2.3.1　初馏塔

初馏又称预汽化，是在原油进加热炉之前进行的气体轻烃组分分离。经脱盐、脱水后的原油换热至 220℃左右进入初馏塔，从塔顶蒸馏出初馏点～130℃的馏分冷凝冷却后，其中一部分作塔顶回流，另一部分引出作为重整原料或较重汽油，又称初顶油。

原油蒸馏是否采用初馏塔要根据具体条件综合分析，特别是原油性质是判断使用初馏的主要因素。

(1) 原油轻馏分含量　原油在加热升温时，其中轻质馏分逐渐汽化，原油通过管路和换热器的流动阻力增大，因此对于轻馏分含量高的原油设置初馏塔，原油在初馏塔中分出部分轻馏分再进入常压炉，可显著减小换热系统压力降，避免油泵出口压力过高，减少动力消耗和设备泄漏的可能性。一般情况下，原油中汽油馏分含量接近或超过20%就应考虑设置初馏塔。

(2) 原油脱水效果　若原油脱盐脱水效果不好，则原油加热时，水分汽化会增大流动阻力引起系统操作不稳。水分汽化的同时盐分析出附着在换热器和加热炉管壁影响传热，甚至堵塞管路。采用初馏塔可以减小或者避免上述不良影响。

(3) 原油的硫含量和盐含量　在加工含硫、含盐高的原油时，虽然采用了一定的防腐蚀措施，但很难彻底解决塔顶和冷凝系统的腐蚀问题。设置初馏塔后，可以将大部分腐蚀转移到初馏塔系统，减轻主塔（常压塔）塔顶系统的腐蚀，经济上是合算的。

(4) 原油的砷含量　汽油馏分中砷含量取决于原油中砷含量以及原油被加热程度。加热温度低，则汽油馏分中砷含量低。砷是重整催化剂的严重毒物。因此，当处理砷含量高的原油时，设置初馏塔可以得到含砷量低的重整原料。

此外，设置初馏塔有利于装置处理能力的提高，能减少塔顶回流罐轻质汽油的损失。因此常压蒸馏装置中常常设置双塔，以提高装置的操作适应性。但当原油含砷、含轻质馏分量低且处理的原油品种变化不大时，可以不使用初馏塔，采用二段汽化，即仅有一个常压塔和一个减压塔的常减压蒸馏流程。

2.3.2 常压塔

所谓原油的常压蒸馏，就是原油在常压下（或稍高于常压）下进行的蒸馏。

初馏塔底拔头原油经常压加热炉加热到350～365℃，进入常压分馏塔。塔顶打入冷回流，使塔顶温度控制在90～110℃。由塔顶到进料段温度逐渐上升，利用馏分沸点范围不同，塔顶蒸出汽油，依次从侧一线、侧二线、侧三线分别蒸出煤油、轻柴油、重柴油。这些侧线馏分经常压汽提塔用过热水蒸气提出轻组分后，经换热回收一部分热量，再分别冷却到一定温度后送出装置。塔底约为350℃，塔底未汽化的重油经过热水蒸气提出轻组分后，作减压塔进料油。为了使塔内沿塔高的各部分的气、液负荷比较均匀，并充分利用回流热，一般在塔中各侧线抽出口之间，打入2～3个中段循环回流。

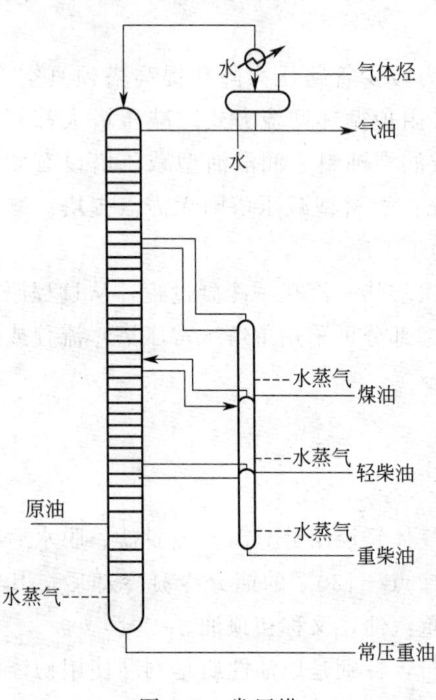

图 2-7　常压塔

常压蒸馏的主要设备为常压精馏塔（Atmospheric Tower）。常压精馏塔的工作原理与一般精馏塔相同，但具有自身的特点，这主要是因为所处理的原料和得到的产品组成复杂。概括地说，常压精馏塔结构是带有多个侧线汽提的复合塔，如图2-7所示。

2.3.2.1 常压塔是复合塔和不完全塔

原油通过常压蒸馏切割成汽油、煤油、柴油和重油等馏分。按照普通精馏塔，需要有$n-1$个精馏塔才能把原料分割成n个馏分。而常压塔是在塔的侧部开若干侧线得到多个馏分，故称为复合塔。这样的塔因侧线产品未经严格的提馏，不能分离得到较纯的组分，因此为不完全塔。但由于对石油产品的分馏精确度要求不高，常压塔可以满足分离要求，且占地面积小、投资低，因此广泛应用于原油蒸馏中。

2.3.2.2 设置汽提段和侧线汽提塔

原油精馏塔底部常常不设再沸器，其主要原因是因为塔底温度较高，一般在350℃左右，很难找到合适的再沸器热源。通常向底部吹入少量过热蒸汽，以降低塔内的油气分压，使混入塔底重油中的轻组分汽化，这种方法被称为汽提。因此，原油精馏塔的提馏段习惯上被称为汽提段。汽提段的分离效果不如一般精馏塔的提馏段。汽提所用的水蒸气通常为400～450℃，0.3MPa的过热水蒸气。

在常压精馏塔的侧线产品中会含有相当数量的轻组分，不仅影响产品质量，而且降低了轻组分的收率。通常在常压塔旁边设置若干个侧线汽提塔。侧线产品从常压塔中抽出，送入汽提塔上部，从该塔下部注入水蒸气进行汽提，汽提出的低沸点轻组分同水蒸气一道从汽提塔顶部引出返回主塔。侧线产品由汽提塔底部抽出送出装置。侧线汽提塔相当于一般精馏塔的提馏段，塔内通常设置3～4层塔板。

2.3.2.3 设置中段循环回流

在原油精馏塔中，除了采用塔顶回流外，通常还设置1～2个中段循环回流，即从精馏塔上部的精馏段引出部分液相热油（或者是侧线产品），经与其他冷流体换热或冷却后再返回塔内，返回口比抽出口通常高2～3层塔板。其作用是在保证各产品分离效果的前提下，取走精馏塔中多余的热量。采用中段循环回流的好处是：在相同的处理量下可缩小塔径，或者在相同的塔径下可提高塔的处理能力；可回收利用这部分温度较高的热源。

2.3.3 减压塔

通过常压蒸馏可以把原油中350℃以下的汽油、煤油、轻柴油等直馏产品分馏出来。然而在350℃以上的常压重油中仍含有宝贵的润滑油馏分和催化裂化、加氢裂化原料未能馏出。若在常压条件下继续升高温度，会造成受热分解，因此在常压条件下不能获得这些馏分。因此在原油分馏过程中，通常在常压蒸馏后安排一级或两级减压蒸馏，以便把沸点550～650℃的馏分深拔出来。

减压蒸馏原理与常压相同，关键是减压塔顶采用了抽真空设备，使塔顶的压力降低到几千帕。减压塔的抽真空设备广泛应用的是蒸汽喷射器。其工作原理是利用高压水蒸气在喷管内膨胀（减压），使压力能转化为动能从而达到高速流动，在喷管周围形成真空，从而将塔中产生的不凝气（主要是裂解气和漏入的空气）和吹入的水蒸气连续抽出。

与原油常压精馏塔相比，减压精馏塔具有如下特点。

2.3.3.1 减压精馏塔分燃料型和润滑油型两种

燃料型减压塔主要生产二次加工如催化裂化、加氢裂化的原料，它对分离精确度要求不高，希望在控制杂质含量的前提下（如残炭值低、重金属含量少等），尽可能提高馏分油拔出率。

润滑油型减压塔以生产润滑油馏分为主，希望得到颜色浅、残炭值低、馏程较窄、安定性好的减压馏分油，因此不仅要求拔出率高，而且要求具有较高的分离精确度。

2.3.3.2 减压精馏塔的塔径大、板数少、压降小、真空度高

由于对减压塔的基本要求是在尽量减少原料发生热裂解反应的条件下尽可能地拔出馏分油，因此要求尽可能提高塔顶的真空度，降低塔的压降，进而提高气化段的真空度。塔内的压力低，一方面使气体体积增大，塔径变大；另一方面由于低压下各组分之间的相对挥发度变大，易于分离，所以与常压塔相比，减压塔的塔板数有所减少。如前所述，燃料型减压塔的塔板数可进一步减少，易利于减少压降。

2.3.3.3 减少渣油在减压塔内的停留时间

减压塔底的温度一般在390℃左右，减压渣油在这样高的温度下如果停留时间过长，其分解和缩合反应会显著增加，导致不凝气增加，使塔内的真空度下降，塔底部结焦，影响塔的正常操作。为此，减压塔底采用减小塔径（即缩径）的办法，以缩短渣油在塔底的停留时间。另外，由于在减压蒸馏的条件下，各馏分之间比较容易分离或分离精确度要求不高，加之一般情况下塔顶不出产品，所以中段循环回流取热量较多，减压塔的上部气相负荷较小，通常也采用缩径的办法，使减压塔成为一个中间粗、两头细的精馏塔。

2.3.4 常减压蒸馏的设备防腐

原油中含有的硫化物、盐类、有机酸和氮化物等均具有腐蚀性。通常认为原油含硫0.5%以上，酸值0.5mgKOH/g以上，脱盐未达5mg/L以下时，在常减压蒸馏过程中将对设备、管线产生严重的腐蚀。常减压装置的腐蚀主要包括盐类腐蚀、高温硫腐蚀和高温环烷酸腐蚀三类。

2.3.4.1 盐类腐蚀

原油中的盐类以氯化钠、氯化镁和氯化钙为主，氯化镁和氯化钙易于水解，水解生成的氯化氢在蒸馏塔的低温部位可能溶于凝结水中，形成盐酸，引起金属严重腐蚀。腐蚀产物$FeCl_2$溶于水而被带走，腐蚀反应不断进行。若有H_2S存在，则会加速腐蚀。H_2S主要是不稳定的硫化物（如硫醇）在蒸馏温度下分解释放出来的。当金属表面受到硫化氢腐蚀时，生成的FeS本身具有保护作用，但当有盐酸存在时能与FeS反应破坏保护膜，同时又放出硫化氢再次腐蚀金属，形成低温轻油系统的“H_2S-HCl-H_2O”循环型腐蚀。其反应式为：

$$Fe+2HCl \longrightarrow FeCl_2+H_2$$

$$Fe+H_2S \longrightarrow FeS+H_2$$

$$FeS + 2HCl \longrightarrow FeCl_2 + H_2S$$

此种腐蚀多发生在初馏塔、常压塔顶部和塔顶冷凝冷却系统的空冷器、水冷器等低温部位，也称低温露点腐蚀。

2.3.4.2 高温硫腐蚀

高温硫腐蚀多在260～550℃时发生，常见于常压塔底、减压塔底、加热炉管、转油线等高温部位和重沸器等设备中。这类腐蚀是硫与金属直接反应，反应式为 $Fe + S \rightarrow FeS$。腐蚀开始时速率很快，一定时间后腐蚀速率会恒定，这是由于生产FeS保护膜的缘故，但高速流动会破坏具有保护作用的FeS膜，因此高速转动泵的叶轮腐蚀要较塔壁、塔盘等严重得多。

2.3.4.3 高温环烷酸腐蚀

环烷酸和某些有机酸在原油中存在相当数量时，温度在260～400℃范围内就会引起腐蚀。腐蚀并不需要水相，更多发生在离心泵、加热炉入口，回弯头以及转油线等承受湍流和高速运转的设备。腐蚀反应如下：

$$2RCOOH + Fe \longrightarrow Fe(RCOO)_2 + H_2$$

$$FeS + 2RCOOH \longrightarrow Fe(RCOO)_2 + H_2S$$

$Fe(RCOO)_2$具有油溶性，能被油流带走，因此金属表面不会形成保护膜，腐蚀持续进行。

2.3.4.4 防护措施

针对上述腐蚀给设备和管线等造成的腐蚀，目前可采用包括选用耐蚀材料、涂料和衬里、改进工艺等多种措施。

日常生产中，为了控制蒸馏装置的低温部位的腐蚀，一般采用“一脱三注”工艺措施进行防护，即原油电脱盐（详见2.2.2）、注氨、注缓蚀剂、注水。

（1）塔顶馏出线注氨　蒸馏塔顶系统注入氨的主要目的是中和塔顶馏出系统中残存的HCl、H_2S，调节塔顶馏出系统冷凝水的pH值，以减轻腐蚀和发挥缓蚀剂的作用。注氨量可根据塔顶回流罐冷凝水的pH值要求（例如在7.5～8.5）来调节，可注入气态氨或10%～20%浓度的氨水。注氨的不利之处是会在换热器表面形成固体氯化铵而影响传热，引起堵塞，更严重的是造成垢下腐蚀。近年来，国内外均有炼油厂采用添加氨与有机胺的混合物做中和剂，亦有研制具有中和和缓蚀双重作用的新型药剂。

（2）塔顶馏出线注缓蚀剂　缓蚀剂的作用机理是能在金属表面形成保护膜，抑制腐蚀介质对金属的侵蚀。在有硫化氢存在时，多使用脂肪胺、脂肪酸酰胺等胺类缓蚀剂。这类缓蚀剂可吸附在金属表面形成一层吸附膜，且有机胺上的烃基对金属起遮蔽作用。现在多数炼厂注氨与注缓蚀剂同时进行。注氨控制pH值，注缓蚀剂防止金属腐蚀。缓蚀剂注入量一般为塔顶冷凝水量的（10～15）$\times10^{-6}$（质量分数）或塔顶总馏出物的0.5×10^{-6}（质量分数）。

（3）塔顶馏出线注水　在挥发线上注水，可使冷凝器的露点部位外移以保护冷凝设备。同时，注氨后塔顶馏出系统会出现氯化铵沉积，影响冷凝冷却器传热效果，还会引发垢下腐蚀，需注水洗涤加以解决。注水量不要长时间固定一个量，每隔一段时间调整一次。注水量尽量大些，提高露点部位pH值，稀释腐蚀性强的凝液。

对于高温部位的腐蚀，目前其腐蚀环境的工艺对策主要有混炼和注高温缓蚀剂两种方法。原油的酸值易通过稀释加以降低，因此混炼不失为一种较好的防止高温腐蚀的方法，不需要增加额外支出或投资。

2.4 催化裂化

催化裂化是在热和催化剂的作用下使重质油发生裂化反应，转变成液化气、汽油、柴油等的过程，是石油二次加工的主要工艺之一，是炼油厂中提高原油加工深度、生产高辛烷值汽油、柴油和液化石油气的最重要的一种重油轻质化工艺过程。催化裂化工艺在石油加工业中占有重要的地位，我国有近70%的汽油和30%以上的柴油都来自催化裂化加工生产。从1958年我国第一套移动床催化裂化装置在兰州炼油厂建成投产后，五十多年来，我国催化裂化技术和生产规模发展异常迅速，总加工能力2011年已超过160Mt/a，仅次于美国居世界第二位。

2.4.1 原料和产品

2.4.1.1 原料及催化剂

（1）原料　催化裂化的原料范围广泛，可分为馏分油和渣油两大类。馏分油主要是直馏减压馏分油（VGO），馏程350～500℃，也包括少量的二次加工重馏分油如焦化蜡油（CGO）、脱沥青油（DAO）等；渣油主要是减压渣油、加氢处理渣油等。渣油一般以一定比例加入馏分油中进行加工，其掺入的比例主要受制于原料的金属含量和残炭值。对于一些金属含量很低的石蜡基原油也可以直接用常压渣油作为原料。当减压馏分油中掺入渣油时则称为重油催化裂化（RFCC），1995年以后我国新建的装置均为掺炼渣油的RFCC。

为维持安全平稳生产，保证产品质量，催化裂化原料性质要求在一定时间内保持相对稳定和均匀。评价指标包括馏分组成、化学组成、相对密度、残炭、硫含量、氮含量、金属含量等。

（2）催化剂　工业上所使用的裂化催化剂主要有三大类：天然白土催化剂、无定形合成催化剂、分子筛催化剂。

① 天然白土催化剂。该类催化剂是经过酸化处理的天然白土，也叫活性白土。白土是一些特殊黏土的总称，如膨润土、高岭土等，其主要成分为SiO_2和Al_2O_3，这类催化剂成本低，但活性和稳定性均较差。

② 无定形合成催化剂。这类催化剂包括合成硅酸铝催化剂、半合成硅酸铝催化剂和硅酸镁催化剂。半合成硅酸铝催化剂是SiO_2、Al_2O_3和经过处理的白土化合而成，氧化铝含量高，孔径大，比表面积及孔体积较小，成本低，价格便宜。

③ 分子筛催化剂。分子筛催化剂是20世纪60年代发展起来的新型高活性催化剂，又称沸石。它是一种具有规则晶体结构的硅酸铝盐，用多价金属离子或氢离子进行交换使其具有催化活性。其催化活性可比无定形硅酸铝催化剂高百倍以上。但其制造工艺较复杂，成本高，一般需配合催化剂载体使用（分子筛含量约为5%～20%）。

2.4.1.2 产品

催化裂化原料油在500℃左右，0.1～0.3MPa压力及催化剂作用下经反应生成气体、汽油、柴油、重质油及焦炭。当所用原料、催化剂及反应条件不同时，所得产品的产率和性质均有所不同。

(1) 气体产品 气体产品有干气及液化气，主要组分有 H_2、H_2S 和 C_1～C_4烃类。在一般工业条件下，气体产率约为10%～20%。C_1即甲烷，C_2为乙烯和乙烷，占气体总量的10%～20%，被称为干气。其余 C_3～C_4气体叫做液化气，其中烯烃含量可达50%左右。

干气中含有10%～20%的乙烯，不仅可作为燃料，还可作为生产乙苯、制氢等原料。液化气中的丙烯、丁烯，可合成高辛烷值的汽油；丙烷、丁烷可作为生产乙烯的裂解原料，也是渣油脱沥青的溶剂。此外，液化气也是重要的民用燃料气来源。

(2) 液体产品

① 汽油。催化裂化汽油产率约30%～60%，由于含有较多烯烃、异构烷烃和芳烃，故辛烷值较高，一般为90～93 (RON)，又因所含烯烃中 α-烯烃很少，且基本不含二烯烃，所以安定性较好。

② 柴油。催化裂化柴油产率约为20%～40%。因含较多芳烃，所以十六烷值较直馏柴油低，只有25～35，且安定性很差。需要经过加氢处理或与直馏柴油调和后才能符合质量要求。

③ 重柴油（回炼油）。是馏程在350℃以上的馏分，可作为回炼油返回到反应器中，提高轻质油的收率。因其含芳烃多使生焦率增加，不回炼时可作为重柴油产品出装置，也可作为商品燃料油的调和组分。

④ 油浆。产率约为5%～10%，是从催化裂化分馏塔底得到的渣油，含有少量催化剂细粉，可以送回反应器回炼以回收催化剂。但因其富含多环芳烃易生焦，可部分回炼或外甩。油浆经澄清除去催化剂后称为澄清油，是生产重芳烃、炭黑和针焦的好原料，或作为商品燃料油的调和组分，也可作为加氢裂化的原料。

(3) 焦炭 催化裂化的焦炭产率约为5%～7%，是重油催化裂化的缩合产物，沉积在催化剂表面上，使催化剂丧失活性，所以要用空气将其烧去使催化剂恢复活性，因而焦炭不能作为产品分离出来。

2.4.2 工艺流程

催化裂化的流程主要包括三个部分：①原料油催化裂化；②催化剂再生；③产物分离。原料喷入提升管反应器下部，在此处与高温催化剂混合、汽化并发生反应。反应温度480～530℃，压力0.14～0.2MPa（表压）。反应油气与催化剂在沉降器和旋风分离器（简称旋分器）分离后，进入分馏塔分出汽油、柴油和重质回炼油。裂化气经压缩后去气体分离系统。结焦的催化剂在再生器中用空气烧去焦炭后循环使用，再生温度为600～730℃。如图2-8所示为典型的高低并列式提升管催化裂化工艺流程图。

催化裂化装置一般由反应-再生系统、分馏系统和吸收-稳定系统三个部分组成，大型装置还常常设置再生烟气能量回收系统。

2.4.2.1 反应-再生系统

反应-再生系统是催化裂化装置的核心部分，其工艺最为复杂。按反应器（或沉降器）和再生器布置的相对位置的不同可分为两大类：①反应器和再生器分开布置的并列式；②反应器和再生器架叠在一起的同轴式。并列式又由于反应器（或沉降器）和再生器位置高低的不同而分为同高并列式和高低并列式两类。如图2-8所示为高低并列式提升管式反应-再生系统。

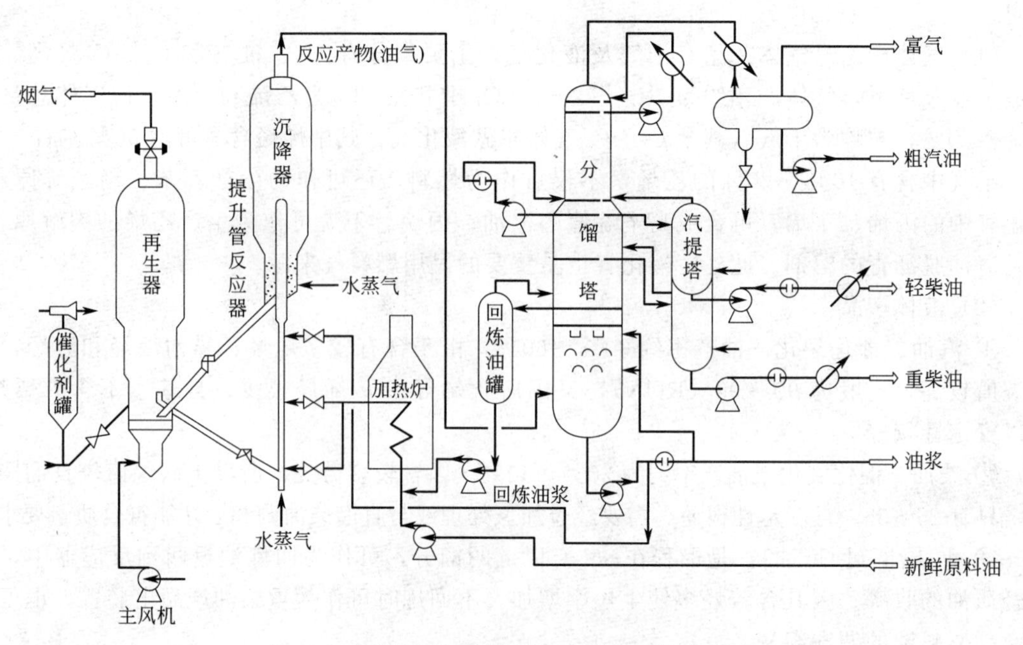

图 2-8　高低并列式提升管催化裂化工艺流程图

新鲜原料油经换热后与回炼油浆混合，经换热提升温度至180～320℃后进入催化裂化提升管反应器下部的喷嘴，原料油由蒸汽雾化并喷入提升管内，在其中与来自再生器的高温催化剂（600～750℃）接触，随即汽化并进行反应。油气在提升管内的停留时间很短，一般只有几秒钟。反应产物经旋风分离器分离出夹带的催化剂后离开沉降器去分馏塔。

积有焦炭的催化剂（称待生催化剂）由沉降器落入下面的汽提段。汽提段内装有多层人字形挡板并在底部通入过热水蒸气，待生催化剂上吸附的油气和颗粒之间的空间内的油气被水蒸气置换出而返回上部。经汽提后的待生催化剂通过待生斜管进入再生器。与来自再生器底部的空气（由主风机提供）接触形成流化床层，在较高的再生温度（680～720℃）及CO助燃剂存在的条件下进行富氧再生反应，烧去大部分（约75%～100%）焦炭，同时放出大量的燃烧热，再生后的催化剂经流管、再生斜管返回提升管反应器循环使用。

再生过程的剩余热量由外取热器取走。再生烧焦产生的烟气经再生器顶部的多组两级旋风分离器分离催化剂以进一步净化分离夹带的催化剂，净化的烟气温度很高且含有约5%～10% CO，很多装置设有CO锅炉，利用再生烟气产生水蒸气。对于操作压力较高的装置，常设有烟气回收系统，利用再生烟气的热能和压力做功，驱动主风机以节约电能。

在生产过程中，催化剂会有损失及失活，为维持系统内的催化剂剂量及活性，需要定期补充或置换新鲜催化剂，因此装置内设有催化剂储罐。

2.4.2.2　分馏系统

（1）工艺流程　分馏系统的作用是把反应油气按沸程范围分割成富气、粗汽油、轻柴油、重柴油、回炼油和油浆等馏分。轻柴油和重柴油经冷却后送出装置，作为轻、重柴油产品的调和组分，或作为柴油加氢精制的原料。回炼油和油浆作为反应进料返回提升管反应器。

由图2-8分馏系统部分可见，由沉降器来的过热反应油气（约480～530℃）进入分馏塔

下部，通过装有挡板的脱过热段与循环油浆逆流接触，洗涤反应油气中夹带的催化剂细粉并脱热，使油气呈“饱和状态”进入分馏段进行分馏。

分馏塔顶油气经换热冷凝冷却至40℃，进入分馏塔顶油气分离器进行气、液、水三相分离，分离出的粗汽油和富气进入吸收-稳定系统。轻柴油自分馏塔中上部塔板抽出自流至轻柴油汽提塔，汽提后的轻柴油经换热器与原料油、富吸收油等换热，再经空冷器冷却至60℃后送出装置。重柴油自分馏塔中下部塔板由重柴油泵抽出，经换热冷却至60℃后送出装置。塔底油浆一部分抽出后经换热降温至280℃后分三路：一路进一步冷却至90℃，作为产品油浆出装置送至燃料油罐；一路经油浆上返塔口返回分馏塔洗涤脱过热段上部；还有一路经油浆下返塔口返回分馏塔底部。另一部分油浆自分馏塔底抽出后直接与回炼油混合后送至提升管反应器回炼。

在分馏塔的不同位置分别设有4个循环回流：塔顶循环回流、一中段循环回流、二中段循环回流及油浆循环回流。作用是取走分馏塔的过剩热量以使塔内气、液相负荷分布均匀。

(2) 特点　与原油蒸馏塔相比，催化裂化分馏塔具有如下工艺特点。

① 设有脱过热和洗涤段。分馏塔进料是夹带有催化剂细粉的高温油气，故设有脱过热和洗涤段。该段由数层人字挡板或圆盘形挡板，油气与260～360℃循环油浆逆流接触、换热、洗涤，油气被冷却，油浆冷凝下来，作为塔底产品。同时，催化剂细粉被洗涤下来，防止其污染上部的侧线产品，堵塞上部塔盘。

② 全塔过剩热量大。分馏塔进料是过热油气（480～530℃），分馏塔顶的气相产物温度较低（100～130℃），其他产品均以液相形式送出分馏塔，因此整个分馏过程中有大量过剩热量需要移出。

③ 产品分馏要求较易满足。催化分馏塔除塔顶出粗汽油外，还有轻柴油、重柴油、回炼油三个侧线馏分，各侧线馏分馏程50%馏出温度的温差值大（温差值越大，馏分间相对挥发度越大，越易分离），因此催化分馏塔产品分馏要求较容易满足。

④ 降低系统压降。尽量降低分馏系统压降（包括分馏塔、塔顶冷凝冷却系统及压缩机入口管线），提高富气压缩机入口压力，可降低气压机功率消耗，提高气压机的处理能力。

2.4.2.3 吸收-稳定系统

从分馏塔顶油气分离器出来的富气中带有汽油组分，而粗汽油中则溶解有C3、C4组分。吸收稳定系统就是利用吸收和精馏的方法将富气和粗汽油分离成干气（≤C2）液化气（C_3、C_4）和蒸气压合格的稳定汽油。其中的液化气再利用精馏的方法通过气体分馏装置将其中的丙烯、丁烯分离出来，进行化工利用。

为保证产品质量和提高液化气的回收率，我国炼油行业对吸收-稳定过程设置了技术指标：干气中C_3含量≤1%～3%（体积）；液化气中C_2含量≤0.5%（体积）；液化气中C_5含量≤3%（体积）；稳定汽油中C_3、C_4含量≤1%。

吸收和解吸有单塔和双塔两种典型流程。单塔流程是将吸收塔和解吸塔合成一个塔，上部为吸收段，下部为解吸段。流程较简单，但受到一定限制，必须放出不凝气。双塔流程中吸收和解吸过程分别在两个独立的塔中完成，目前已基本取代了单塔工艺。如图2-9所示为催化裂化吸收-稳定系统双塔工艺流程示意图。

双塔吸收-稳定系统主要由吸收塔、再吸收塔、解吸塔及稳定塔组成。从分馏部分来的富气经气压机压缩到1.2～1.6MPa，在出口管线上注入洗涤水对压缩富气进行洗涤，去除

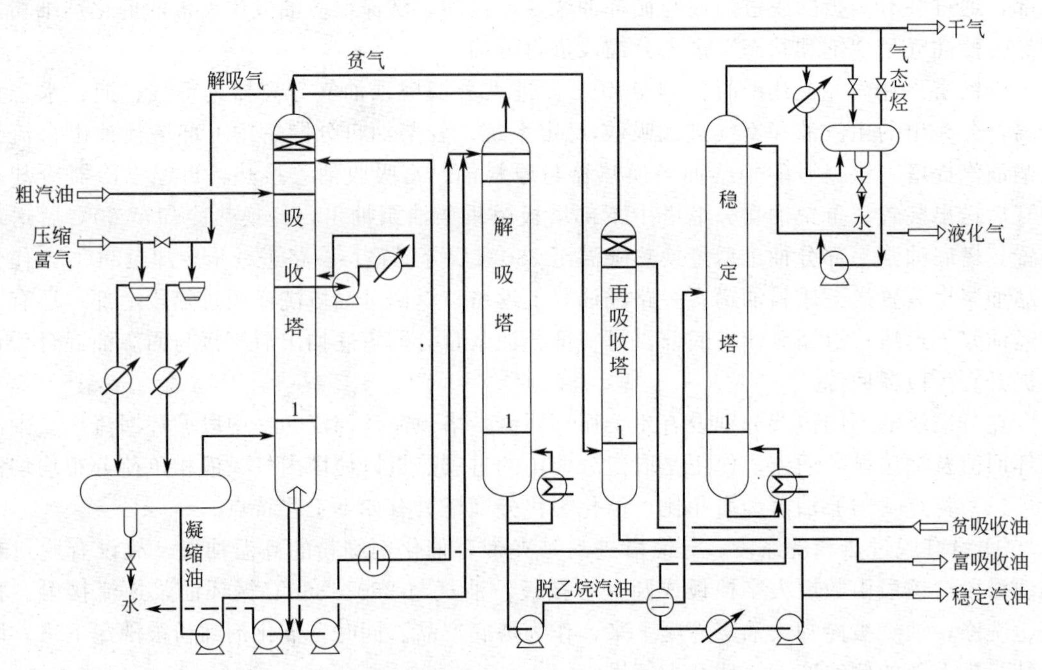

图 2-9　催化裂化吸收-稳定系统双塔工艺流程

部分硫化物和氮化物以减轻对冷换设备的腐蚀，经空冷器冷却后与解吸塔顶气、吸收塔底油混合，再经冷凝冷却器冷到 40～45℃进入气压机出口油气分离器（称为平衡罐）进行气液分离，气体去吸收塔，液体（称为凝缩油）去解吸塔，冷凝水经脱水包排出装置。

经平衡罐分离后的压缩富气由塔底进入吸收塔，作为吸收剂的粗汽油和稳定汽油由吸收塔顶进入吸收塔，两相逆流接触来吸收富气中的 C_3、C_4 组分。吸收塔顶的贫气进入再吸收塔，用轻柴油作吸收剂进一步吸收后，再吸收塔顶干气分为两路：一路至提升管反应器作预提升干气；一路至精制装置脱硫，净化干气作为工厂燃料气。再吸收塔底吸收后的富吸收油自压回分馏部分。

解吸塔的作用是将吸收塔底油及凝缩油中的 C_2 解吸出来，其操作压力为 1.1～1.5MPa。自吸收塔底来的富吸收油经平衡罐分离后，凝缩油抽出后直接送入解吸塔上部进行解吸。解吸塔底设再沸器用分馏中段油或蒸汽加热，以解吸出凝缩油中 $\leqslant C_2$ 组分。塔顶出来的解吸气经冷却，与压缩富气混合进入平衡罐分离后又送入吸收塔。解吸塔底为脱乙烷汽油，直接送至稳定塔。稳定塔实质上是精馏塔，液化气从稳定塔顶馏出，稳定汽油自稳定塔底抽出。

2.5　加氢精制和加氢裂化

催化加氢是石油馏分在氢气存在的条件下进行催化加工过程的通称。炼油厂采用的加氢过程主要包括加氢精制和加氢裂化两大类。加氢精制主要用于油品精制，其目的是除去油品中的硫、氮、氧、杂原子及金属杂质，使烯烃饱和，对部分芳烃进行加氢，从而改善油品的使用性能。

加氢裂化是在较高温度和压力下，氢气经催化剂作用使重质油发生加氢、裂化和异构化反应，转化为轻质油（汽油、煤油、柴油或催化裂化、裂解制烯烃的原料）的加工过程。它

与催化裂化不同的是在进行催化裂化反应时，同时伴随有烃类加氢反应。其实质上加氢和催化裂化过程的有机结合，能够使重质油品通过催化裂化反应生成汽油、煤油和柴油等轻质油品，又可以防止生成大量的焦炭，还可以将原料中的硫、氮、氧等杂质脱除，并使烯烃饱和。

随着原油的重质化、劣质化以及环保要求的日趋严苛，加氢过程在炼油中的地位和作用越来越重要。

2.5.1 加氢精制

2.5.1.1 原料和产品

加氢精制过程可处理的原料很多，如一次加工和二次加工得到的气态烃、石脑油、汽油、柴油和煤油等馏分，也可以处理溶剂油、润滑油基础油、石蜡、白油等专用油品以及重质馏分油和渣油等。目前应用最多的是二次加工得到的各种汽油和柴油馏分的加氢精制。

加氢精制的产品主要是经过精制后的相应油品，此外还有少量的燃料气。加氢精制所得油品质量好，液体收率也很高。

2.5.1.2 工艺流程

(1) 工艺原理　各种石油馏分的加氢精制反应过程是在一定的温度（200～400℃），压力（3～8MPa）以及催化剂和氢气存在条件下进行的，主要反应包括：加氢脱硫、加氢脱氮、加氢脱氧和加氢脱金属反应以及烯烃和部分芳烃的加氢饱和反应。还有少量的开环、断链和缩合反应。原料中的含硫、氮、氧的非烃类物质经过氢解反应转化为硫化氢、氨、水脱除；有机金属化合物氢解为金属硫化物脱除，主体部分生成相应的烃类。

加氢精制反应的难度从大到小遵循以下规律：①C—C键的断裂比C—S、C—N、C—O键的断裂困难；②芳烃加氢＞加氢脱氮＞加氢脱氧＞加氢脱硫；③芳烃加氢＞烯烃加氢＞环烯加氢；④单环芳烃加氢＞双环芳烃加氢＞多环芳烃加氢。

加氢精制催化剂通常是ⅥB、Ⅷ族的金属氧化物，较常见的是负载于γ-Al_2O_3上的NiO、WO_3、CoO、MoO_3。

(2) 工艺流程　加氢精制的工艺流程因原料而异，但其化学反应基本原理相同，工艺流程没有明显差别，一般都采用固定床绝热反应器。均包括反应系统、生成油换热、冷却、分离系统和循环氢系统三部分。如图2-10所示是柴油加氢精制工艺流程。

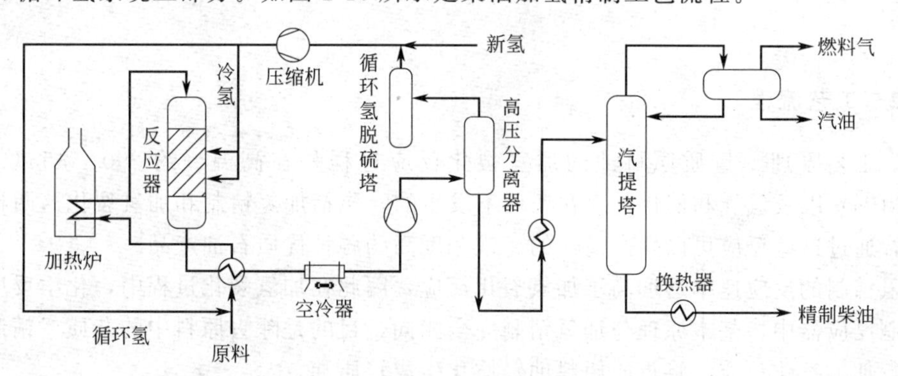

图2-10　柴油加氢精制工艺流程

① 固定床加氢的反应系统。经过滤除去大于25μm的颗粒的原料油升压后，与循环氢混合成为混合进料。混合进料经与反应产物换热后进入反应进料加热炉，加热至反应所需温度后进入加氢精制反应器中。在催化剂作用下进行脱硫、脱氮、烯烃饱和、芳烃饱和等反应。该反应器设置有若干个催化剂床层，床层之间设有注冷氢设施。

反应产物与混合进料换热，然后经空冷器冷却至50℃进入高压分离器。反应中生成的氨、硫化氢和低分子气体烃会降低反应系统中的氢分压且在较低温度下还能与水形成结晶而堵塞管线，因此在反应产物进入冷却器前注入高压洗涤水，使氨和部分硫化氢溶于洗涤水中，在高压分离器中分出。

反应产物在高压分离器中进行油气分离：分出的气体是循环氢，除了氢以外，还有少量气态烃和硫化氢；分出的液体产物是加氢生成油，其中也溶有少量气态烃和硫化氢。

② 循环氢系统。为保证循环氢的纯度，避免硫化氢在系统中累积，由高压分离器分出的循环氢经循环氢脱硫塔用乙醇胺脱硫除去硫化氢后，与新氢混合进入压缩机升压后分两路：一路作为冷氢直接进入反应器；一路（70%）与原料油混合作为混合进料。

③ 生成油分离系统。生成油中溶解的氨、硫化氢和气态烃必须除去，而且在反应过程中不可避免会产生一些汽油馏分。生成油进入汽提塔，塔底产物是精制柴油，塔顶产物经冷凝后进入分离器，分出的油一部分作塔顶回流，其余引出装置，分出的气体经脱硫后作燃料气。

柴油经过深度加氢精制可以使柴油重的硫含量降至10μg/g，芳烃降至2%以下。密度、馏程和十六烷值均有所改善，从而大幅度提高了柴油质量，但同时柴油的润滑性能下降，颜色变差，安定性降低，还需要采用其他技术手段进行改善。

2.5.2 加氢裂化

2.5.2.1 原料和产品

加氢裂化可处理的原料范围很宽，可处理石脑油、煤油、柴油、减压馏分油，又可以加工脱沥青油、焦化蜡油和催化裂化循环油，还可以加工渣油、页岩油和煤焦油。目前应用最多的是减压馏分油的加氢裂化。

加氢裂化的产品亦非常丰富，不仅能生产优质的喷气燃料、低凝柴油等中间馏分油，也能生产乙烯裂解原料和重整原料，还可以生产黏度指数较高的润滑油基础油及其他特种油品。根据需要选择不同的工艺路线和催化剂，可做到燃料、化工原料和润滑油料三者的兼顾。

2.5.2.2 工艺流程

（1）工艺原理　重质原料油的加氢裂化反应过程是在高温（约290～455℃）、高压（8～20MPa）以及氢气和催化剂存在条件下发生的，包括加氢精制和加氢裂化这两种不同类型反应，通过这些反应可以生产清洁的、饱和度高的各种优质石油产品。

加氢精制的反应速率远远高于加氢裂化反应，因此在加氢裂化过程中，化学反应最初发生在精制反应器中，基本原理与加氢精制完全相同，目的是除去原料中的杂质。精制后的原料再进行加氢裂化反应，将重质原料油轻质化生成轻质油。

加氢裂化的主要化学反应有加氢、裂化、异构化、环化等，是催化裂化反应与加氢反应

的综合。加氢裂化催化剂通常是由酸性载体和活性金属组成的双功能催化剂，裂化活性由无定型硅铝或沸石载体提供，加氢功能由结合在载体上的金属（W、Mo、Ni）提供。烃类在加氢裂化过程中的裂解反应是在催化剂的酸性中心上进行的，都遵循正碳离子反应机理。然而，大量氢和催化剂中金属加氢组分的存在使该过程生成加氢产物，并随催化剂两种功能匹配的不同而不同程度的抑制二次反应（如裂化、生焦），催化剂的失活速率很慢。这是催化裂化和加氢裂化两种工艺在设备、操作条件、产品分布及质量等诸多方面不同的根本原因。

（2）工艺流程　加氢裂化装置的工艺流程，根据原料性质、催化剂性能、产品质量等不同，可以分为很多类型。目前工业上大量应用的加氢裂化工艺主要有单段串联、单段工艺和两段工艺三种。加氢裂化装置一般由反应部分、分馏部分、轻烃回收、气体和液化气脱硫部分构成。

各种工艺按操作方式和转化深度的不同，可分为一次通过、部分循环、全循环三种工艺流程。一次通过流程需控制一定深度的单程转化率，同时生产一定数量经过改质的尾油。全循环流程可将进料全部转化为轻质产品。

① 单段加氢裂化工艺。单段加氢裂化工艺指流程中只有一个（或一组）反应器，原料油的加氢精制和加氢裂化在同一个反应器中进行，所用催化剂为无定形硅铝催化剂，具有加氢性能强，裂化性能弱及一定抗氮能力的特点，最适合最大量生产中间馏分油。如图2-11所示为典型的单段一次通过加氢裂化工艺流程。

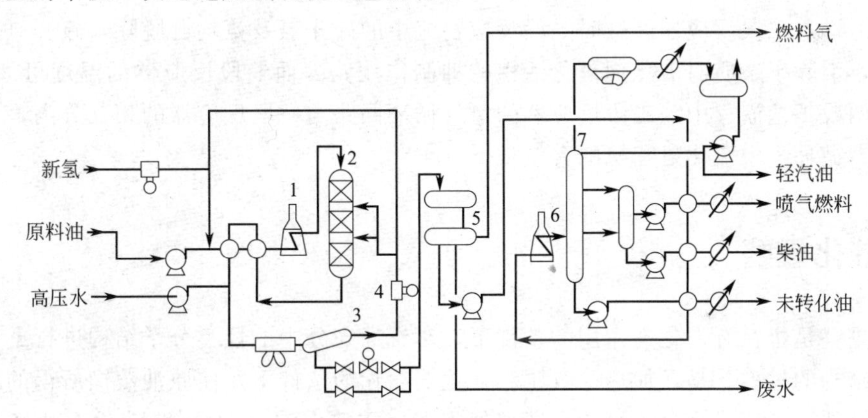

图2-11　单段一次通过加氢裂化工艺流程

1—加氢加热炉；2—反应器；3—高压分离器；4—循环压缩机；5—低压分离器；6—分馏加热炉；7—分馏塔

原料油经升压、换热后与新氢及循环氢混合后，再与反应流出物换热后进入加热炉加热至反应温度。加热后的混合进料进入反应器，在操作条件下进行加氢精制和加氢裂化反应，为控制温度，需向反应器分层注入冷氢。反应产物进入空冷器之前注入软化水溶解 NH_3、H_2S 等，以防止水合物析出堵塞管道，然后再冷却至30～40℃后进入高压分离器。自高压分离器顶部分出循环氢，经压缩机升压后返回系统使用；底部分出生成油，减压至0.5MPa后进入低压分离器，脱除水，并释放出部分溶解气体（燃料气）。生成油加热后进入稳定塔，在1.0～1.2MPa下蒸出液化气，塔底液体加热至320℃后进入分馏塔，得到轻汽油、航空煤油（喷气燃料）、低凝点柴油和塔底油（尾油）。

② 两段加氢裂化工艺。两段加氢裂化的工艺流程中设有两个（组）反应器，但在单个反应器之间，反应产物要经过气液分离或分馏装置将气体及轻质产品进行分离，重质的反应

产物和未转化反应产物再进入第二个反应器。适合处理高硫、高氮减压蜡油，催化裂化循环油，焦化蜡油或混合油。两段加氢裂化工艺的简化流程如图 2-12 所示。

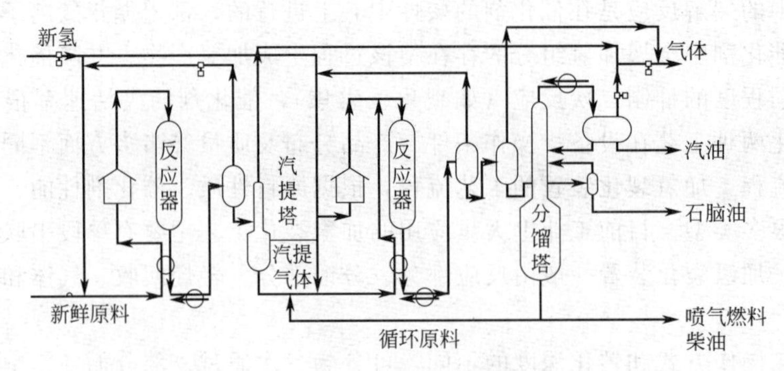

图 2-12　两段加氢裂化工艺的简化流程

该工艺设置两个反应器，一段反应器为加氢处理反应器，二段反应器为加氢裂化反应器。新鲜原料及循环氢分别与一段反应器出口的生成油换热，加热炉加热，混合后进入一段反应器，在此进行加氢处理反应。一段反应器出口物料经过换热及冷却后进入汽提塔进行分离。汽提塔下部的物流与二段反应器流出物混合，一起进入共用的分馏系统，将酸性气以及液化气、石脑油、喷气燃料等产品进行分离后送出装置。由分馏塔底导出的尾油再与循环氢混合加热后送入二段反应器。这时二段反应物流中的硫化氢及氨均已脱除，硫、氮化合物的含量很低，消除了杂质对催化剂裂化活性的抑制作用，因而二段反应器的温度可大幅降低。此外，在两段工艺流程中，二段反应器的氢气循环回路与一段反应器的相互分离，可以保证二段反应器循环氢中硫化氢和氨的含量很低。

2.6 催化重整

催化重整是指在有催化剂作用的条件下，对汽油馏分中的烃类分子结构进行重新排列成新的分子结构的过程，是在加热、氢压和催化剂存在的条件下，使原油蒸馏所得的轻汽油馏分（或石脑油）转变成富含芳烃的高辛烷值汽油（重整汽油），并副产液化石油气和氢气的过程。重整汽油可直接用作汽油的调和组分，也可经芳烃抽提制取苯、甲苯和二甲苯。副产的氢气是石油炼厂加氢装置（如加氢精制、加氢裂化）用氢的重要来源。

催化重整是提高汽油质量和生产石油化工原料的重要手段，是现代石油炼厂和石油化工联合企业中最常见的装置之一。据统计，2013 年全世界催化重整装置的年处理能力已超过 580Mt，其中大部分用于生产高辛烷值汽油组分。

根据采用催化剂的不同，催化重整有不同的名称。采用铂金属催化剂的重整过程称为铂重整，采用铂铼催化剂的称铂铼重整，采用多金属催化剂的称多金属重整。

2.6.1 原料和产品

2.6.1.1 原料

重整装置一般使用石脑油馏分作为原料。所谓石脑油，是馏程自初馏点至 220℃左右的石油轻馏分。目前，大部分炼油厂的催化重整装置以常减压蒸馏装置得到的低辛烷值直馏石脑油为原料。但由于数量有限，往往不能满足需求。所以有时也将加氢裂化石脑油、乙烯裂解石脑油、焦化石脑油甚至催化裂化石脑油作为催化重整的原料，但这些石脑油的杂质含量高，需要经过适当除杂质处理后才能作为催化重整装置的进料。

重整原料的选择包括三方面原则：馏分组成、族组成和毒物及杂质含量。对馏分组成原则可根据生产目的进行确定。催化重整装置主要生产高辛烷值汽油调和组分和芳烃，根据表 2-4由不同生产目的选择适宜的馏分组成。

表 2-4 生产高辛烷值汽油组分及各种芳烃的适宜馏程

目的产物	适宜馏程/℃	目的产物	适宜馏程/℃
苯	60～85	苯-甲苯-二甲苯-重芳烃	60～165
甲苯	85～110	高辛烷值汽油组分	80～180
二甲苯	110～145	轻芳烃-高辛烷值汽油组分	60～180
苯-甲苯-二甲苯	60～145		

重整原料的族组成与产品收率和重整操作条件等密切相关。含较多环烷烃的原料是良好的重整原料。重整指数（芳构化指数）和芳烃潜含量是表征重整原料油质量的重要指标。重整指数表示原料中环烷烃（N）和芳烃（A）的含量，通常用 N＋2A 表示，重整指数越高则重整生成油的芳烃产量越大，辛烷值越高。芳烃潜含量表示原料中的 C_6～C_8 环烷烃全部转化为芳烃的量与原料中芳烃量之和。重整生成油的实际芳烃含量与原料的芳烃潜含量之比称为芳烃转化率或重整转化率。芳烃潜含量只能说明生成芳烃的可能性，实际芳烃转化率除取决于催化剂的性质和操作条件外，还取决于环烷烃的分子结构。

随着重整催化剂的不断发展和对杂质影响的认识加深，对杂质含量的限制也越来越严格，国内重整催化剂对原料中杂质含量的要求见表 2-5。

表 2-5 国内重整催化剂对原料中杂质含量的要求

催化剂	铂催化剂	铂铼催化剂	高铼催化剂
硫/(μg/g)	＜10	＜1	＜0.5 或＜0.2
氮/(μg/g)	＜2	＜1	＜0.5
氯/(μg/g)	—	＜0.5	＜0.5
水/(μg/g)	＜30	＜5	＜5
氟/(μg/g)	—	＜1	＜1
砷/(μg/kg)	＜1	＜1	＜1
铅/(μg/kg)	＜20	＜10	＜10
铜/(μg/kg)	＜15	＜10	＜10
汞/(μg/kg)	＜10	＜10	＜10
硅/(μg/kg)	—	＜5	＜5
溴价/(gBr/100g)	＜1	＜1	＜0.5

2.6.1.2 产品

（1）高辛烷值汽油　催化重整产物中含有较多的芳烃和异构烷烃，都是高辛烷值汽油组分。重整汽油的辛烷值（RON）一般在 95～105，是生产无铅汽油，特别是调和优质无铅汽油的重要组分。

（2）轻芳烃　在重整产物中，苯、甲苯、二甲苯及较大分子芳烃含量很高，都是重要的化工原料。

（3）溶剂油　在芳烃生产过程中，重整生成油经芳烃抽提后产生部分抽余油，主要组分是烷烃和环烷烃，芳烃的含量很少，且不含硫化物、氮化物以及重金属等有害物质，是生产优质溶剂油的原料。

（4）氢气　氢气是重要的副产品，可以作为现代炼油、石油化工和合成行业的氢源。

2.6.2 工艺流程

2.6.2.1 原理

催化重整无论是生产高辛烷值汽油组分还是生产轻芳烃，都是将烷烃和环烷烃最大限度的转化成芳烃。在催化重整反应条件下，芳环十分稳定，不易发生化学反应。

在催化重整工艺过程中发生如下的化学反应。

① 脱氢反应。包括六元环烷烃的脱氢反应、五元环烷烃的异构脱氢反应和烷烃的环化脱氢反应。这三种反应都是强吸热、体积增大、生成芳烃并产生氢气的可逆反应。

② 异构化。包括五元环烷烃异构生成六元环烷烃和正构烷烃异构生成异构烷烃，为放热反应。

③ 烃类的氢解和加氢裂化反应。加氢裂化反应生成较小的烃分子，会造成液体产品收率下降。但在加氢裂化的同时伴随异构化反应，会使汽油辛烷值提高。

除上述三类反应外，催化重整过程还会发生少量的烯烃饱和反应、缩合生焦反应、芳烃的脱烷基和烷基转移等反应。

2.6.2.2 流程

催化重整的目的产品不同时，其工艺流程也不相同。生产高辛烷值汽油时，重整工艺主要由原料预处理和重整反应两部分组成；生产芳烃时，除包括上述两部分外，还必须把目的产品（芳烃）从重整生成油中分离出来，即还需要芳烃抽提和芳烃精馏两部分。本章只介绍原料预处理和重整反应工艺流程。

（1）原料预处理　原料预处理包括预分馏、预加氢和脱水等过程，主要目的是为重整反应提供馏程合适、杂原子和水分含量合格的原料油。

① 预分馏。重整原料中不应含有不能生成芳烃的 C_6 以下的轻烃，轻烃不仅不能生成芳烃，还会增加装置能耗，降低氢气纯度等。为提高重整装置的经济学，需通过预分馏来切取合适的馏分。

如图 2-13 所示是典型的前分馏单塔流程重整原料预处理部分的工艺流程，全馏分的石脑油升压换热达到预定温度后进入预分馏塔，在塔内切割成轻、重两个馏分，塔顶轻组分（拔头油）出装置后作为汽油调和组分，塔底重组分送到预加氢反应部分。

② 预加氢。预加氢的目的是脱除原料中对重整催化剂有害的杂质，使杂质含量达到要求。还可使原料中部分烯烃饱和，减少催化剂的积炭，延长操作周期。

预加氢一般采用钼酸钴、钼酸镍催化剂，若原料含砷量和氯含量超高，则还需要增加预脱砷和脱氯设备。原料经加热后进入预加氢反应器，生成产物经换热、冷却后进入油气分离器。油气分离器处理的富氢气体可作为加氢精制单元的氢源。液体油品进入汽提脱水部分。

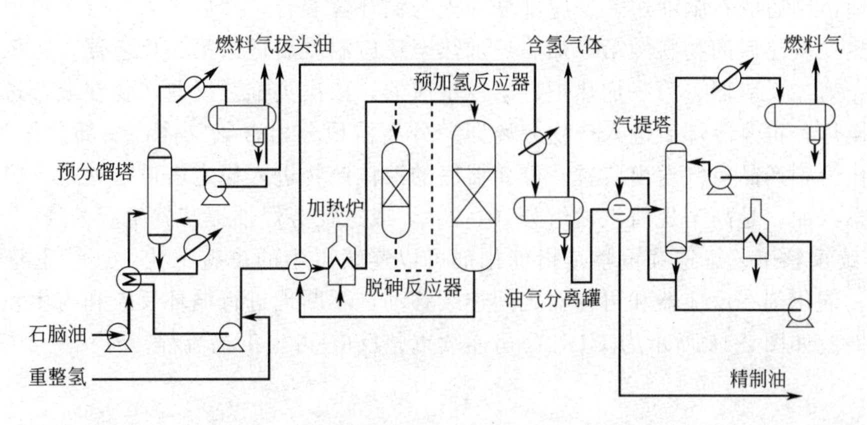

图 2-13 重整原料预处理部分的工艺流程

③ 脱水。预加氢反应器出来的油-气混合物经冷却后在油气分离器中进行气液分离，由于相平衡的原因，部分 H_2S、NH_3、H_2O 和 HCl 等杂质溶解在生产油中。为保护催化剂，必须除去这些溶解在加氢生成油中的杂质。

采用蒸馏汽提方法处理加氢生成油，从油气分离器来的加氢生成油经换热后进入汽提塔，塔底设重沸炉将塔底油加热后返回塔内。塔底得到几乎不含水分的油，加氢生成油中的 H_2S 等也从塔顶排出，汽提塔顶得到酸性水和轻烃的混合物。

(2) 重整反应部分　根据催化剂再生方式的不同，重整反应部分可以分为固定床半再生式重整装置、固定床循环再生重整装置和移动床连续再生重整装置。与固定床半再生式重整装置相比，固定床循环再生重整装置多了一个可以轮流切换出来进行再生的反应器。本书不再赘述。

① 固定床半再生式重整工艺。催化重整工艺过程包括升压、换热、加热、加氢反应、冷却、气液分离和油品分馏等过程。重整是吸热过程，物料通过绝热反应器后温度会下降，一般采用 3～4 个反应器串联，反应器直接设有加热炉维持反应温度。固定床催化重整工艺流程如图 2-14 所示。

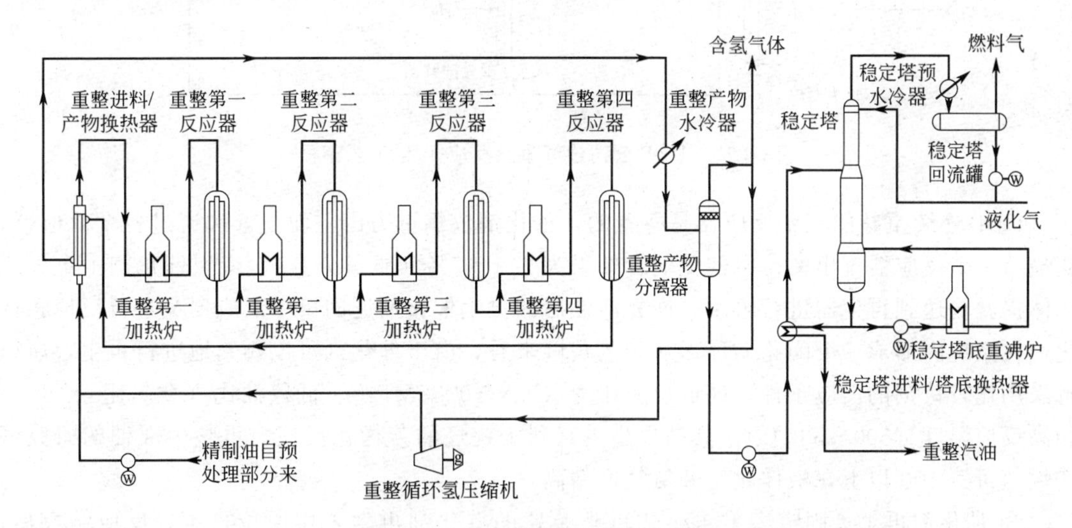

图 2-14 固定床催化重整工艺流程

预处理精制后的石脑油送入反应部分，先与循环氢混合，然后进入混合进料换热器与反应产物换热。换热后的物料经第一加热炉加热至反应温度后进入第一反应器，再依次进入第二加热炉、第二反应器、第三加热炉、第三反应器，依次类推。反应产物在混合进料换热器中与进料换热，再经冷却后进入产物分离器。分离器顶分出含氢气体，一部分作为循环氢，另一部分作为副产品氢气送出装置。分离器底的液体产物进入稳定塔进行处理。脱去轻组分后作为重整汽油，是高辛烷值汽油组分（>90），或送往芳烃抽提装置生产芳烃。

② 连续重整工艺。连续重整是指催化剂可以连续再生的重整工艺。连续重整采用移动床反应器，催化剂在反应器和再生器之间连续移动，不断地进行循环反应和再生，能保持催化剂的活性。如图 2-15 所示为 UDP 公司连续重整反应-再生工艺流程。

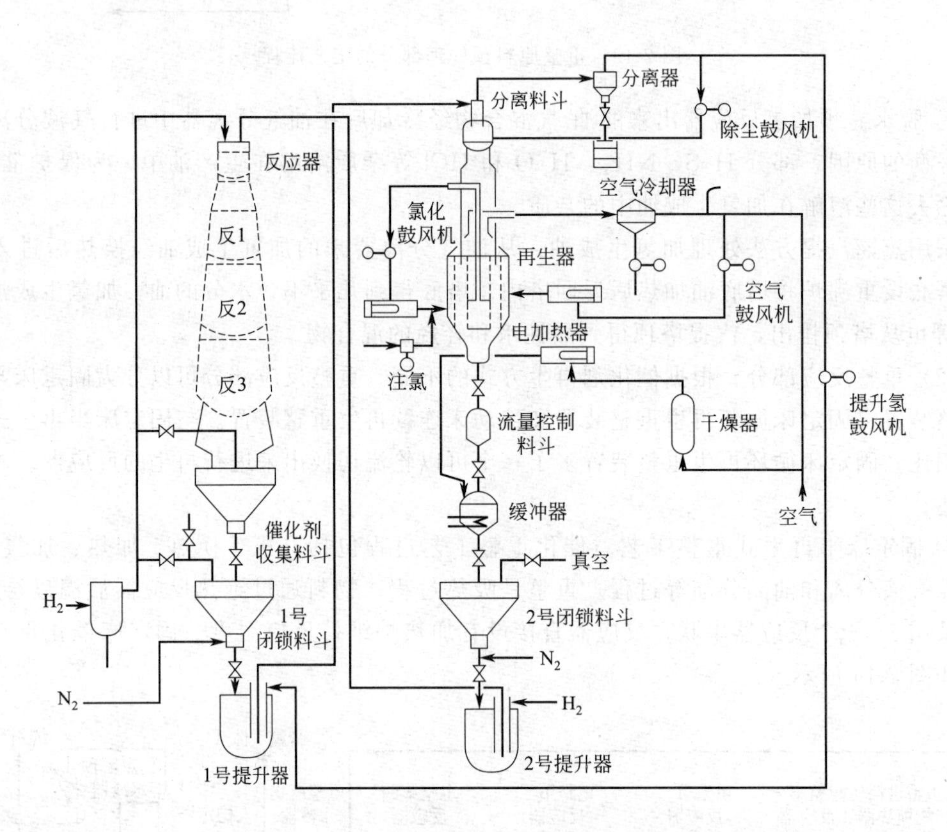

图 2-15　UDP 公司连续重整反应-再生工艺流程

UDP 连续重整的三个反应器是叠置的，催化剂依靠重力由上而下依次流过各个反应器，从最后一个反应器流出的待生催化剂含碳量为 5%～7%（质量分数），待生催化剂由重力或气体提升输送到再生器进行再生。恢复活性后的再生催化剂返回第一反应器又进行反应，催化剂在系统内形成一个闭路循环。从工艺角度来看，由于催化剂可以频繁地进行再生，所以可采用比较苛刻的反应条件，即低反应压力（0.8～0.35MPa）、低氢油比（摩尔比 4～1.5）和高反应温度（500～530℃），其结果是更有利于烷烃的芳构化反应，重整生成油的研究法辛烷值可达 100 以上，液体收率和氢气产率高。

③ 催化剂再生。固定床半再生式重整装置的催化剂再生采用原位再生，反应结束后，经过置换，通入含氧气体进行再生。而连续重整装置的再生在反应的同时在单独的再生系统

内进行，在再生器的不同部位依次进行烧焦、氯化更新和干燥等过程。

2.7　延迟焦化

焦炭化过程（焦化）是以贫氢重质油（如减渣、裂化渣油等）为原料，在高温（500～550℃）下进行深度热裂化和缩合反应的热加工过程，是生产富气、粗汽油、柴油、蜡油和焦炭的技术。它是处理渣油的手段之一，又是唯一能生产石油焦的工艺过程。

焦化是重要的重油轻质化工艺，可以加工残炭值和金属含量很高的各种劣质渣油，工艺简单。炼油工业中曾采用过的焦化方法主要有釜式焦化、平炉焦化、接触焦化、延迟焦化、流动焦化和灵活焦化等。目前世界上主要的焦化形式是延迟焦化，约85%以上的焦化处理能力都属于延迟焦化类型。所谓延迟，是指将焦化油（原料油和循环油）经过加热炉加热迅速升温至焦化反应温度，在反应炉管内不生焦，而进入焦炭塔再进行焦化反应，故有延迟作用，称为延迟焦化技术。

2.7.1　原料和产品

各种高硫、高酸的劣质渣油都可以作为延迟焦化的原料，从各种炼油工艺产出的重质油也可以作为焦化的原料，如催化裂化油浆、硬沥青和乙烯焦油等。

延迟焦化的产品有富气（7%～10%）、汽油（8%～15%）、柴油（26%～36%）、焦化蜡油（20%～30%）和石油焦（15%～35%）。焦化富气主要以C_1和C_2组分为主，含少量C_3、C_4组分，可用作燃料或制氢原料等。焦化汽油和焦化柴油中不饱和烃（尤其是二烯烃和环烯烃）的含量高，且含硫、氮等杂原子的非烃类化合物含量也高，因此安定性差，必须进行精制。焦化蜡油主要用作加氢裂化或催化裂化的原料。石油焦除了可作冶金或其他工业的燃料外，还可用于高炉炼铁。若焦化原料及生产方法选择适当，石油焦经煅烧及石墨化后，可用作制造炼铝、炼钢的电极以及航空工业中的石墨制品。

2.7.2　工艺流程

2.7.2.1　原理

延迟焦化过程的反应机理复杂，无法定量地确定其所有的化学反应。但是，可以认为在延迟焦化过程中，渣油转化反应分如下三步进行。

① 原料油在加热炉中很短时间内被加热至450～510℃，少部分原料油汽化发生轻度的缓和裂化。

② 从加热炉处理的，已经部分裂化的原料油进入焦炭塔，塔内物流为气-液相混合物。油气在塔内继续发生裂化。

③ 焦炭塔内的液相重质烃，在塔内持续发生裂化、缩合反应直至生成烃类蒸气和焦炭。

焦炭是焦化过程的重要产品，一般认为，焦炭主要是由原料中的沥青质、胶质和芳烃分别经缩合反应生成。渣油中的沥青质和胶质等胶体悬浮物可以发生“歧变”形成交联结构的无定形焦炭，而芳烃通过叠合反应和缩合反应形成交联很少、具有结晶外观的焦炭。

2.7.2.2 工艺流程

延迟焦化的工艺流程就生产规模而言，有一炉两塔流程、两炉四塔流程等。延迟焦化装置一般由反应、分馏、焦炭处理和放空系统等组成。

(1) 反应部分 焦化反应部分的工艺流程如图2-16所示。

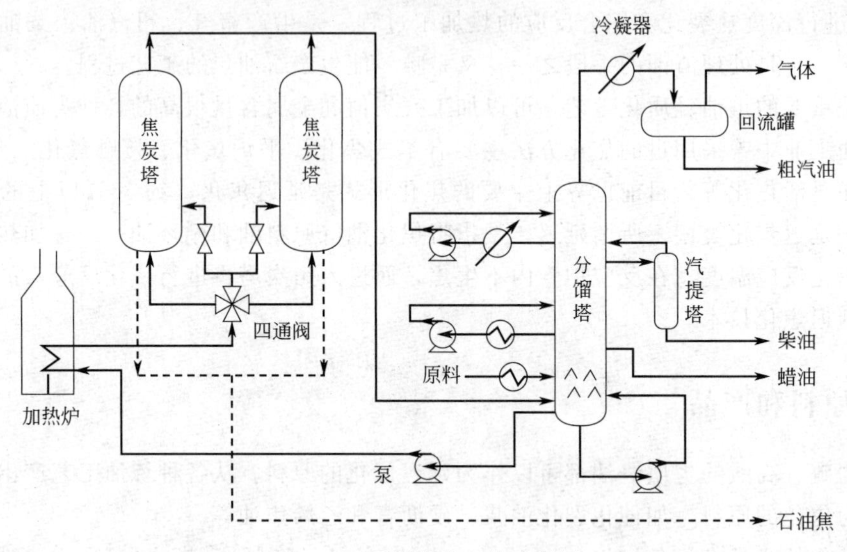

图2-16 延迟焦化工艺流程图

焦化原料油首先与焦化蜡油换热，进入焦化分馏塔底部缓冲段，在人字形挡板上与反应油气逆流接触。一方面，将过热的反应油气冷却到饱和状态；另一方面，将反应油气中携带的焦粉洗涤下来，进入塔底的原料油与循环油混合后，温度达到340～350℃，由加热炉加热到500～550℃。此时，原料油有部分汽化和轻度裂化。为保持所需要的流速、控制停留时间和抑制炉管内结焦，需向炉管注入水蒸气，加快原料油通过炉管的速率。原料油出加热炉后快速进入焦炭塔中，发生裂解和缩合反应，最终转化成轻烃和焦炭。

焦炭塔实际上是一个空塔，主要作用是提供反应孔径使油气在其中有足够的停留时间以进行反应。焦炭塔一般需要有两组（2台或4台）轮换进行间歇操作，即一组焦炭塔进行反应，另一组除焦。原料油出加热炉后，通过四通阀切换到一组焦炭塔，当反应进行到一定程度后，焦炭塔内焦炭聚集到一定高度（塔高的2/3）时，切换至另一焦炭塔进行反应。此时，第一组焦炭塔依次进行吹扫、水冷、放水、开盖、切焦、闭盖、试压和预热以备下一个循环。

焦炭塔采用水力除焦，一般使用15～35MPa的高压水进行焦炭层的钻孔、切割和切碎，最后将焦炭由塔底排至焦炭池，脱水后出装置。

(2) 分馏系统和吸收-稳定系统 延迟焦化装置的分馏系统和吸收-稳定系统与催化裂化基本相同，具体工艺流程参见催化裂化相关部分。与催化裂化分馏系统不同的地方在于多数延迟焦化装置的原料油首先进入主分馏塔底部进行换热并与循环油混合，之后再进入加热炉加热。

(3) 放空系统 为控制污染和提高气体收率，延迟焦化装置设有气体放空系统。放空系统用于处理焦炭塔切换过程中从塔内排出的油气和蒸汽。典型的密闭式延迟焦化气体放空系统工艺流程如图 2-17 所示。

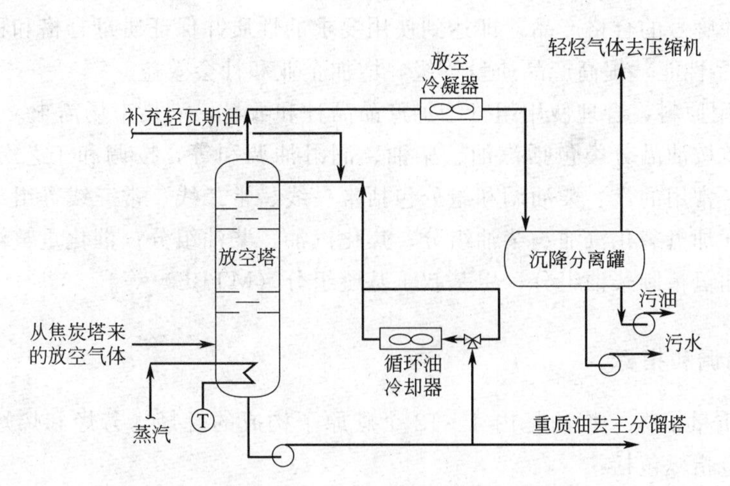

图 2-17 密闭式延迟焦化放空系统工艺流程

焦炭塔反应完成后，开始除焦前需泄压并向塔内吹入蒸汽以汽提吸附油气，再注水冷却焦层至 70℃以下后开始除焦。此过程中从焦炭塔汽提处理的油气、蒸汽混合物排入放空塔的下部，用经过冷却的循环油从放空气体中回收重质烃，重质烃经脱水后可以将其送回主分馏塔或作为焦炭塔急冷油。放空塔顶排出的油气和蒸汽混合物经冷凝冷却后，在沉降分离罐中分离出污油和污水，送出装置。分离罐分出的轻烃气体压缩后送入燃料气系统。

(4) 焦炭处理系统　焦炭处理系统主要是将焦化装置生产的焦炭进行处理并装车外运。目前炼油厂采用的焦炭处理系统包括两大类：①敞开式处理系统，操作条件差，污染严重；②脱水罐，属于密闭式焦炭处理系统，操作清洁，污染少。

2.8 其他工艺过程

2.8.1 油品调和

由于炼油装置工艺的局限性和技术经济的综合考虑，通常各炼油装置生产的一次产品油性能不能直接满足各种油品质量的要求，如汽油、柴油、润滑油类产品质量的要求。一次产品油就常常被称为半成品油或基础油等。需要在一次产品油中加入添加剂，或通过双组分、多组分半产品油按不同比例的调和，充分利用不同组分油的物化性质，发挥各自的优良性能，相互取长补短，以达到用户要求的产品质量。随着汽油及柴油升级新标准的实施、润滑油质量的进一步提高，推动了油品调和工艺技术的发展，并大大改善和提高了产品质量及性能。

所谓油品调和，就是将性质相近的两种或两种以上的石油组分按规定的比例，通过一定的方法，利用一定的设备，达到混合均匀而生产出一种新产品（规格）的生产过程。有时在此过程中还需要加入某种添加剂以改善油品的特定性能。各种油品调和，大部分为液-液相系互相溶解的均相调和，是分子扩散、涡流扩散和主体对流扩散的综合作用。

油品调和的目的和作用主要包括如下几点。

① 石油经过蒸馏、精馏和其他二次加工装置生产出的一次产品油，绝大多数需进行调和，以产出各种牌号的合格产品，即达到使用要求的性质并保证质量合格和稳定。

② 改善油品性能，提高产品质量等级，增加企业和社会效益。

③ 充分利用原料，合理使用组分增加产品品种和数量，满足市场需求。

调和的种类按油品分类包括汽油、柴油、润滑油调和等，按调和工艺分类包括管道调和、罐调和等。常用的汽、柴油调和组分包括常一线、常二线、常三线等组分；催化裂化汽油、柴油组分；加氢裂化汽油、柴油组分；焦化汽油、柴油组分；催化重整汽油组分；烷基化汽油组分；加氢精制柴油组分；甲基叔丁基醚组分（MTBE）等。

2.8.1.1 油品调和指标

（1）汽油质量指标　汽油是由 4～12 个碳原子构成的烷烃、芳烃和烯烃等组成的混合物。其主要质量指标包括：

① 辛烷值。是指汽油的抗爆性相当的标准燃料中，所含异辛烷的百分数。汽油辛烷值是汽油最重要的使用性能指标，是代表汽油质量水平和规定标号的值，辛烷值高，则表示其抗爆性好。

② 蒸气压。在某一温度下，液体与其液面上的蒸气呈平衡状态时，此蒸气所产生的压力称为饱和蒸气压。蒸气压大小表示汽油汽化的程度，是控制汽油在夏季（热天）不发生气阻，保证有适当的蒸发性能，以利于加速性和冬季（冷天）起动性的指标。

③ 诱导期。汽油和氧气在一定条件下（100℃，氧气压力 0.7MPa）接触，从开始到汽油吸收氧气、压力下降为止，这段时间称为诱导期，以分钟表示。汽油的诱导期越短，安定性越差，结胶越快，可储存的时间也越短。

（2）柴油质量指标

① 凝点。凝点是柴油在低温下失去流动性的最高温度。我国柴油的牌号就是按柴油的凝点划分的。凝点越低的柴油，低温下输送、转运作业越顺利，在柴油机燃料系统中供油性能越好。

② 十六烷值。十六烷值是指和柴油的抗爆性相当的标准燃料（由十六烷和甲基萘组成）中所含正十六烷的百分数。十六烷值用以表示柴油的抗爆性，是柴油燃烧性能的标志。十六烷值高的柴油，在柴油机中燃烧时不易产生爆震。

③ 闪点。闪点是柴油加热时产生的蒸气和空气的混合气成为可燃混合气（浓度 0.7%～1.0%）时，由小火焰或电火花点火时的温度，是保证液体油品储运和使用的安全指标。

④ 馏程。馏程是保证柴油在发动机燃烧室里迅速蒸发汽化和燃烧的重要指标。

2.8.1.2 油品调和工艺

目前常用的油品调合工艺可分为两种方式：油罐调合和管道调合。油罐调合又可称为间歇调合、离线调合、批量的罐式调合。管道调合又可称为连续调合、在线调合、连续在线调合。

（1）油罐调和　油罐调合是把待调合的组分油、添加剂等，按所规定的调合比例，分别送入调合罐内，再用泵循环、电动搅拌等方法将它们均匀混合成为一种产品。这种调合方法操作简单，不受装置馏出口组分油质量波动影响，目前大部分炼油厂采用此调合方法。其缺点是需要数量较多的组分罐，调合时间长、易氧化、调合过程复杂、油品损耗大，能源消耗多、调合作业必须分批进行，调合比不精确。

（2）管道调和　管道调合（包括油罐——管道调合）是利用自动化仪表控制各个被调合组分流量，并将各组分油与添加剂等按预定比例送入总管和管道混合器，使各组分油在其中混流均匀，调合成为合乎质量指标的成品油；或采用先进的在线成分分析仪表连续控制调合成品油的质量指标，各组分油在管线中经管道混合器混流均匀达到自动调合目的。经过均匀混合的油品从管道另一端出来，其理化指标和使用性能达到预定要求，油品可直接灌装或进入成品油罐储存。管道混合器（常用的是静态混合器）的作用在于流体逐次流过混合器每一混合元件前缘时，即被分割一次并交替变换，最后由分子扩散达到均匀混合状态。

管道调和具有下列优点。

① 可减少组分油储存罐甚至取消调和罐，成品油可随用随调，且能连续作业。

② 组分油能合理利用，尤其对批量较大的油品，添加剂能准确加入，避免质量“过头”，可以提高一次调合合格率，成品油质量可一次达到指标。

③ 减少中间分析，节省人力，取消多次油泵转送和混合搅拌，节约时间，降低能耗。

④ 全部过程密闭操作，减少油品氧化蒸发，降低损耗。适用于大批量的调合。

⑤ 在操作中容易改变调合方案，并可避免对有毒添加剂的直接操作，若在线控制仪表稳定、可靠，可确保调和精确。

因此，大型炼厂都在油罐调合成功应用的基础上，积极推广使用管道自动调和技术。

2.8.2　润滑油生产过程

成品润滑油由基础油和添加剂组成。添加剂的含量很少，基础油是润滑油的主体，其品质对润滑油的性能起决定性的作用。

通过常减压蒸馏得到的润滑油原料仅是按馏分轻重或黏度大小加以切割的，其中含有许多对润滑不利的组分，必须经过一系列加工过程除去，由此可见基础油的生产目的就是脱除润滑油原料中的非理想组分。

以石油为原料生产润滑油基础油，主要是利用原油中较重的部分，有物理法和加氢法两种。

2.8.2.1　物理法

物理法是传统的润滑油基础油生产方法，流程如图2-18所示。首先将重质油在减压下分馏为不同的几个馏分和渣油。前者为馏分润滑油料，可以制取变压器油、机械油等低黏润滑油；后者为残渣润滑油料，用来制取汽缸油等高黏润滑油。从润滑油料到基础油产品，还要经过通常所说的“老三套”工艺：溶剂精制—溶剂脱蜡—白土精制。最后经调和后得到各种成品润滑油。物理法受原油本身化学组成限制很大，低硫石蜡基原油是润滑油的良好原料。

（1）溶剂精制　溶剂精制是利用润滑油馏分中不同烃类在溶剂中溶解度不同这一特点，将理想组分与非理想组分分开，提高馏分的黏温特性、抗氧化安定性，降低腐蚀性等。常用的溶剂包括糠醛、酚等。

（2）溶剂脱蜡　溶剂脱蜡的目的是除去润滑油中的高凝固点组分，降低润滑油基础油的

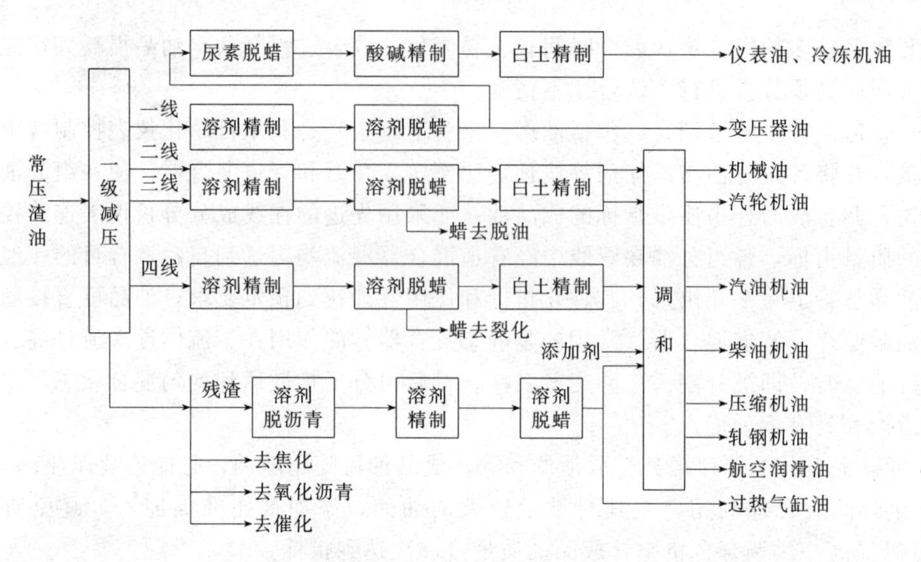

图 2-18 润滑油生产的传统工艺流程

凝固点，满足低温使用性能。溶剂脱蜡就是加入溶剂（如酮苯等），使蜡在低温下结晶析出，再进行过滤分离。所谓蜡就是在常温下（15℃）成固体的那些烃类化合物，其中主体是正构烷烃和带有长侧链的环状烃，C_{16} 以上的正构烷烃在常温下都是固体。

（3）白土精制　经过溶剂精制和脱蜡后的油品，其质量已基本上达到要求，但一般总会含少量未分离掉的溶剂、水分以及回收溶剂时加热产生的某些大分子缩合物、胶质和不稳定化合物，还可能从加工设备中带出一些铁屑之类的机械杂质。为了将这些杂质去掉，进一步改善润滑油的颜色，提高安定性，降低残炭，还需要一次补充精制。常用的补充精制方法是白土处理。

白土精制是利用活性白土的吸附能力，使各类杂质吸附在活性白土上，然后滤去白土除去所有杂质。方法是在油品中加入少量（一般为百分之几）预先烘干的活性白土，边搅拌边加热，使油品与白土充分混合，杂质即完全吸附在白土上，然后用细滤纸（布）过滤，除去白土和机械杂质，即可得到精制后的基础油。

（4）溶剂脱沥青　残渣油中含有大量的沥青质，因此制取残渣润滑油时必须先经溶剂脱沥青，才能进行精制。常用丙烷把渣油中的烃类提取出来，即利用液态丙烷在临界温度附近对沥青的溶解度很小，而对油（烷烃、环烷烃、少芳香烃）溶解度大的特性来使油和沥青分开。

（5）调和　调和是润滑油制备过程的最后一道重要工序，按照油品的配方，将润滑油基础油组分和添加剂按比例、顺序加入调合容器，用机械搅拌（或压缩空气搅拌）、泵抽送循环、管道静态混合等方法调合均匀，然后按照产品标准采样分析合格后即为正式产品。

2.8.2.2 加氢法

加氢法是以加氢处理或加氢裂化、加氢脱蜡（催化脱蜡、异构脱蜡）、加氢精制等工艺取代传统的物理法工艺。采用加氢技术生产润滑油基础油增强了对原料的适应性，扩大了润滑油料的范围。提高了润滑油基础油的质量。

（1）加氢精制　油品的色度和安定性主要取决于油品中所含的少量稠环化合物和高分子

不饱和化合物。加氢时这类化合物中的部分芳环变成环烷或开环，不饱和化合物则变为饱和化合物，能使油品的颜色变浅，安定性提高。含有硫、氮、氧等非烃元素的润滑油在使用中生成腐蚀性酸，加氢时，这类元素会与氢反应生成硫化氢、胺、水等气体从油中分离出来。

加氢精制后的油品，其颜色、安定性和气味得到改善，对抗氧剂的感受性显著提高，而黏度、黏温性能的变化不大，并且在油品中的非烃元素如硫、氮、氧的含量降低。

(2) 加氢处理（或加氢裂化） 通过加氢裂化使大部分或全部非理想组分经过加氢变为环烷烃或烷烃，并转化为理想组分。例如，多环烃类加氢开环，形成少环长侧链的烃，因此加氢处理生成油的黏温性能较好。加氢处理工艺不仅能改善油品的颜色、安定性和气味，而且可以提高黏温性能，可以代替白土精制和溶剂精制，具有一举两得的作用。

(3) 加氢降凝 加氢降凝工艺的操作条件比加氢处理更为严格。润滑油原料在催化剂的作用下发生加氢异构化和加氢裂化反应，使加氢过程不但有精制的作用，并且有使蜡异构化的作用，从而使凝点较高的正构烷烃转化为凝点较低的异构烷烃或低分子烷烃，达到降低凝点的目的。

2.8.3 沥青生产过程

沥青是一种以减压渣油为主要原料生产的重要石油产品，它呈黑色固态或半固态的黏稠状，广泛应用于道路建设、建筑、水利工程、电气绝缘和防腐等方面。

石油沥青的生产方法有多种，常见的主要有以下几种。

(1) 蒸馏法 蒸馏法是将原油经常减压蒸馏拔出汽油、柴油、煤油等轻质馏分油以及减压馏分油后，余下的残渣如符合道路沥青规格时就可以直接生产出沥青产品，所得沥青也称直馏沥青，是生产道路沥青的主要方法。由于蒸馏条件的限制，一般只能生产软化点低的道路沥青。

(2) 溶剂法 溶剂法是利用溶剂对渣油各组分的不同溶解能力，从渣油中分离出富含饱和烃和芳烃的脱沥青油，同时得到含胶质和沥青质的浓缩物。前者的残炭值低、重金属含量小，可以作为催化裂化或润滑油生产的原料；后者或直接或通过调合、氧化等方法，可以生产出各种规格的道路沥青和建筑沥青。溶剂法主要指炼油厂广泛使用的丙烷脱沥青工艺。

(3) 氧化法 氧化法是在一定范围的高温下向减压渣油或脱油沥青吹入空气，使其组成和性能发生变化，所得的产品称为氧化沥青。减压渣油在高温和吹空气的作用下会产生汽化蒸发，同时会发生脱氢、氧化、聚合缩合等一系列反应。这是一个多组分相互影响的十分复杂的综合反应过程，而不仅仅是发生氧化反应，但习惯上称为氧化法和氧化沥青，也有称为空气吹制法和空气吹制沥青。

(4) 调合法 调合法生产沥青最初指由同一原油构成沥青的不同组分按质量要求所需的比例重新调合，所得的产品称为合成沥青或重构沥青。随着工艺技术的发展，调合组分的来源得到扩大。例如可以以同一原油或不同原油的一、二次加工的残渣或组分以及各种工业废油等作为调合组分，这降低了沥青生产中对油源选择的依赖性。

2.8.4 气体分馏

炼油厂气体分馏过程的任务是分离液化气，为后续气体加工装置提供合适的原料。

液化气是由 C_3、C_4 的烷烃和烯烃组成的烃类混合物，即丙烷、丙烯、丁烷、丁烯等，这些烃的沸点很低，如丙烷的沸点是－42.07℃，丁烷为－0.5℃，异丁烯为－6.9℃，在常温常压下均为气体，但在一定的压力下（2.0MPa 以上）可呈液态。由于它们的沸点不同，可利用精馏的方法将其进行分离，所以气体分馏是在几个精馏塔中进行的。由于各个气体烃之间的沸点差别很小，如丙烯的沸点为－47.7℃，比丙烷低 4.6℃，所以要将它们单独分出，就必须采用塔板数很多（一般几十、甚至上百）、分馏精确度较高的精馏塔。如图 2-19 所示是五塔流程的气体分馏装置。

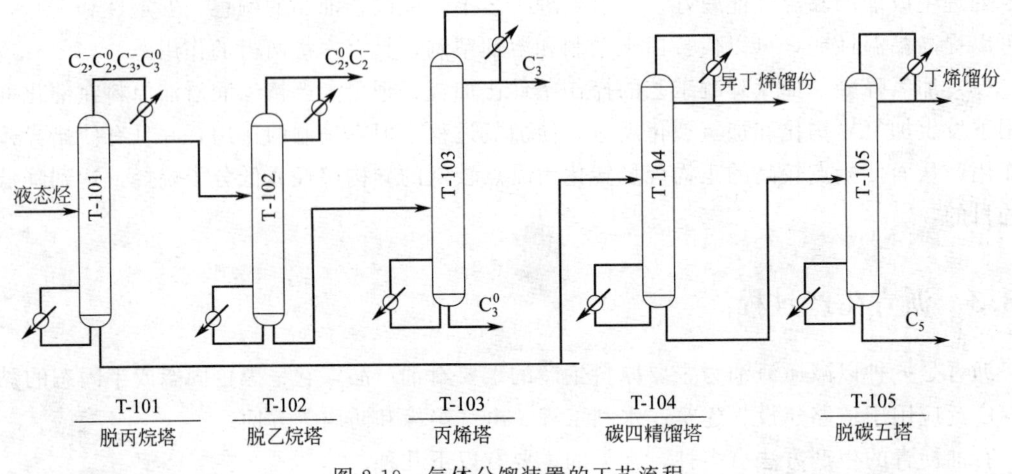

图 2-19　气体分馏装置的工艺流程

经脱硫后的液化气用泵打入脱丙烷塔，在一定的压力下分离成乙烷-丙烷和丁烷-戊烷两个馏分。自脱丙烷塔顶引出的乙烷-丙烷馏分经冷凝冷却后，部分作为脱丙烷塔顶的冷回流，其余进入脱乙烷塔，在一定的压力下进行分离，塔顶分出乙烷馏分，塔底为丙烷-丙烯馏分。将丙烷-丙烯馏分送入脱丙烯塔，在压力下进行分离，塔顶分出丙烯馏分，塔底为丙烷。从脱丙烷塔底出来的丁烷-戊烷馏分进入脱异丁烷塔进行分离，塔顶分出轻 C_4 馏分：异丁烷、异丁烯、1-丁烯等；塔底为脱异丁烷馏分。脱异丁烷馏分在脱戊烷塔中进行分离，塔顶为重 C_4 馏分：2-丁烯和正丁烷，塔底为戊烷馏分。

每个精馏塔底都有重沸器供给热量，塔顶有冷回流，都是完整的精馏塔，分馏塔板一般均采用浮阀塔板。操作温度均不高，一般在 55～110℃范围内；操作压力视塔不同而异，确定的原则是使各个烃在一定的温度下能呈液态。一般地，脱丙烷塔、脱乙烷塔和脱丙烯塔的压力为 2.0～2.2MPa，脱丁烷塔和脱戊烷塔的压力 0.5～0.7MPa。

2.8.5　“三废”处理

炼油化工过程中不可避免产生各种废水、废气和废渣，如不加以治理直接排放，会严重污染环境，危害人类健康。因此，目前国家制定了严格的排放标准，治理达标后方可进行排放或循环利用。

2.8.5.1　废水处理

炼油化工过程废水的来源主要包括原油脱盐水、循环水排污、工艺冷凝水、产品洗涤水、机泵冷却水及油罐排水等。不同来源的废水中所含污染物有较大差异。如油罐区排水的污染物主要是石油烃类；催化裂化装置排水的污染物除烃类外，还有含硫化合物、氨及酚类等。由于各种来源废水的污染情况不尽相同，炼油化工过程往往将废水分为含油废水、含硫废水、含盐废水和含碱废水等分别进行收集和处理。一般含油和含盐废水可直接进入污水处理厂，而含硫和含碱废水一般需要经过预处理后才能进入污水处理厂，否则会影响生化过程。

污水处理方法包括物理方法（沉淀、隔油、聚结过滤、油水旋流分离等）、物理-化学方法（混凝、气浮法）和生物化学方法（活性污泥法、生物膜法、膜法 A/O 工艺）等。

炼油化工过程产生的废水一般需经隔油、溶气气浮（或聚结过滤）和生物氧化步骤进行处理，能取得较好效果，达到国家规定的排放标准。炼油工艺废水处理工艺流程如图 2-20 所示。

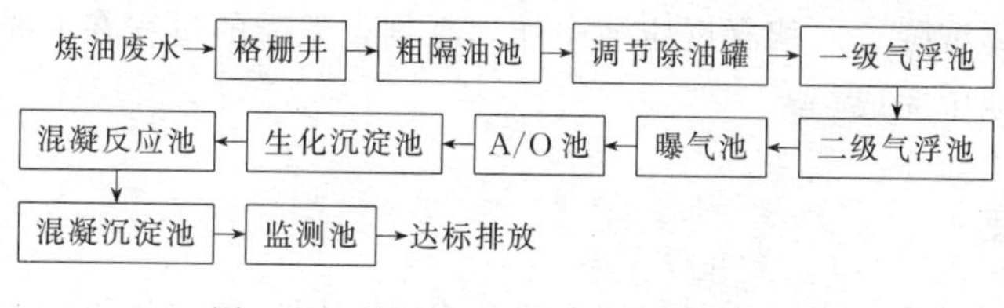

图 2-20　炼油工艺废水处理工艺流程

含油废水经过机械格栅拦截大块杂物，经粗隔油池拣油后，再经提升泵房提升至调节除油罐。除油罐对废水中的污油和固体颗粒均有一定的去除作用。除油罐的出水自流进入气浮除油阶段，该阶段分为两级，一级采用涡凹气浮，二级采用部分回流加压溶气气浮。废水通过以上物化处理后，基本完成除油任务，同时约有 20%～30% 的有机污染物也得到去除，随后进入生化处理阶段。下面对废水处理设备进行简要介绍。

（1）隔油池　含油废水首先进入隔油池，大的油粒上升到水面后，将在池面形成浮油层，在水面上设刮油机排除浮油层。由于隔油池内水的流速慢、流态稳定均匀，原水中的悬浮物也将在隔油池内沉淀。

（2）调节除油罐　调节除油罐一方面起到稳定废水水质及水量的作用，另一方面在罐内设置旋流除油设施，可将废水中的浮油和固体颗粒初步分离出来。污油浮于液面，通过收油管线回收至集油井。悬浮杂物沉于罐底，可通过一定的措施排出罐体。

（3）一级涡凹气浮池　一级气浮池采用涡凹曝气机进行曝气，目的是进一步去除水中浮油及悬浮物。涡凹气浮系统主要由曝气区、气浮区、刮渣系统及排水系统等几部分组成。废水进入装有涡凹曝气机的曝气区，该区曝气机通过底部中空叶轮的快速旋转形成一个真空区，使水面上的空气通过中空管道抽送至水下，并在底部叶轮快速旋转产生的三股剪切力下粉碎成微气泡，微气泡在上升过程中与废水中的含油絮凝体颗粒黏附在一起，到达液面后，依靠这些微气泡支撑和维持，在水面上形成浮渣，通过刮渣机刮入污泥收集槽，净化出水由溢流槽排出。

（4）二级溶气气浮池　二级气浮采用部分污水回流加压溶气气浮，即将曝气池一部分出水加压至 0.38～0.4MPa 后回流进入溶气罐，然后带压的废水连同带压的空气再次进入气浮分离段，通过压力释放器将压力废水转变为水和微细气泡混合物，细小而分散的气泡黏附废水中经混凝剂凝聚的分散微细油粒和悬浮物，形成絮体漂浮物浮出水面，进而从污水中分离出来，浮渣通过刮渣机刮入污泥收集槽，净化出水由溢流槽排出。

(5) 曝气池　曝气池集曝气与沉淀于一体，利用活性污泥法对含油废水进行处理。池内提供一定水力停留时间，通过鼓风机供风，满足好氧微生物所需要的氧量以及污水与活性污泥充分接触的混合条件，从而分解水中的各类有机质，从而有利于下一步A/O工艺进行。

(6) A/O生化池和生化沉淀池　A/O生化处理流程分两段串联运行，第一段为缺氧段，第二段为好氧段。缺氧池出水进入好氧池。好氧池用鼓风机向池内送气，溶解氧保持在6～7mg/L。自养菌以水体中的有机物作为养料，将好氧池水中溶解态的有机物和有毒、有害物质无机化或稳定化，将氨氮氧化为硝态氮。混合液回流进入缺氧池，在异养菌的作用下进行反硝化反应，消耗硝酸根和有机物碳源，将硝态氮还原为氮气，从水中释放出来，最终达到同时去除有机物和氨氮的作用。

(7) 混凝反应池和混凝沉淀池　向混凝反应池中投加絮凝剂，使水中胶体粒子以及微小悬浮物在水流搅动和絮凝剂的架桥作用下，通过吸附架桥和沉淀网捕等机理，聚集成大的絮体，从而被迅速分离沉降。向絮凝反应池中加絮凝剂，絮凝的过程在混凝反应池中进行，沉降过程在混凝沉淀池中完成。

2.8.5.2　废气处理

炼油工艺的不同过程产生的废气组成和性质各不相同，需采用不同方法进行处理。

(1) 含硫气体的处理　在炼油化工过程中，如加氢精制、加氢裂化和催化裂化等装置的气体产物中都含有H_2S，当加工含硫原油时含量更高。这些气体必须经脱硫处理才能排放，脱除的酸性气（含H_2S和CO_2）经硫黄回收后才能排放。

(2) 锅炉及加热炉的燃烧废气处理　加热炉及锅炉在燃烧过程中会产生大量废气。加热炉一般用减压渣油作为原料，硫含量较高时会向环境排出硫化物、氮氧化物和粉尘。烟气中的硫主要以SO_2形式存在，目前常用石灰/石灰石浆液洗涤法进行烟气脱硫，使SO_2与石灰/石灰石反应生成亚硫酸钙和硫酸钙去除。

(3) 氧化沥青尾气的处理　渣油在氧化过程中会产生具有恶臭气味且有毒的气体，其中含有3,4-苯并芘等致癌物质，必须进行处理。因氧化沥青尾气中含有油蒸汽，需先经水洗或油洗去除油气。之后将尾气通入焚烧炉中，在850～1050℃下进行燃烧，使废气中3,4-苯并芘含量降至$2\mu g/m^3$以下。

(4) 火炬气的治理　火炬为产气装置开停工和事故处理时的安全设施，一般情况下不应向其排放气体。对于因产需不平衡或操作波动造成的放空低压气体也应设法回收加以利用，以减少损耗和大气污染。目前对火炬气的治理措施包括设置低压石油气回收装置；采用新型火炬头和低耗长明灯，实现自动点火等。

(5) 含颗粒物废气的治理　催化裂化装置再生器排出的烟气含有大量催化剂粉尘。一般再生器内均设有两级旋风分离器以回收催化剂循环利用，在再生器的烟气管道上使用三级旋风分离器进一步回收细颗粒物。还可采用四级旋风分离器、电除尘法和湿洗系统进一步降低粉尘排放。

2.8.5.3　废渣处理

炼油工艺过程中产生的固体废弃物主要来自生产工艺本身及污水处理设施，包括废酸渣、废碱渣、废白土渣、各种催化剂，以及污水处理厂的池底泥、浮渣和剩余活性污泥等。

（1）碱渣、酸渣的处理 碱渣、酸渣是炼油企业对油品进行碱洗和酸洗的产物。目前酸碱洗工艺因技术落后已基本被淘汰。酸渣、碱渣的量大幅下降，其处理不再重要。主要是通过化学方法，进行无害化处理。

（2）废催化剂 对于含有贵金属的废催化剂一般会送往指定处理厂回收贵金属。

催化裂化催化剂是炼油厂消耗最大的一种催化剂，其废催化剂的处理主要采用填埋方法。近年来，利用磁分离技术、化学复活等技术对废催化剂进行处理可部分再生催化剂；从催化裂化三级旋分器中得到的细粉催化剂可代替白土用于油品精制，既可降低精制温度，对含水量亦无严格要求。这些措施的使用一定程度上降低了催化剂的消耗，缓解了对环境的污染。

（3）"三泥"的处理 池底泥、浮渣和剩余活性污泥，是俗称的"三泥"，其含水率高，必须先脱水再进行处理。

池底泥、浮渣的热值很高，含氢氧化铝等物质。可将其按不同比例掺入黏土中制成砖。浮渣由氢氧化铝和附着在上面的油及少量其他固体废料组成。在浮渣中加入适量的硫酸生成硫酸铝的水溶液，可作为污水浮选处理的浮选剂。

绝大多数炼油企业对污水处理厂污泥的处理方法是浓缩、脱水、焚烧，经焚烧后将污泥变为体积小、毒性低的炉渣。

思 考 题

1. 一次采油、二次采油和三次采油分别适用于什么样的油井？试述三者各自的方法及特点。
2. 石油运输的主要方式有哪些？管道运输对于易凝原油通常采用哪些方法进行处理？
3. 原油为什么不能直接用于炼油？
4. 试述常减压蒸馏装置和设备的防腐蚀措施。
5. 催化裂化的目的是什么？其分馏塔与蒸馏塔相比具有哪些工艺特点？
6. 炼油厂的加氢过程都有哪些？其各自的原料和产品分别是什么？
7. 试述催化重整的原理和工艺流程。
8. 焦化的目的是什么？试述延迟焦化的生产工艺。
9. 如何以石油为原料生产润滑油和沥青？
10. 炼油过程的三废处理工艺有哪些？

参考文献

[1] 徐忠娟，诸昌武．化工生产实习指导．北京：中国石化出版社，2013.
[2] 王雷，李会鹏．炼油工艺学．北京：中国石化出版社，2011.
[3] 张君涛．炼油化工专业实习指导．北京：中国石化出版社，2013.
[4] 张建芳，山红红，涂永善．炼油工艺基础知识．第2版．北京：中国石化出版社，2009.
[5] 蒋红，刘武．原油集输工程．北京：石油工业出版社，2006.
[6] Forest Gray. 油气开采．李莉，汪先珍等译．北京：石油工业出版社，2009.

第3章

聚 乙 烯

3.1 概述

聚乙烯（polyethylene，简称 PE），其分子式为 $\left[CH_2—CH_2\right]_n$，是由乙烯单体经自由基聚合或配位聚合而获得的聚合物，包括乙烯与少量高级 α-烯烃（如 1-丁烯、1-己烯、1-辛烯、四甲基-1-戊烯等）共聚的共聚物。聚乙烯 1922 年由英国帝国化学工业集团（ICI）合成，1939 年在美国正式工业化生产。目前聚乙烯是当今高分子工业中最广泛使用的材料之一，可加工制成薄膜、电线电缆护套、管材、各种中空制品、注塑制品、纤维等，广泛用于农业、包装、电子电气、机械、汽车、日用杂品等方面。

3.1.1 聚乙烯的性质

聚乙烯无毒、无味、手感似蜡，易燃、吸水率低（小于 0.01%），但透气性较大，不适于保鲜包装。聚乙烯具有优良的耐低温性能（最低使用温度可达－100～－70℃），电绝缘性能优良。但由于聚乙烯制品表面无极性，难以黏合和印刷，经表面处理可有所改善。聚乙烯化学稳定性好，常温下不溶于一般溶剂，能耐大多数酸碱的侵蚀，但是不耐具有氧化性质的酸。

聚乙烯组成简单，结构对称，与碳原子连接的两个氢原子体积小，位阻不大，因此 C—C 链易旋转。分子链靠近时，易作有规则排列而形成有序结构，所以易形成结晶体。聚乙烯是结晶性聚合物，不同密度的聚乙烯结晶度也不相同。结晶度与密度呈线性关系，它们对聚乙烯的许多性能有显著影响。聚乙烯短支链的存在会干扰主链的结晶，因此增加短支链就会破坏结晶和降低密度。聚乙烯膜透明，透明度随结晶度的提高而降低。

聚乙烯受热以后，随着温度的升高，结晶部分逐渐减少，当结晶部分完全消失时，聚乙烯就融化，此时的温度即为聚乙烯熔点。聚乙烯的密度升高，结晶度升高，其熔点也随之升高，其熔点高低随共聚单体的碳原子的增减而变动，碳原子数增多，熔点升高。聚乙烯在温度升高时的流动性和在增加荷重时的变化，主要受分子量的影响。由于测定聚乙烯的熔体流动速率比测定分子量容易，因而通常以熔融指数（MI），或熔体流动指数（MFR）来表示聚乙烯的分子量特性。在熔融状态下，聚乙烯的熔体黏度是分子量的函数，它随分子量的增

高而加大。当分子量相同时，温度升高则熔体黏度降低。在常温下聚乙烯随密度的不同而有不同的柔韧性，在低温下聚乙烯自然具有良好的柔韧性。

聚乙烯由于支链多，其耐光降解和耐氧化能力差。聚乙烯由于其分子结构上和聚合物中所含的微量杂质等内因，以及受大气环境和成型加工条件等外因的影响，会产生热氧老化和光氧老化。这些老化反应按自由基反应机理进行，结果导致聚乙烯发生降解反应为主的不可逆的化学反应，而使其性能变坏，乃至完全失去使用价值。聚乙烯在氧气的存在下受热时易发生热氧老化作用，这种热氧老化过程具有自动催化效应，因此当升高温度时，氧化加速进行，它可使聚乙烯的电绝缘性能变坏。此外，抗环境应力开裂性能、伸长率等也会降低，并且脆性增加，严重时还会发生特臭气味。氧化作用的影响与受热时间长短有关，例如将高密度聚乙烯制成的容器经短时间受热，其使用价值并无任何降低，如果将其制成的电缆在60℃长时间受热，则其电绝缘性能会显著降低。聚乙烯受日光中紫外线的照射和空气中氧的作用，使其分子中的羰基含量增加而发生光氧老化作用，这种光氧老化作用是在常温下进行的，它可使聚乙烯分子解聚，并生成一部分支链体型结构。因此，为了防止或减慢光氧老化的作用，应在聚乙烯中添加具有遮蔽光作用的稳定剂，如紫外线吸收剂。聚乙烯在受热成型加工过程中，特别是与大量空气接触的情况下，例如压延过程中或挤出、注射成型时，由于受热氧化而使聚乙烯的力学性能降低，加了抗氧化剂后虽可部分防止，但仍不能完全避免，因此改进聚合工艺及成型加工方法，以及采用改性的方法，可提高聚乙烯受外因作用的稳定性。

抗环境应力开裂性能和抗蠕变性能是聚乙烯重要的物性指标。聚乙烯抗环境应力开裂性能和抗蠕变性能因聚乙烯支链的增加、密度的降低而得到大大的改善。

3.1.2 聚乙烯的分类

目前，世界各国主要按照聚乙烯的密度，并适当考虑其分子结构，对聚乙烯进行分类，如表3-1所示。

表3-1 聚乙烯类型

名　称	简　写	密度/(g/cm³)
高密度聚乙烯	HDPE	0.941～0.970
中密度聚乙烯	MDPE	0.916～0.940
低密度聚乙烯	LDPE	0.910～0.925
很低密度聚乙烯	VLDPE	0.860～0.914
超低密度聚乙烯	ULDPE	0.860～0.914
全密度聚乙烯	LLDPE/HDPE	0.910～0.960
线型低密度聚乙烯	LLDPE	0.915～0.930

此外，聚乙烯也有按照相对分子质量大小对其分类情况，如高相对分子质量高密度聚乙烯（HMW-HDPE）、超高相对分子质量聚乙烯（UHMW-PE）。也有按聚乙烯生产时的压力高低进行分类，如高压聚乙烯、低压聚乙烯、中压聚乙烯。还有按照聚乙烯主要成分种类对其分类的方法，如聚乙烯、乙烯-醋酸乙烯共聚物（EVA）、乙烯-丙烯共聚物等。

3.1.3 聚乙烯的应用

聚乙烯力学性能优良，可用多种加工方法和成型设备生产不同用途的制件，不同的聚乙烯品种应用的领域也有所不同。

(1) 低密度聚乙烯　低密度聚乙烯（LDPE）是聚乙烯家族中最老的成员，20世纪40年代早期就作为电线包皮第一次商业生产。

LDPE不完全是线型结构，而是有长支链、短支链，且含有少量羰基、双键等，其分子链近似树枝状结构。聚乙烯分子由亚甲基构成，其中含有一定数量的侧基，如甲基、4个左右碳原子的烷基。聚乙烯每1000个碳原子平均含甲基的总数约为21个。低密度聚乙烯由于侧基的存在，其结晶度一般为64%左右。LDPE分子量一般在5万以下，分子量分布较宽，一般在20～50之间。LDPE密度一般在0.915～0.940g/cm^{3}之间，熔点在120～125℃左右。

低密度聚乙烯综合性能优异，且卫生性好，因此广泛应用于各个工业部门和日常生活用品。低密度聚乙烯薄膜占其产量的一半，主要用于食品包装、工业品包装、化学药品包装、农用膜和建筑用膜等；同时低密度聚乙烯利用挤出吹塑成型法制作许多中空制品，如瓶、罐、筒、盆和大型工业用储槽等；利用旋转滚塑法，可制成大型中空成型制品，如儿童玩具、大型储槽等；利用挤出工艺，可制造高频、海底电缆的被覆料等。

LDPE适合热塑性成型加工的各种成型工艺，成型加工性好，如注塑、挤塑、吹塑、旋转成型、涂覆、发泡工艺、热成型、热封焊、热焊接等。

(2) 中密度聚乙烯　中密度聚乙烯（MDPE）密度在0.916～0.940g/cm^3，结晶度75%，刚性、耐磨性、透气性介于LDPE和HDPE之间，拉伸强度较HDPE差。MDPE用途不如LDPE和HDPE广泛，适合挤塑管材，蒸煮带的内衬薄膜和包装等制品。

(3) 高密度聚乙烯　高密度聚乙烯（HDPE）呈乳白色半透明的蜡状固体，HDPE支链化程度最小，分子能紧密地堆砌，故密度大、结晶度高，HDPE有较高的耐温、耐油性、耐蒸汽渗透性及抗环境应力开裂性，电绝缘性、抗冲击性及耐寒性都很好。HDPE强度和老化性能优于聚丙烯（PP），工作温度比聚氯乙烯（PVC）、LDPE高。HDPE吸水性极微小，无毒，化学稳定性极佳，薄膜对水蒸气、空气的渗透性小。高密度聚乙烯HDPE主要用途有注塑制品（周转箱、瓶盖、桶类、帽、食品容器、盘、垃圾箱、盒以及塑料花）；吹塑制品（中空成型的各种系列吹塑桶、容器、瓶类，用于盛放清洁剂、化学品、化妆品等，汽箱、日用品等；吹塑制品的食品包装袋，杂品购物袋，化肥内衬薄膜等）；挤塑制品（管材、管件主要用在煤气输送、公共用水和化学品输送；片材主要用于座椅、手提箱、搬运容器等）；旋转成型制品（大型容器、储藏罐、桶、箱等）。

HDPE适合热塑成型加工的各种工艺，成型加工性好，如注塑、挤塑、吹塑、旋转成型、涂覆、发泡工艺、热成型、热封焊、热焊接等。

(4) 线型低密度聚乙烯　线型低密度聚乙烯（LLDPE），实际上是乙烯与少量高级烯烃和催化剂，在高压或低压下聚合而成的共聚物，是聚乙烯的第三大类品种。

线型低密度聚乙烯（LLDPE）是具有HDPE的高度支化聚合物链组成的低密度的聚乙烯。在LLDPE中，存在短侧基的线型分子链，使其结晶度低，密度小。LLDPE透明性较差，表面光泽度好，主链上有支链，分子量分布窄，具有低温韧性、高模量、抗弯曲和耐应力开裂性，低温下抗冲击性比LDPE有较大的提高。

LLDPE适合于注塑、挤塑、吹塑、旋转成型、热熔焊接、涂覆等成型加工。加工性能良好，主要用于薄膜，有良好的撕裂强度、穿刺强度、拉伸强度、抗冲击性、耐热性、耐低温性都很好，可以用于各种包装。

LLDPE的另一种用途是可再掺混料，国内外各树脂生产厂家都有专用掺混料牌号。还有其他用途是管材、注塑容器、型材、旋转成型的容器制品，纸、布、织物涂覆制品、瓦楞板、军用帐篷等；一般日用品、打包带、编织袋、绝缘制品等。

3.2 乙烯

无论是低密度聚乙烯还是高密度聚乙烯，所用原料单体都是乙烯。乙烯是合成纤维、合成橡胶、合成塑料（聚乙烯及聚氯乙烯）、合成乙醇（酒精）的基本化工原料，也用于制造氯乙烯、苯乙烯、环氧乙烷、醋酸、乙醛、乙醇和炸药等，还可用作水果和蔬菜的催熟剂。乙烯是世界上产量最大的化学产品之一，乙烯工业是石油化工产业的核心，乙烯产品占石化产品的75%以上，在国民经济中占有重要的地位。世界上已将乙烯产量作为衡量一个国家石油化工发展水平的重要标志之一。

乙烯是用途最广的有机化工基础原料。自然界中没有烯烃矿藏，不可能大量开采，只能通过工业的方法生产获得。工业中生产低级烯烃（乙烯、丙烯、丁烯、丁二烯）的主要途径是烃类热裂解过程，即通过石油炼制得到的柴油、石脑油等经高温裂解制备得到的，因为自然界最丰富的有机原料是石油，石油化工路线是当前最重要的单体合成路线。原油经石油炼制得到的汽油、石脑油、煤油、柴油进行高温裂解，使石油烃大分子在高温下发生碳链断裂或脱氢反应，生成相对分子质量较小的烯烃和烷烃。裂解气经分离可得到乙烯、丙烯、丁烯、丁二烯等。产生的液体经加氢后催化重整可转化为芳烃，经萃取分离可得到苯、甲苯、二甲苯等芳烃化合物，它们既可作为单体使用，又可进一步经化学加工生产出一系列单体。因此本章在介绍聚乙烯的生产前，先介绍乙烯原料的特性、用途以及生产工艺。

3.2.1 乙烯的特性

乙烯是烯类单体中最简单的单体。它没有取代基，结构对称，偶极矩为0，不易诱导极化，聚合反应的活化能很高，不易发生聚合反应。乙烯在常温、常压下为无色可燃性气体，不易被压缩液化；密度为1.256g/L，比空气的密度略小，具有烃类特有的臭味（少量乙烯具有淡淡的甜味），能溶于醇和醚，难溶于水。性质活泼，能与空气形成爆炸性混合物，爆炸极限的下限为2.75%～3.5%，爆炸极限的上限为16%～29%。液化条件临界温度为9.9℃，临界压力为5.04MPa。乙烯常压下沸点－104℃，凝固点－169℃，是一种易燃气体，燃点450℃。纯乙烯在350℃以下是稳定的，温度高于300℃，乙烯将发生爆炸性分解，分解为C、CH_4、H_2等。乙烯聚合时聚合热为95.0kJ/mol，高于一般的乙烯基类型的单体的聚合热。

3.2.2 乙烯纯度要求

乙烯用作聚合单体使用时，其纯度要求≥99.95%。这是因为乙烯中杂质越多，则聚合物的相对分子质量越低，且会影响产品的性能。乙烯的杂质一般有甲烷、乙烷、乙炔、一氧化碳、二氧化碳、硫化物等。其中乙炔还可能引起爆炸，乙炔和甲基乙炔又可能参与反应，使聚合物的双键增加，影响产品的抗老化性能。新鲜乙烯中杂质的允许含量如表3-2所示。

表 3-2 新鲜乙烯中杂质的允许含量

杂质	含量/($\times10^{-6}$)	杂质	含量/($\times10^{-6}$)
甲烷、乙烷	<500	二氧化碳	<5
C_3以上馏分	<20	氢气	<5
乙炔	<5	水	<5
氧气	<2	硫含量	<1
一氧化碳	<2	甲醇	<10

3.2.3 乙烯的用途

乙烯是烯烃中最简单也是最重要的化合物之一，它具有活泼的双键结构，容易起各种加成聚合等反应。乙烯用量最大的产品是聚乙烯，约占乙烯耗量的 45%，其次如环氧乙烷、乙二醇、苯乙烯、氯乙烯、乙醛、乙醇及高级醇等也都是来源于乙烯的主要产品。可以由乙烯获得的化工产品如图 3-1 所示。

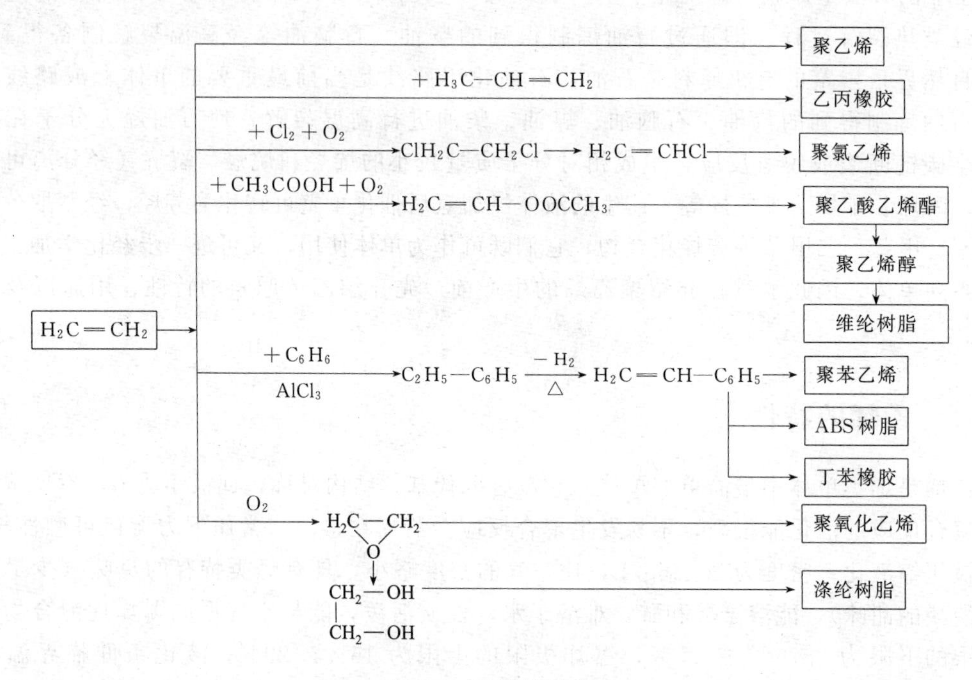

图 3-1 乙烯的用途

3.2.4 乙烯的生产

石油裂解装置可以生产乙烯、丙烯或芳烃，其生产规模通常以年产乙烯量为标准，所以石油裂解装置在工业上称为乙烯装置。例如中国石化北京燕山分公司（简称：燕山石化，或燕化）的乙烯装置是中国引进的第一套 30 万吨/年乙烯装置，于 1973 年 8 月破土动工，1976 年 5 月开车成功。之后经历了多次改造，乙烯生产能力达 71 万吨/年。主要以轻柴油为原料，采用美国鲁姆斯公司的裂解技术，经过裂解、急冷、压缩、分离等工艺过程，生产高纯度的乙烯、丙烯、碳四（C_4）、裂解汽油等产品，为下游石油化工生产装置提供原料。轻柴油裂解后得到的乙烯或其下一步产品可制备聚乙烯、乙丙橡胶、聚氯乙烯、聚醋酸乙烯酯、聚苯乙烯、丁苯橡胶、聚对苯二甲酸乙二醇酯（涤纶）等高分子化合物。轻柴油裂解生产烯烃方框流程简图如图 3-2 所示。轻柴油裂解后乙烯收率可达 25%，丙烯收率为 16%，C_4馏分可达 11%～12%。

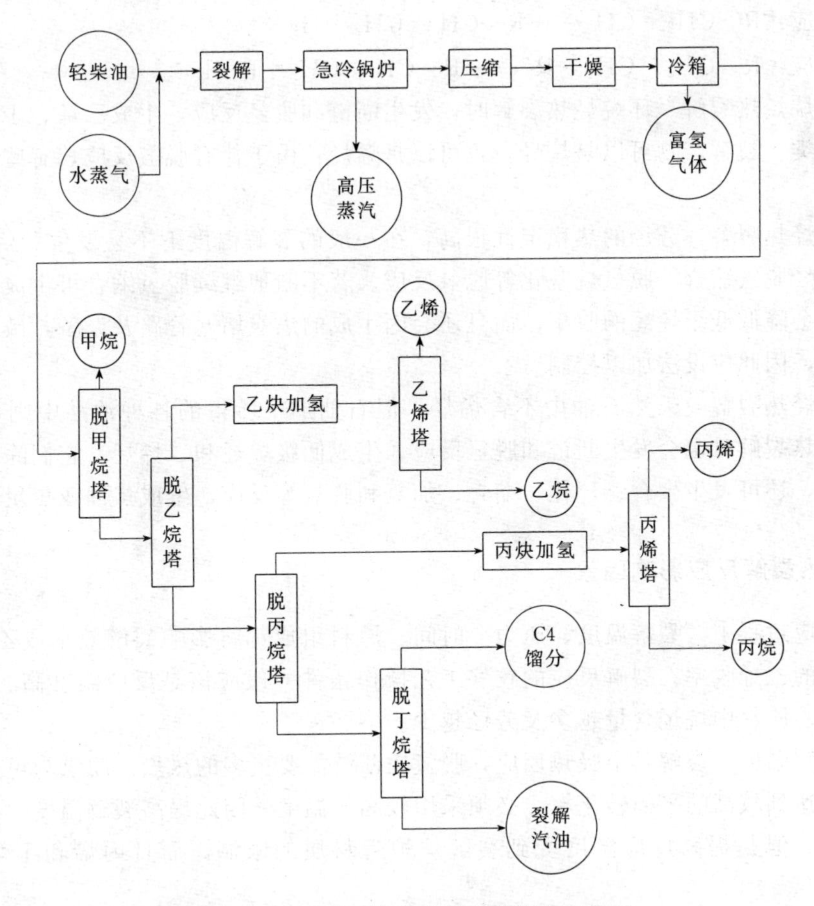

图 3-2 轻柴油裂解生产烯烃方框流程简图

3.2.4.1 热裂解反应

烃类热裂解是吸热反应，反应过程和途径均十分复杂，一般认为是自由基连锁反应。已知的化学反应有：脱氢、断链、二烯合成、异构化、环化、脱烷基、叠合、歧化、聚合、脱氢交联和焦化等。烃类热裂解反应主要产物变化示意如图 3-3 所示。

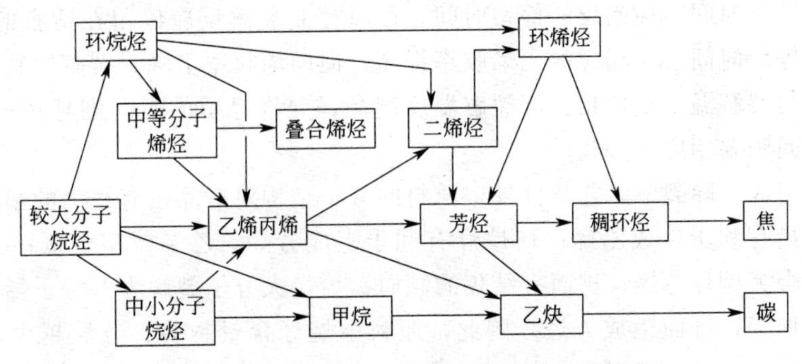

图 3-3 烃类热裂解反应主要产物变化示意图

对生产低级烯烃比较有利的反应可以分为：烷烃热裂解；环烷烃热裂解；芳烃热裂解；烯烃热裂解。

（1）烷烃热裂解

脱氢反应：$R-CH_2-CH_3 \longleftrightarrow R-CH=CH_2+H_2$

断链反应：$R-CH_2-CH_2-R' \longrightarrow R-CH=CH_2+R'H$

（2）环烷烃热裂解　环烷烃热裂解时，发生断链和脱氢反应，生成乙烯、丁烯、丁二烯和芳烃等烃类。裂解产物可以是烷烃，也可以是烯烃；由于伴有脱氢反应，有些环烷烃部分转化为芳烃。

（3）芳烃热裂解　芳烃的热稳定性很高，在一般的裂解温度下不易发生芳烃开环反应，但能进行芳烃脱氢缩合、脱氢烷基化等脱氢反应。若不断地继续脱氢缩合可生成焦油直至焦炭，这不仅会降低低级烯烃的收率，而且还会因生成的焦炭堵塞管路及设备，破坏裂解操作的正常进行，因此应设法加以控制。

（4）烯烃热裂解　天然石油中不含烯烃，但石油加工所得的各种油品中则可能含有烯烃，它们在热裂解时也会发生断链和脱氢反应，生成低级烯烃和二烯烃。它们除继续发生断链及脱氢外，还可发生聚合、环化、缩合、加氢和脱氢等反应，生成焦油或焦炭。

3.2.4.2　热裂解反应影响因素

裂解反应过程中，裂解温度、压力、时间、原料组成都将影响裂解效率或乙烯的产率。为了得到高的乙烯收率，裂解反应的较好工艺操作条件一般应该是反应温度高、烃分压低、停留时间短、原料中烷烃含量越多及芳烃越少。

（1）裂解温度　裂解是个吸热反应，脱氢比断链需要更多的热量。脱氢为可逆反应，为使脱氢反应达到较高的平衡转化率，必须采用较高的温度。因此提高裂解温度，有利于乙烯产率的增加。但是提高反应温度受到裂解炉炉管材质的限制，而且丙烯和丁烯的收率会下降。

（2）压力　由于裂解反应是体积增大的反应，反应后分子数目会急剧增多，因此降低压力对反应有利。但是裂解不允许在负压下操作，因为如果吸入空气，极易酿成爆炸等意外事故。为此常将裂解原料和水蒸气混合，使混合气总压力大于大气压，而原料的分压则可进一步降低。此时的水蒸气也称为稀释剂。此外，使用的水蒸气可以事先预热到较高的温度，用作热载体将热量传递给原料，避免原料因预热温度过高在预热器中结焦，也有助于防止炭在炉管中的沉积。

（3）裂解停留时间　控制裂解停留时间，可以控制裂解反应停留在适宜的裂解深度上。裂解温度高，停留时间短，相应的乙烯收率提高，但丙烯收率下降。裂解原料在反应高温区的停留时间，与裂解温度密切相关。裂解温度越高，允许停留的时间则越短；裂解温度低，允许停留的时间则要相应长一些。

（4）原料组成　除裂解工艺条件外，原料的分子结构对产品也有很大的影响。一般规律是：正构烷烃最有利于生成乙烯；环烷烃有利于生成芳烃，乙烯收率较低；芳烃一般不开环，能脱氢缩合为稠环芳烃，进而有结焦的倾向；烯烃大分子裂解为低分子烯烃，同时脱氢生成炔烃、二烯烃，进而生成芳烃。因此，原料中烷烃含量越多、芳烃越少，则乙烯产率越高。

3.2.4.3 原料和产品

生产乙烯的裂解原料可以是沸点350℃以下的液态烃、裂解副产物乙烷、碳四馏分和天然气等。裂解产物的组分非常复杂，包括裂解气（氢、甲烷、乙烷、乙炔、乙烯、丙烯和碳四馏分）和裂解轻油（裂解汽油、燃料油和柴油）。例如中国石化北京燕山分公司最开始的年产30万吨乙烯装置设计的原料就是轻柴油，随着原料多样化的发展，乙烯改扩建后，乙烯装置可以适应多种原料的裂解。目前，乙烯原料主要包括炼油厂自产部分和外购两大部分，自产部分主要有：轻裂解料、重裂解料、加氢裂化尾油、蜡下油，以及少量的加氢裂化轻石脑油、制苯装置的抽余油、乙烯提浓气和轻烃裂解料等。轻烃裂解料主要又包括裂解自产液化石油气（LPG）、丙烷和外购丙烷。

石油裂解装置是整个化工系统的龙头装置，其产品是后续加工装置的原料，主要产品如下。

① 乙烯。主要供给高压聚乙烯、低压聚乙烯、乙二醇、苯乙烯等装置作为主要原料。

② 丙烯。主要供给聚丙烯装置和苯酚丙酮装置作为主要原料。

③ 混合碳四。经抽提装置生产出1,3-丁二烯供生产顺丁橡胶、苯乙烯-丁二烯-苯乙烯嵌段共聚物（SBS）、溶聚丁苯橡胶（SSBR）等使用。

④ 裂解汽油。其中富含芳烃，进入制苯装置，经加氢脱除不饱和烃后抽提生产苯。

副产品主要如下。

① 氢气。除部分自用于C_2、C_3加氢外，剩余部分供制苯、低压聚乙烯、聚丙烯、苯酚丙酮、己烷切割等装置及炼油厂加氢类装置使用。

② 甲烷氢。主要作为乙烯装置的气体燃料，其组成大致为甲烷＞94%（体积），其余主要部分是氢气。

③ C_5馏分。主要作为燃料，经汽化并过热后供给裂解炉底部烧嘴。

④ 裂解燃料油。主要作为燃料。

3.2.4.4 裂解工艺流程及说明

高温裂解产物是多组分的低级烯烃与烷烃的混合物，还有少量的酸性气体（CO_2、H_2S等）和炔烃等杂质，另外还有少量的水蒸气。为了生产高纯度的单一的烯烃，必须对裂解气进行分离精制。精制的过程首先是用3%～5%的NaOH水溶液洗涤裂解气；炔烃（乙炔和甲基乙炔）杂质一般用钯作催化剂，进行选择加氢使炔烃转变为烯烃；大部分的水蒸气在气体压缩过程中冷凝除去，少量的水分用分子筛进行干燥。干燥的裂解气中气体杂质是H_2、低级烷烃和烯烃，分离它们最为困难。

要想得到高纯度的乙烯和丙烯，必须对裂解气进行分离处理。工业生产上，采用的裂解气分离方法主要有深冷分离法和油吸收法两种。目前，乙烯装置裂解气的分离广泛采用深冷分离技术。深冷分离法是将干燥的裂解气冷冻至－100℃，以使除了H_2、CH_4以外的低级烃全部冷凝液化，然后将它们在适当的温度和压力下逐一分离。而H_2和CH_4的分离是将其冷冻至－165℃，使CH_4液化，最后得到含H_2甚高的富氢气体。

深冷分离流程又可以概括为顺序分离、前脱乙烷和前脱丙烷三大代表性流程。例如中国石化北京燕山分公司采用的就是顺序分离流程，顺序分离流程是指裂解气经压缩、脱除大部分重烃和水、脱除酸性气体并深度干燥后，进入脱甲烷塔系统，各组分按碳一、碳二、碳三……的顺序先后分离。

如图 3-4 所示是乙烯生产装置方框流程简图；如图 3-5 所示是乙烯生产装置生产工艺流程简图。

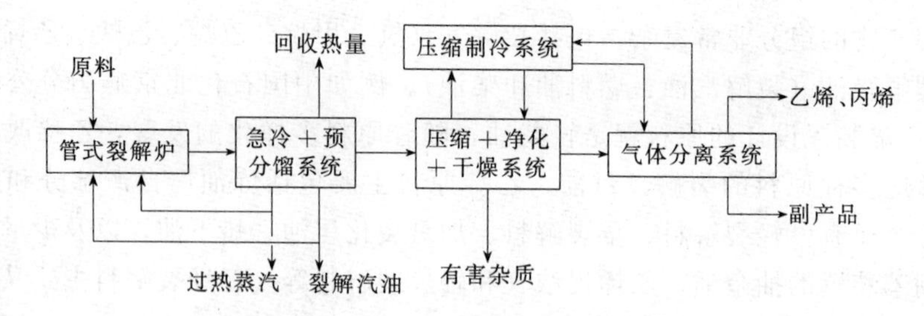

图 3-4　乙烯生产装置方框流程简图

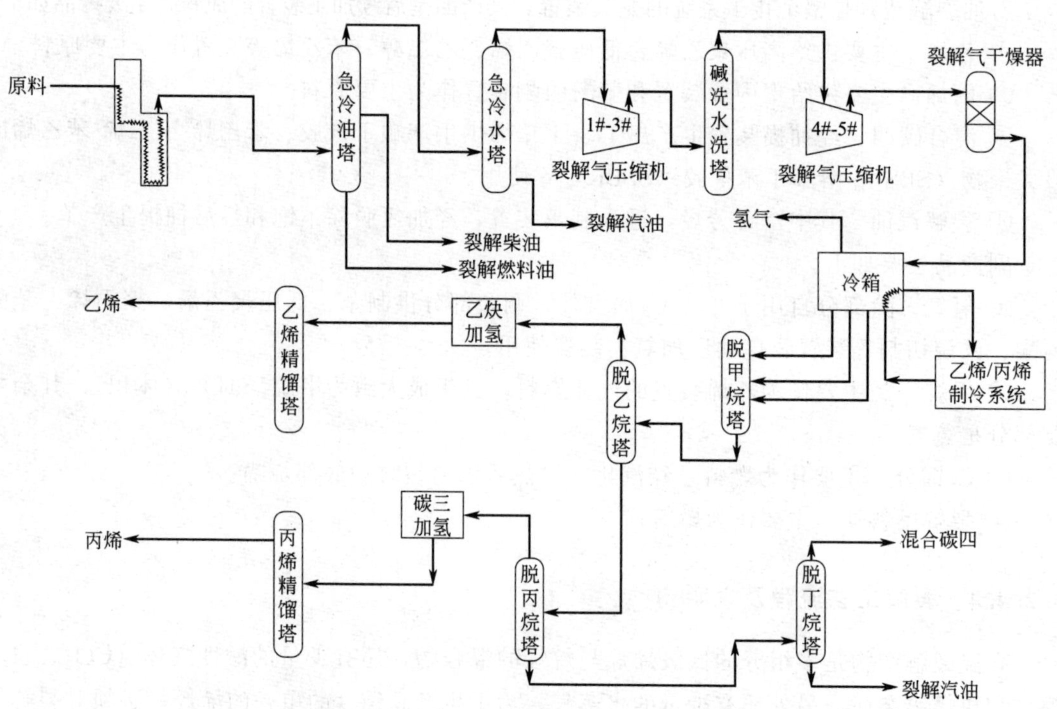

图 3-5　乙烯生产装置生产工艺流程简图

乙烯生产装置生产工艺流程说明如下。

原料经过裂解炉热裂解反应，生成的裂解气分别经急冷油塔和急冷水塔降温后，进入裂解气压缩机一至三段压缩，脱除部分重烃和水，然后进入碱洗塔脱除酸性气体，再进入裂解气压缩机四至五段压缩脱除大部分重烃和水，再进入裂解气干燥器，深度干燥后进入冷箱系统，分离出氢气后进入脱甲烷塔，由脱甲烷塔塔顶分离出甲烷/氢，塔釜液送至脱乙烷塔，由脱乙烷塔塔顶分离出碳二馏分，塔釜液送至脱丙烷塔……依此各组分按碳一、碳二、碳三……的顺序先后分离，最终由乙烯精馏塔、丙烯精馏塔、脱丁烷塔分别得到乙烯、乙烷、丙烯、丙烷、混合碳四、裂解汽油等主副产品。在此过程中，有两台裂解气压缩机和四台制冷压缩机承担了压缩裂解气和制冷的作用。

如果按区域划分，乙烯生产装置又可以分为裂解炉区、急冷区、压缩区、分离冷区、分离热区、球罐和火炬。

(1) 裂解炉区　生产乙烯的方式有很多种，中国石化北京燕山分公司主要采用的是传统的蒸汽热裂解，经预热后裂解原料进入裂解炉对流段，在原料预热段预热后与稀释蒸汽按比例混合，经裂解炉混合预热段预热至起始反应温度（即横跨温度），进入裂解炉辐射段进行裂解。反应生成的裂解气先进入废热锅炉快速冷却以防止二次反应的发生，并回收裂解气的显热，发生超高压蒸汽，然后进入急冷器，用185℃急冷油进一步冷却至210℃后送入汽油分馏塔。

裂解炉主要分成辐射段和对流段，对流段的作用主要有两个，一是将裂解原料预热、汽化并过热至初始裂解温度（横跨温度），二是回收烟气中的余热，以提高炉子的热效率，降低能耗。辐射段的作用是通过辐射传热的方式，在高温、短停留时间、低烃分压的条件下让烃类在炉管内发生裂解反应。

裂解发生的反应非常复杂，其中包括：烷烃的脱氢、断链反应；烯烃的断链、脱氢、歧化、二烯合成和芳构化反应；环烷烃的断链、开环、脱氢反应；芳烃的断键、脱氢和缩合反应。生成的产物也非常复杂，从氢气开始，一直到裂解燃料油。

(2) 急冷区　急冷系统的主要工艺作用有：将裂解气中的裂解燃料油分离出来；将裂解气中的裂解重汽油分离出来；回收高温裂解气的热量；将裂解气中的蒸汽冷凝成工艺水，并发生稀释蒸汽供裂解炉。

急冷系统由急冷油塔系统、急冷水塔系统和稀释蒸汽发生系统三大系统组成，构成急冷油循环、急冷水循环和稀释蒸汽循环三大循环。

裂解气出裂解炉后，立即进入废热锅炉冷却，再经急冷器油急冷后进入急冷油塔，在急冷油塔内裂解气被进一步冷却，汽油和更轻组分作为塔顶气相送至急冷水塔。塔釜采出的急冷油大部分由急冷油循环泵加压后送往稀释蒸汽发生器，然后分别经油急冷器及工艺水预热器返回急冷油塔；小部分急冷油在液位控制下进入裂解燃料油汽提塔进行汽提，汽提后塔顶气相返回急冷油塔，塔底裂解燃料油经冷却后送至裂解燃料油贮罐。从急冷油塔塔顶出来的裂解气进入急冷水塔的底部，与急冷水逆流接触换热，冷却到规定温度（一般在40℃左右）后从塔顶排出，送入裂解气压缩机的一段吸入罐。裂解气中的裂解汽油和水蒸气在急冷水塔中被冷凝下来，一股作为急冷水塔的回流，另一股作为重汽油送出。急冷水塔的釜温一般控制在85℃左右，塔底急冷水经泵加压后一股去急冷水用户作为工艺用热源，换热后返回；另一股经压差调节阀降压后冷却返回急冷水塔。由急冷水沉降油水分离侧底部排出的工艺水，经加压后先过滤掉油，然后进入工艺水汽提塔。汽提出酸性气体和轻烃。工艺水预热后进入稀释蒸汽汽包，靠热虹吸原理以急冷油为热源产生稀释蒸汽，然后过热至180℃后返回裂解炉，作为裂解炉稀释蒸汽使用。

(3) 压缩区　压缩单元由裂解气压缩机系统、酸性气体脱除系统、裂解气干燥系统、制冷压缩机系统组成。压缩单元的主要任务是压缩来自裂解单元的裂解气，将裂解气压力提高到轻组分分离所需压力，为深冷分离提供条件；裂解气在压缩过程中，逐段冷却和分离，除去重烃和水，并脱除裂解气中的酸性气体，为分离单元提供合格的裂解气；此外，压缩单元还提供装置组分分离所需的各级别冷剂。

水洗塔顶部裂解气在近常压的条件下无法进行轻组分之间的分离，必须升压到3.5～3.7MPa，所以需要进行裂解气的压缩。

裂解气中所含有的H_2S会腐蚀设备、缩短干燥剂分子筛寿命、使加氢钯系催化剂中毒；CO_2在低温时可结成干冰堵塞设备和管道，所以需设置酸性气体脱除系统，以脱除裂解气中的CO_2和H_2S。中国石化北京燕山分公司采用的是鲁姆斯三段碱洗工艺流程，包括三段碱循环和一个水洗段，来自裂解气压缩机三段出口的裂解气略经加热后，进入碱洗塔的底部，依次与弱碱、中强碱、强碱逆流接触，然后在塔上部的水洗段中进行水洗，脱除可能夹带的碱液，防止碱液带入压缩机机体内。

裂解气干燥系统的目的，主要是干燥来自压缩单元的裂解气，使用3Å分子筛脱水干燥，控制裂解气出口水含量小于1mg/m^3（露点达－70℃），裂解气脱水后送往前冷脱甲烷系统。裂解车间裂解气干燥器设有3台，A/B和C串联使用，A/B一台运转，一台再生备用，裂解气干燥器的吸附周期为36h。再生的干燥器利用高压甲烷进行脱水再生。

制冷压缩机系统主要包括丙烯制冷压缩机、乙烯制冷压缩机和二元制冷压缩机。压缩制冷系统为深冷分离提供了必要的冷量。丙烯制冷压缩机和乙烯压缩机、二元制冷压缩机又构成了复叠式制冷。也就是用水来冷却丙烯，用丙烯来冷却乙烯、用乙烯来冷却二元冷剂中的甲烷。这主要是根据各个冷剂介质的物理性质决定的。以丙烯压缩制冷为例，介绍一下制冷过程。丙烯制冷系统是一个经多段压缩、多级节流的循环系统，使用汽轮机驱动离心式压缩机。在乙烯装置中，丙烯制冷系统为裂解气分离系统提供－40℃以上的各温度级的冷量。其主要冷量用户为裂解气的预冷、乙烯制冷剂冷凝、乙烯精馏塔、脱乙烷塔及脱丙烷塔塔顶冷凝等，共设置四个制冷级位，采用四级节流制冷循环，为装置提供18℃、3℃、－24℃和－40℃四个级别的冷剂。制冷的原理是逆卡诺循环原理。

（4）分离冷区　分离冷区作用，是将裂解气中氢气分离出来；将氢气中杂质CO除去；将裂解气中的甲烷分离出来；将碳二馏分中乙炔除去；将碳二馏分中乙烯分离出来；将碳二馏分中乙烷分离出来。分离冷区可以从激冷到深冷，最低温度可达－168℃；采用丙烯、乙烯和二元冷剂将裂解气逐级冷却冷凝。

（5）分离热区　热组分经过冷区，组分偏重，需加热才能分离。分离热区作用包括：分离出主产品丙烯；通过加氢脱除碳三馏分中的丙炔/丙二烯；分离出副产品混合碳四、裂解汽油和碳三液化气。

（6）火炬系统及球罐　火炬系统由火炬气排放管网和火炬装置组成，是为了保障装置在紧急事故停车时的安全而设置的。火炬系统收集来自安全阀、泄压阀、放空及液体排放等放出的气体和液体，加热成气体送火炬头焚烧。中国石化北京燕山分公司乙烯装置的火炬排放系统包括干火炬系统（DF）、液体排放系统（LD）、湿火炬系统（WF）和酸性火炬系统。

3.2.4.5　关键设备

乙烯装置主要设备有：压缩机、汽轮机、泵、塔、贮罐、换热器、干燥器、反应器、过滤器、裂解炉、安全阀等。

乙烯装置关键设备主要有：急冷锅炉、废热锅炉、急冷器、汽轮机、压缩机、乙烯冷箱、精馏塔、分凝分馏塔等。

下面简单介绍几个关键设备。

（1）急冷锅炉　一般对急冷锅炉的要求是：结焦少，能长期连续运转；可回收超高压蒸汽，热效率高；结构简单，机械问题少，稳定性好；投资低。目前世界上采用的急冷锅炉形式很多，主要有斯密特（Schmidt）急冷锅炉、Borsig型（薄管板型）急冷锅炉、M-TLX型（三菱型）急冷锅炉、USX型急冷锅炉（S. W公司针对USC型裂解炉的特点开发的两段急冷锅炉），第一段为立式双套管急冷器（称USX），第二段为一卧式列管换热器（称为TLX）四种形式。裂解车间主要用的是浴缸式斯密特TLE。

TLE中产生的蒸汽/水混合物必须在汽包中分离。为了达到足够高的分离效率，汽包在这方面的设计是非常重要的。汽包水平放置，为了达到最优的分离效率，装有泡沫网。汽包正常液位在汽包中心线稍稍偏上，为重力分离提供足够的蒸发空间。通过适当的位置和汽包内件、进水口防冲板、排污收集管、降液管上的破涡器、上升管入口折流板的选择，使液位波动最小。为了维持足够的分离空间，必须严格控制汽包液位。

（2）急冷器　急冷器是无垢文丘里型混合设备。急冷器垂直安装，急冷油通过一个直通型分配器沿着文丘里入口锥体表面分布。裂解炉出口的裂解气经过顶部进入并向下流经急冷器时，汽化并通过产生涡流使部分急冷油分散到热的气相物流中，从而冷却气相物流。裂解气在急冷器中被急冷油冷却至210℃。同时，急冷器配有防焦蒸汽管线，在裂解炉的运转过程中，可以有效地防止急冷器的结焦。

（3）裂解炉　裂解炉在烧焦和维护期间，必须要用裂解气大阀将裂解炉出口和裂解气总管完全隔开，保证裂解气不会倒流入裂解炉，同时防止在烧焦的过程中烧焦阶段的空气漏入裂解气侧。由于裂解气中带有大量的焦粒，就会造成裂解气大阀沉焦，所以裂解气大阀配有防焦蒸汽线进行吹扫，保证阀门的畅通。

（4）冷箱　在乙烯装置中，冷箱主要用于回收低位冷量，以分离沸点极低的甲烷和氢气。利用其传热效率高，可实现多股物料同时换热，可以最大限度地利用余热余冷，降低能耗，增加收率。

冷箱的主要优点有：传热性能好。由于翅片在不同程度上促进了湍流并破坏了传热边界层的发展，故传热系数很大。冷、热流体间的传热不仅仅以隔板为传热面，大部分热量是通过翅片传递的，结构高度紧凑，单位体积的传热面积可达$2500m^2$，最高可达$4300m^2$。通常板翅式换热器采用铝合金制造，因此换热器的重量轻。由于铝合金在低温条件下的延展性和抗拉强度均很高，因此板翅式换热器适用于低温和超低温操作场合；同时，由于翅片对隔板的支撑作用，其允许的操作压力也较高，可达5MPa。此外，板翅式换热器还可用于多种不同介质在同一换热器内进行多股流换热。冷箱的全钎焊结构，杜绝了泄漏可能性，安全可靠性高；冷箱的体积小，占地面积小，重量轻，操作成本低。

冷箱的主要缺点有：结构复杂、造价高；流道尺寸小，容易堵塞，而且检修和清洗困难，因此所处理的物料应较洁净或预先净制。另外，由于隔板和翅片均由薄铝板制成，一旦腐蚀造成内漏很难发现和检修，故要求换热介质对铝材无腐蚀性。

（5）分凝分馏塔　分凝分馏塔由两个部分组成，下部为填料段或塔盘，上部为一台板翅式换热器。其原理是在分凝分馏塔板翅式换热器内，气体混合物在上升过程中，部分重组分被冷剂冷凝，冷凝液沿壁呈膜状向下流动，并与上升气体混合物逆向接触，气液两相在传热的同时进行传质。下部填料床层进一步提高分离效率。目前乙烯装置FCC（催化裂化）尾气预分馏的脱甲烷塔就应用了该技术。

3.3 高压法生产聚乙烯

3.3.1 基本原理

高压法生产低密度聚乙烯，是将乙烯压缩到130～250MPa（甚至300MPa）的高压条件下，用氧或过氧化物为引发剂，于200℃左右（130～280℃）的温度下进行气相本体自由基聚合反应而制得的。为防止聚乙烯发生凝固，一般聚合温度不能低于130℃。提高反应温度可以增加单体分子的活性，以达到所需要的活化能，有利于反应的进行。乙烯在高压下被压缩使其密度近似液态烃的密度，有利于反应的进行。

高压法制备的聚乙烯密度较低，一般为0.910～0.940g/cm^3，分子具有长短支链，分子量一般不超过50000。目前在世界合成树脂工业中，聚乙烯的生产能力约占1/3，而高压法生产的低密度聚乙烯占聚乙烯生产总能力的50%。

3.3.1.1 反应机理

乙烯在高压下的聚合反应是按自由基反应机理进行的。一个自由基形成一个寿命较短的带有不成对电子的活性中心，当这个自由基与乙烯分子结合时就形成一个新的自由基，反应开始后，这个新的自由基继续与乙烯分子进行链增长反应，直到长链分子的增长结束。乙烯高压聚合生产聚乙烯的化学反应方程简式为：

$$n\mathrm{CH_2}=\mathrm{CH_2}\xrightarrow[\substack{150\sim250\mathrm{MPa}\\200^\circ\mathrm{C}}]{\text{氧或过氧化物}}\left[\mathrm{CH_2}-\mathrm{CH_2}\right]_n$$

乙烯聚合过程可以分为四个步骤：链引发、链增长、链终止、链转移。

链引发时，乙烯分子在活性基团的作用下，打开双键成为活性分子的过程也就是单体转变成自由基的过程。反应引发所必需的自由基是由链引发剂遇热分解生成的。引发剂一般使用氧、有机过氧化物及偶氮化合物等。引发剂分解形成的自由基与乙烯单体分子反应形成聚合反应所需要的自由基活性中心。

链增长时，由引发剂引发后的活性乙烯分子与周围的单体乙烯分子进行连锁反应，生成链状大分子。

链终止时，两个自由基结合到一起，形成另外一个或两个不具有活性的聚合物链，从而破坏活性自由基，终止反应。偶合终止反应是两个活性增长链自由基相互化合或链合而导致链终止。歧化终止反应是两个活性增长链之间，由于氢原子的转移而产生一个饱和分子，同时生成了含有不饱和端基的另一个分子。

以上三步反应是聚合机理中决定聚合速率的部分，另外还有一类决定分子量的反应是链转移反应。链转移反应是活性自由基中心从增长的聚合物链尾端转移到同一个聚合物分子的其他点，或者另外的聚合物分子、溶剂、单体或调节剂分子上。链转移反应影响聚合物分子的大小、结构和分子末端的基团。

3.3.1.2 乙烯气相本体聚合特点

乙烯气相本体聚合具有以下特点。

（1）聚合热大　乙烯聚合热95.0kJ/mol，高于一般的乙烯基类型的单体的聚合热。如果不及时将反应热排除，其热量将使反应体系温度剧升，导致聚乙烯、乙烯的分解，而乙烯分解又是一个强烈的放热反应。

（2）聚合转化率较低　乙烯高压气相本体聚合时单程转化率通常在15%～30%之间，因此大量的乙烯必须循环使用。

（3）容易发生链终止反应　正是由于乙烯高压聚合时链终止反应容易发生，因此乙烯转化率较低，聚合物的平均分子量也较小。若要提高聚合物相对分子质量，反应器内压力必须很高，这样才能提高乙烯与自由基的碰撞频率，使链增长反应速率超过链终止反应的速率。

（4）容易发生链转移反应　因为乙烯聚合是在高温高压下进行，因此非常容易产生链转移反应。分子内的链转移反应会导致聚合物链异构化，分子间的链转移反应将导致长链支化。短链支化主要取决于聚合的压力和温度，温度越低，压力越大，则短链支化就越少。长链支化除依赖于温度、压力外，还与生成物的浓度和停留时间有关，乙烯的转化率越高，聚乙烯的停留时间越长，则长链支化越多。短链支化越多，则聚乙烯的密度越小；长链支化越多，则聚合物的分子量分布幅度越大，成品的加工性能越差。

（5）压力和氧浓度存在临界值　若以氧为引发剂，压力和氧浓度存在临界值。临界值下乙烯不发生聚合，超过临界值，即使氧浓度低于 2×10^{-6}，也会急剧反应。这是由于氧与乙烯作用生成了有效的自由基，在这种情况下，乙烯的聚合速率取决于乙烯中氧的含量。

3.3.1.3　生产原料

高压法生产聚乙烯用的原料有乙烯、引发剂、分子量调节剂、添加剂。

乙烯，是高压法生产聚乙烯的主要原料。在高压聚合中，乙烯单程转化率为15%～30%，大量乙烯要循环使用，因此所用原料乙烯一部分是新鲜乙烯，一部分是循环回收的乙烯，但是必须控制其纯度超过99.95%。

引发剂，主要是氧和过氧化物，其用量通常为聚合物质量的万分之一。高压法生产聚乙烯一般是在200℃以上进行的，氧气虽然在200℃以下的自由基聚合中起阻聚作用，但是在温度230℃以上的情况下又可作为引发剂。使用氧气作为引发剂的优点是在温度低于200℃的情况下不会引发聚合，使得乙烯的压缩和回收系统可以维持在较高的温度下运行。使用氧气作为引发剂的缺点是难以通过改变加入量来控制聚合温度，同时氧气的引发活性受温度影响较大，因此带来聚合速率的控制问题。使用过氧化物引发剂的优点是可以方便地依靠引发剂溶液的注入量来控制反应温度。

分子量调节剂，是工业生产中为了控制聚乙烯的相对分子质量（熔体流动速率），需要加入适当种类和适当数量的相对分子质量调节剂。其种类和用量根据聚乙烯的牌号不同而不同，一般是乙烯体积的1%～6.5%。最常用的分子量调节剂是丙烯、丙烷、乙烷，三者在乙烯聚合体系的链转移活性从高到低的顺序是：丙烯＞丙烷＞乙烷。

添加剂，是为了调节或改善聚乙烯的不同用途和性能添加的，用来稳定产品性能、改进加工性能和拓宽用途。高压聚乙烯大分子链上存在叔氢原子等易氧化不稳定的结构，在长期使用过程中，由于日光中紫外线照射易于老化，需要加入防老剂或抗氧剂；此外还有润滑剂、抗静电剂等。不同牌号不同用途的聚乙烯添加剂的种类和用量各不相同。

3.3.1.4　生产方法

高压低密度聚乙烯生产方法主要有釜式法和管式法两种，其工艺流程基本相同，主要区别在反应器的型式、操作条件和引发剂的种类。如图3-6所示为高压聚乙烯生产方框流程图；如图3-7所示为乙烯高压聚合生产工艺流程图。

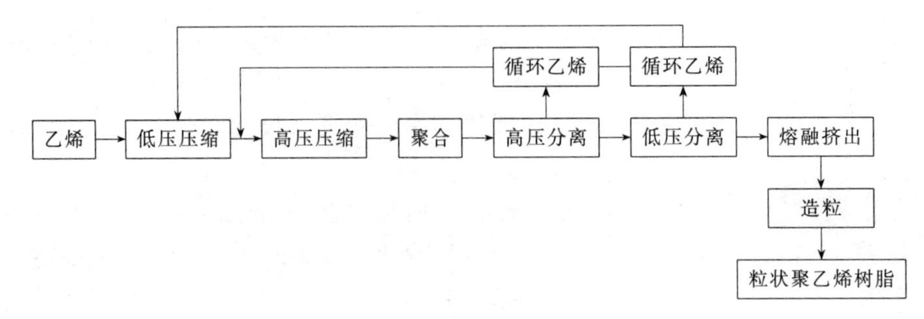

图 3-6　高压聚乙烯生产方框流程图

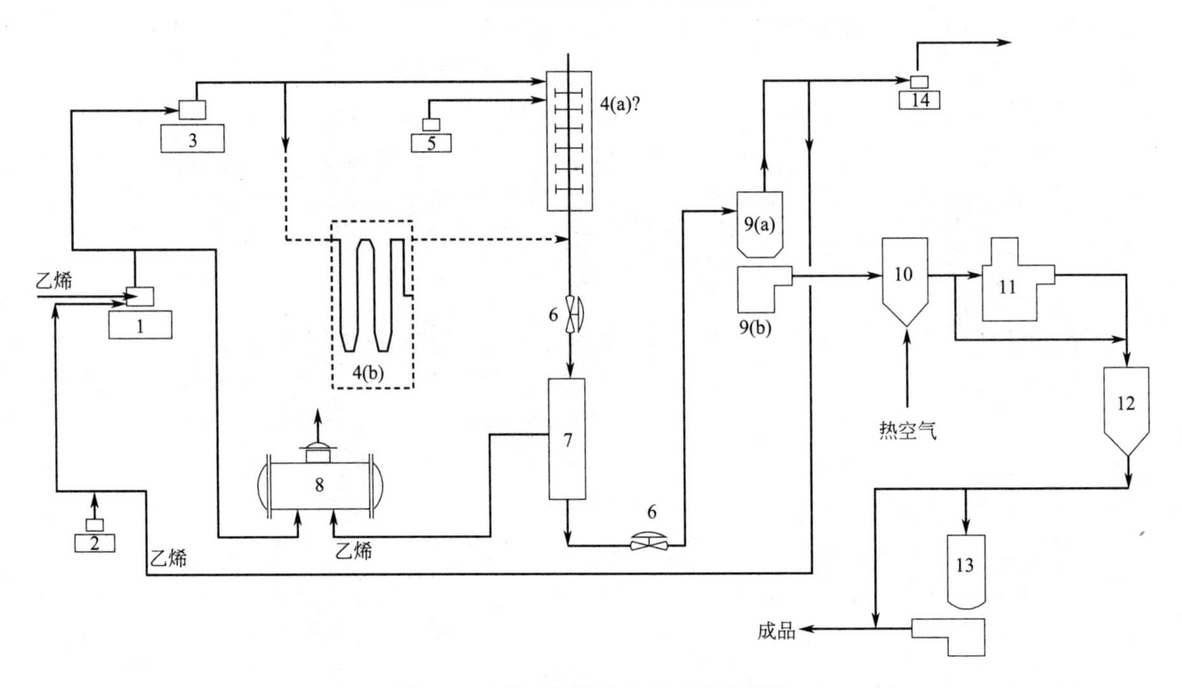

图 3-7　乙烯高压聚合生产工艺流程图

1——次压缩机；2—分子量调节剂泵；3—二次高压压缩机；4(a)—釜式聚合反应器；4(b)—管式聚合反应器；5—引发剂泵；6—减压阀；7—高压分离器；8—废热锅炉；9(a)—低压分离器；9(b)—挤出切粒机；10—干燥器；11—密炼机；12—混合机；13—混合物造粒机；14—压缩机

管式法和釜式法生产高压聚乙烯各有如下优缺点。

(1) 釜式法　釜式法工艺大多采用有机过氧化物为引发剂，反应压力较管式法低，聚合物停留时间稍长，部分反应热是借连续搅拌和夹套冷却带走。大部分反应热是靠连续通入冷乙烯和连续排出热物料等方法加以调节，使反应温度较为恒定。釜式法乙烯的单程转化率可达 25%，物料停留时间一般 10～120s，生产流程简短，工艺较易控制。主要缺点是反应器结构较复杂，搅拌器的设计与安装均较困难，且易发生机械损坏，聚合物易黏釜。

(2) 管式法　管式法所使用的引发剂是氧或过氧化物。反应器的压力梯度和温度分布大、反应时间短，物料停留时间一般 60～300s，所得聚乙烯短支链少，分子量分布较宽，适宜制作薄膜用产品及共聚物。单程转化率较高，反应器结构简单，传热面大。主要缺点是聚合物黏附管壁而导致堵塞现象。近年来为提高转化率而采用多点进料。

(3) 釜式反应器和管式反应器的比较　釜式反应器和管式反应器在乙烯高压聚合中的具体比较如表 3-3 所示。

表 3-3 乙烯高压聚合采用釜式反应器和管式反应器的比较

比较项目	釜式反应器高压法	管式反应器高压法
压力	大约 108～245.2MPa，可保持稳定	大约 323.6MPa，管内产生压力降
温度	可严格控制在 130～280℃范围	可高达 330℃，管内温度差较大
反应器带走的热量	＜10％	＜30％
平均停留时司	10～120s 之内	与反应器的尺寸有关，约 60～300s
生产能力	可在较大范围内变化	取决于反应管的参数
物料流动状况	在每一反应区内充分混合	接近柱塞式流动，中心至管壁表面为层流
反应器内表面清洗方法	不需要特别清洗	用压力脉冲法清洗
共聚条件	可在广泛范围内共聚	只可以与少量第二种单体共聚
能否防止乙烯分解	反应容易控制，可防止乙烯分解	难以防止偶然的分解
产品相对分子质量的分布	窄	宽
长支链	多	少
微粒凝胶	少	多

日本住友化学株式会社引进英国帝国化学工业集团（ICI 公司）技术发展了双釜串联新工艺，两釜间串联一换热器。其生产优势如下：①比单釜转化率提高（转化率提高 2％～4％），成本降低，生产规模扩大；②既有釜式法产品特点，又有管式法产品特点，两者兼具，分区操作，变更各分区的反应温度，可得到分子量较宽的聚乙烯。如图 3-8 所示为日本住友化学株式会社高压聚乙烯工艺流程。

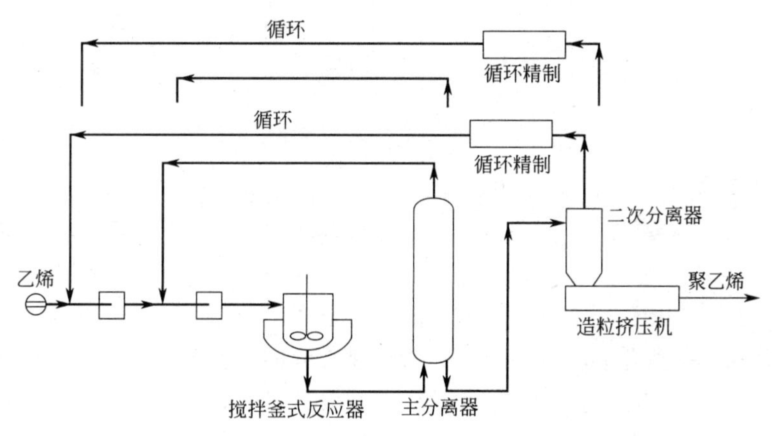

图 3-8 日本住友化学株式会社高压聚乙烯工艺流程

中国石化北京燕山分公司化工六厂引进日本住友化学株式会社的生产高压聚乙烯的成套设备，1976 年建成投产，有 3 条生产线，设计能力 18 万吨/年，采用 750 立升双釜串联新工艺。2001 年采用 EXXON 公司的高压管式法生产工艺，再建年产 20 万吨高压管式法聚乙烯工程，单线生产能力在国内处于领先地位，目前该装置已生产出 18 个引进牌号中的 13 个牌号的专用料产品，产量超过 7 万吨。无论采用哪种方法，其工艺都包括乙烯压缩、引发剂配制和注入、聚合、聚合物与未反应的乙烯分离、挤出和后续处理（包括脱气、混合、包装、贮存等）。如图 3-9 所示为典型管式法高压聚乙烯生产工艺流程。

3.3.2 管式法高压聚乙烯的生产

管式法高压生产的低密度聚乙烯，一般使用氧或过氧化物作为引发剂，所得聚乙烯短支链少，分子量分布较宽，适宜制作薄膜用产品。管式反应器结构简单、传热面大，压力梯度

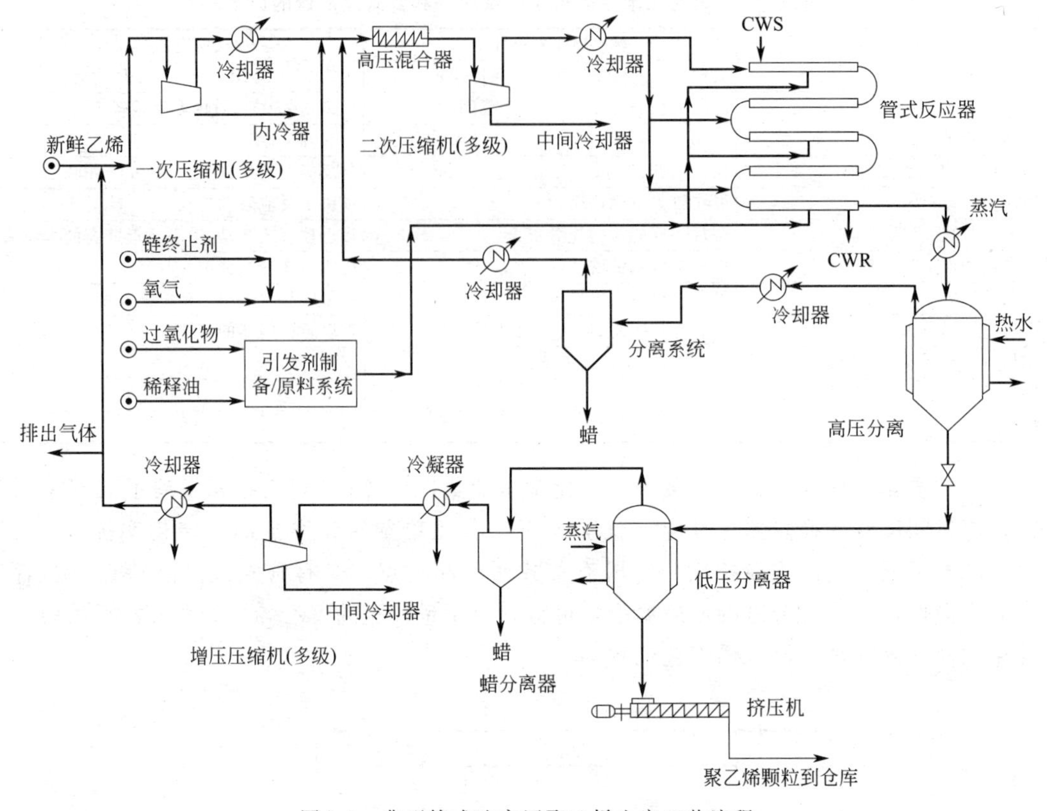

图 3-9　典型管式法高压聚乙烯生产工艺流程

和温度分布大，乙烯反应时间短，所得聚乙烯单程转化率较高，可通过多点进料提高转化率。但是管式反应器存在聚合物容易黏附管壁而导致堵塞的现象。管式法高压聚乙烯的生产以中国石化北京燕山分公司 20 万吨/年高压聚乙烯管式法生产技术为例进行介绍。

中国石化北京燕山分公司 20 万吨/年高压聚乙烯管式法装置引进自美国 EXXON MOBIL 化学公司，是燕化 66 万吨/年乙烯改扩建工程的下游配套主体装置，乙烯装置改扩建后增产的乙烯将大部分由该装置消耗。该装置于 2001 年 12 月建成投产，设计年产 LDPE/EVA 产品 20 万吨，引进牌号 18 个，可生产均聚物和共聚物产品，其中 10%以下的 EVA 共聚物牌号 4 个，中密度产品牌号 3 个。产品牌号主要以膜料为主，可应用的领域有包装膜、重包装膜、农膜、注塑、电缆、管材等方面，已为燕化公司创造了较好的经济效益和社会效益。该装置具有如下特点：①单线生产能力大；②反应器采用闭合的加压冷却水系统冷却，不副产蒸汽，同时，采用高效有机过氧化物引发剂，单程转化率高；③反应器采用多管径形式，有二路冷侧线进料，脉冲工艺，五个引发剂注入点，同时辅以先进的控制系统，使得生产的灵活性好；④反应压力高；⑤产品范围宽，既可生产中密度产品和高透明的膜料产品的均聚物，又可生产 10%以下的 EVA 共聚物；⑥反应器后没有产品冷却器，而采用由一次压缩机来的冷的乙烯气体进行急冷，从而可以获得高光学性能的产品；⑦装置的开工率高；⑧物耗较低。

3.3.2.1　工艺流程图及说明

管式高压法生产 LDPE 的装置包括压缩、聚合、高低压分离、造粒、掺混和风送、贮存、包装几个部分。生产工艺流程主要由以下单元和系统组成：压缩单元，聚合单元，高压分离器和高压循环系统，低压分离器和低压循环系统，挤出造粒，粒料输送和掺混贮存，包装系统，辅助系统。其中主要辅助系统包括：引发剂的配制和注入系统，调节剂共聚单体注入系统，添加剂注入系统，一次压缩机/二次压缩机润滑系统，公用水系统，事故仪表风系统，液压单元，排放气精制系统，冷冻水系统，高低压凝液系统，废引发剂系统。如图3-10所示是中国石化北京燕山分公司管式高压法生产LDPE工艺流程简图。

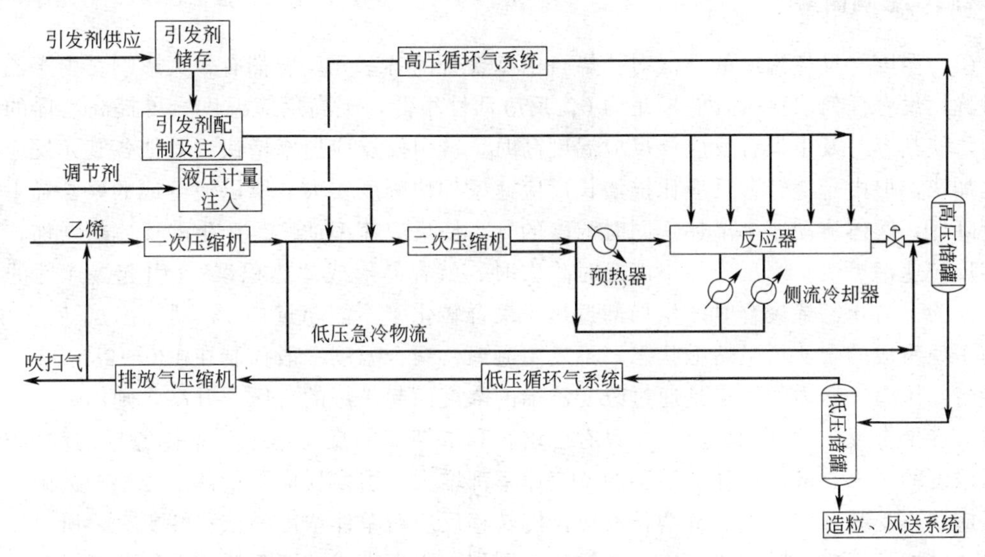

图3-10 管式高压法生产LDPE工艺流程简图

管式法生产LDPE工艺流程说明介绍如下。

从乙烯装置来的聚合级乙烯（压力约3.0MPa，温度约30℃）进入界区后，一次压缩机将其压缩至30MPa左右，冷却后这部分乙烯分成两部分：一部分进入二次压缩机的吸入口，另一部分作为低压冷却物料注入反应器高压减压阀后的乙烯/聚乙烯的混合物中。循环乙烯和一次压缩机送来的新鲜乙烯、调节剂混合进入二次压缩机的吸入口，然后被压缩至约300MPa左右。反应器的压力取决于聚合物的牌号。二次压缩机出来的气体进入反应器的不同入口，正面的进料被预热，而侧线进料则被冷却。

有机过氧化物的混合物（引发剂）在反应器上分五点注入引发聚合反应。不同的产品牌号，不同的注入点，过氧化物的组成也不同。乙烯聚合为放热反应，反应热通过两种方式带走：一是通过夹套公用水的热传递；二是采用侧线进料方式注入冷乙烯。

在反应器的出口，反应物流由高压排放阀减压，高压排放阀同时也控制着反应器的压力。这股气体/聚合物的混合物经高压排放阀减压后被由一次压缩机来的低压急冷乙烯物流冷却，然后混合物进入高压分离器，在这里进行气体和聚合物的第一次分离，高压分离器顶部出来的气体进入高压循环系统，这一系统有多个冷却器、分离罐，将这股气体冷却、脱蜡之后，返回二次压缩机吸入口。

高压分离器底部的熔融聚合物降压后进入低压分离器。这里几乎所有剩余的乙烯从聚合物中分离出来并进入排放气压缩机系统。排放气压缩机将低压分离器来的气体、一次压缩机和二次压缩机气缸的泄露气体压缩，其中部分气体去排放气精制单元或乙烯装置，而大部分气体汇入到一次压缩机进料组成中。

熔融聚乙烯从高压分离器经低压下料阀进入低压分离器，在此进行再次分离。聚乙烯经刀板阀进入主挤压机，与分别来自辅助挤压机的母粒和添加剂系统的液体添加剂混合，经过筛网后从磨板中挤出切粒，再由颗粒水将其输送到脱水器中脱水，然后进入干燥器干燥。干燥后的颗粒经过振动筛分级，合格颗粒由风送系统送入掺混料仓，通过风送系统进行掺混，净化后由风送系统输送到储存料仓，在其中继续净化，最后进行包装出厂。

3.3.2.2 影响因素

(1) 温度　反应温度的高低对乙烯自由基聚合的各基元反应都有较大影响。由于乙烯结构对称，没有任何取代基，偶极矩为0，反应活性很低，提高反应温度，可提高乙烯的反应活性，使其容易发生聚合反应。反应温度高时，链引发反应速率增快，其他各基元反应的速率也加快，但由于链转移反应比链增长反应速率加快幅度要大，所以使生成的聚乙烯平均分子量降低，熔体流动速率增加。同时温度的升高使反应速率加快，产生的反应热增加，进而促使反应速率更快。当反应热不能及时除去时，就容易形成“热积聚”，引起爆炸性的分解反应。为了防止乙烯聚合时产生局部过热，聚合转化率不能超过30%。同时为了安全生产，也为了使生成的聚乙烯呈熔融状态，不发生凝聚，聚合温度一般控制在130～280℃。

(2) 压力　压力的影响是通过改变乙烯的浓度而起作用的。压力升高，则乙烯的单体浓度增大。聚合反应的基元反应中，只有链增长和链转移的反应速率与单体乙烯的浓度有关。乙烯浓度的增大，链增长和链转移的反应速率都增大。引发反应受单体浓度影响甚微，而终止反应则不受其影响。由于链增长反应比链转移反应对单体浓度的依赖性更大，所以压力升高时，链增长反应比链转移反应速率增长更剧烈，因而生成的聚乙烯的平均分子量变大。

当乙烯极纯时各基元反应的速率都由反应温度和压力决定。但是在乙烯中含有惰性气体时，由于乙烯分压降低，使各基元反应的速率变化和压力降低后产生的效果相同，惰性气体浓度越高，生成的聚乙烯的平均分子量越低。

(3) 添加剂　当聚合反应体系中添加链转移剂时，对聚乙烯分子量的影响极大。高级烯烃、烷烃以及醛类物质等都是乙烯自由基聚合的链转移剂，因此往往用来作为调节聚乙烯分子量和密度的调节剂。链转移剂浓度增加，促进了链转移反应，使聚乙烯的分子量有所下降，聚乙烯熔体流动速率上升。另外，有链转移剂存在的烷烃会加大催化剂的消耗量。

依据聚乙烯产品的牌号和用途不同，可在低压分离器或二次造粒时添加不同种类和数量的添加剂，工业上应用的聚乙烯添加剂主要有抗氧剂、润滑剂、开口剂、抗静电剂。如主要用作膜材料的聚乙烯，添加剂有开口剂、润滑剂、抗氧剂。用作注塑料的聚乙烯，添加润滑剂和抗氧剂。用作电缆料的聚乙烯，则添加抗氧剂。

(4) 杂质　杂质对乙烯聚合有较大影响。杂质主要包括水分、氧气、硫及硫化物、甲烷等。

水分会破坏引发剂的活性，降低聚合反应速率及聚乙烯的分子量。

氧气也会破坏引发剂的活性，降低聚合速率，对聚乙烯的分子量也有影响。一般认为乙烯中氧含量大于300×10^{-6}时，聚乙烯的分子量明显下降。

硫及硫化物可以使引发剂失活，影响乙烯的聚合反应。

生产过程中产生的一些杂质，如甲烷、乙烷、低聚物、二氧化碳和氢气等，也会影响乙烯的聚合反应。为了降低或稳定系统中杂质含量，在排放气压缩机出口有一部分乙烯需要返回精制。

3.3.2.3 副反应

乙烯和空气能在一个很宽的浓度范围内形成易燃混合物，在氧化剂存在时，乙烯会发生分解反应，放出热量。在高温高压下，发生这种反应的可能性增大，使得反应的不稳定性增加，很容易将乙烯的聚合反应转变为放出大量热量的乙烯热分解反应。乙烯发生分解反应时，生成碳、氢气和甲烷。这种分解反应在合适的压力下，当系统内积聚了足够的能量时就可能发生。当能量急剧增加、压力和温度升高、不稳定性组分的浓度增加、表面积与体积比值的减小，乙烯分解反应发生的可能性增加。

在乙烯反应过程中，引发剂浓度不均匀，会引起局部过热产生剧烈反应。机械摩擦、反复地进行绝热压缩和膨胀、搅拌不均匀等都可使乙烯发生分解反应。而分解反应一旦发生，由于放出反应热，使得体系温度进一步升高，分解反应加剧，甚至发生爆炸。如果能充分地除去反应热，爆炸式的分解就能被抑制而停止在局部分解上。

3.3.2.4 反应热平衡方法

乙烯高压聚合或与醋酸乙烯共聚合反应都是放热反应。乙烯单体聚合反应时聚合热约为95.0kJ/mol，高于一般的乙烯基类型的单体的聚合热。但是在建立反应前，需要在一定的温度下通过引发剂来引发反应。乙烯聚合的反应热平衡一般通过以下三个方面解决。

(1) 蒸汽加热　经二次压缩机压缩到反应压力之后的乙烯气体，一部分从正面进入反应器预热器。预热器通过蒸汽来加热，以控制第一反应点的引发温度。预热器一般将气体加热后进入反应器。

(2) 反应器夹套加热和冷却　管式反应器带有夹套，由夹套中带压力的公用水来实现冷却，带走大量的反应热。反应器闭合加压水系统分成三个子系统，水温在可直接进行调节，不同的温度主要取决于操作方式及反应段的不同。在正常生产中，通过热交换，夹套水要带走尽可能多的热量，但在反应刚开始或反应器除垢时，夹套水用来加热。

(3) 反应混合物及高压循环系统气体的冷却　反应生成的聚乙烯和未反应的乙烯气体，经过反应器高压排放阀后，由来自一次压缩机的急冷乙烯物流冷却后进入高压分离器。大部分未反应的乙烯气体在此被分离，同时带走大量的热量。

3.3.2.5 分离原理和方法

主要的分离设备是用来分离聚合物与未反应的乙烯气体。主要设备为高压分离器、低压分离器和高压循环系统中的分离罐。主要分离原理是根据LDPE/EVA-乙烯/醋酸乙烯体系的相平衡分离原理进行分离的，需要控制一定的温度和压力。

在高压分离器、低压分离器中，气体和聚合物的混合物沿着罐壁切线向下进行，利用重力沉降和离心分离设计。

在高压循环系统分离罐中，混合物从顶部进入，罐内设有挡板，利用重力沉降分离形式进行分离。

在压缩区的气液分离罐中，利用离心分离原理，分离气体中的液相物质，如低聚物、油等。

3.3.2.6 成型、干燥原理及方法

从低压分离器分离出来的熔融状态的聚乙烯进入热熔挤压机挤出，在水室由切粒机切成圆柱状颗粒，并用工艺冷却水进行冷却。

聚乙烯颗粒与水在脱水筛中脱水，经离心干燥器进一步干燥。之后经振动筛由空气输送到料仓，残留水分在空气输送过程中由空气带走。

3.3.2.7 重点部位

(1) 压缩系统　压缩系统由一次压缩机、二次压缩机、辅助油系统、中间冷却器、中间分离罐组成。目前，高压聚乙烯装置的压缩机均采用往复式压缩机，随着制造能力的提高，压缩机逐渐大型化。压缩机一旦出现故障，将影响装置的正常生产，严重时需停工处理。

(2) 反应器系统　管式反应器是高压聚乙烯的反应部位，也是压力最高，温度最高的部位。

管式反应器是细长的高压合金钢管，设置有外套管，夹套内是传热介质。管式反应器长度在1500米以上，内径一般为2.5～7.5cm。为了减少占地空间，管式反应器一般盘旋状安置。管式反应器由加热段、聚合段、冷却段三部分构成。物料在管内的平均停留时间一般为60～300s。管式反应器的物料在管内接近活塞式流动，管线中心至管壁表面依然存在层流现象，也存在流速梯度，越接近管线中心物料流速越快。反应温度沿管程有变化，物料温差较大，容易出现局部乙烯的分解。另外管内物料压力高，沿管路存在压力降，因此合成的聚乙烯分子量分布较宽，聚合物中存在较多凝胶微粒，大分子链的长支链较少。管式反应器的缺点是存在物料堵塞现象，因反应热是以管壁外部冷却方式排除，管的内壁易黏附聚乙烯而造成堵管现象。

管式反应器各部分通过法兰联接，容易发生高压物料泄漏等事故。一旦出现泄漏，高温物料容易出现着火或爆炸，破坏设备。

引发剂注入泵是确保反应器正常生产的根本，引发剂泵一旦出现故障，将影响装置的正常生产，严重时容易造成反应点丧失。

(3) 高压循环系统　高压循环系统主要是将未反应的乙烯经过该系统的冷却和分离后，接近新鲜乙烯的纯度，经二次压缩机重新压缩后进行反应。这一部位压力高，冷热变化较大，若出现泄漏极易发生火灾爆炸事故。

(4) 挤压造粒系统　挤压机是确保装置继续生产的根本，若这一设备出现故障，将影响装置的正常生产，严重时需停工处理。

3.3.2.8 重点设备

(1) 压缩机　压缩机是保证反应器压力的动力设备，是装置的心脏，若出现问题不能运转，装置只能停工。由于设备的大型化，压缩机没有备用机。

(2) 引发剂泵　引发剂泵是保证过氧化物注入反应器的重要设备。引发剂泵的气缸填料、组合阀是故障多发部位，突然出现大量泄漏易造成反应点的丧失或分解反应。在引发剂泵出现故障时，可将主泵停止，运行备用泵，以维持正常生产。

(3) 反应器脉冲阀　反应器脉冲阀是将超高压物料经它减压后，将物料输入高压分离器

进行分离；同时脉冲阀产生脉冲时，对反应器能起到除垢的作用。一旦脉冲阀出现故障，会造成反应器超压，从而造成系统联锁，引起装置全部停车。

(4) 主挤压机　主挤压机是将反应器中反应生成的聚乙烯切成颗粒，以维持反应器的连续生产。由于装置的大型化，这一设备一般无备用。一旦出现故障将影响装置的正常生产，严重时需停工处理。

3.3.3 釜式法高压聚乙烯的生产

釜式法高压生产低密度聚乙烯的生产工艺流程与管式法基本相同，主要区别在反应器的型式、操作条件和引发剂的种类。釜式法工艺大都采用有机过氧化物为引发剂，反应压力较管式法低，聚合物停留时间稍长，部分反应热是借连续搅拌和夹套冷却带走。大部分反应热是靠连续通入冷乙烯和连续排出热物料等方法加以调节，使反应温度较为恒定。釜式法高压生产聚乙烯工艺流程简短、易控制。主要缺点是反应器结构较复杂，搅拌器的设计与安装均较困难，且易发生机械损坏，聚合物易黏釜。

中国石化北京燕山分公司引进日本住友化学株式会社的釜式法生产高压聚乙烯的成套设备，1976年建成投产，有3条生产线，设计能力18万吨/年，采用750立升双釜串联新工艺，达到节约建设费用、提高转化率、降低能耗和物耗。该装置可生产多种通用聚乙烯牌号，主要用在涂层、膜料、注塑料、塑料花料等。

3.3.3.1 釜式法生产工艺特点

(1) 单体转化率高　釜式法高压聚乙烯生产装置由于采用了双釜串联，极大地提高了乙烯单体的反应转化率，可使单程转化率由单一反应器的17%提高到20%以上，最高可达24%左右，这样就很大程度上减少了原材料的消耗，降低了生产成本。

(2) 分子量分布宽　进行分区操作时，可得到性能接近管式法的产品，因为搅拌轴的特殊构造以及采用反应乙烯和催化剂多点进料的方式，变更各分区的反应温度，从而得到具有分子量分布较宽的产品。

(3) 支化度高　由于釜式法自身特点，反应过程的平均停留时间长，最大可以达100 s，产生的聚合物在釜内产生全混效应，已经生产出的聚乙烯在反应条件下进一步发生支化反应，导致产品的长链支化度较高，具有较高的熔胀比，可以得到较高熔体流动速率的产品。

3.3.3.2 工艺流程图及说明

釜式法高压生产LDPE的生产工序包括压缩、聚合、切粒、混合几个部分组成。图3-11是中国石化北京燕山分公司釜式法高压生产LDPE工艺流程简图。

釜式法高压生产LDPE工艺流程说明如下。

来自乙烯精制车间的新鲜乙烯（纯度大于等于99.95%），通常压力为3.3MPa左右，温度约为30℃，其与经低压循环压缩机压缩低压分离器循环乙烯及分子量调节剂并合进入一次压缩机压缩到25MPa左右，然后与来自高压分离器的循环乙烯混合进入二次压缩机压缩。釜式反应器的压力一般为130～250MPa。经二次压缩的乙烯经后冷却器冷却进入聚合反应釜。引发剂则用高压泵注入乙烯进料口或直接注入聚合反应釜。乙烯在釜式反应器中经一定的停留时间而达一定的转化率。

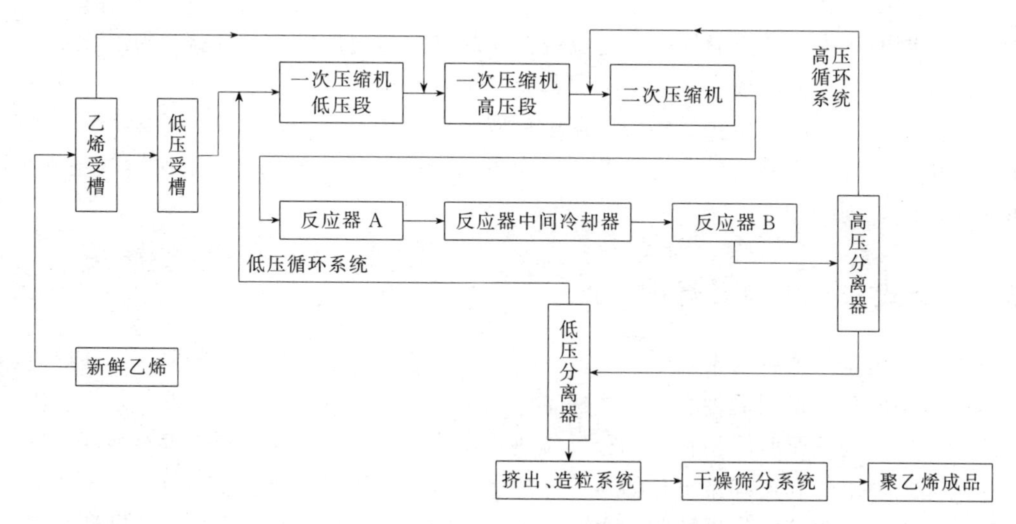

图 3-11 釜式法高压生产 LDPE 工艺流程简图

反应物经适当冷却后进入高压分离器减压至 25MPa 后，未反应的乙烯与聚乙烯分离，并经冷却脱去蜡状低聚物以后，回到二次压缩机吸入口，经加压后循环使用。经初步分离乙烯后的聚乙烯进入低压分离器，将残存的乙烯进一步分离。乙烯经低压循环压缩机压缩进入一次压缩机循环再用。

聚乙烯树脂在低压分离器中与抗氧剂等添加剂混合后经挤出切粒，得到粒状聚乙烯，被水流送往脱水振动筛，与大部分水分离后进入离心干燥器以脱去表面附着的水分，然后经振动筛分去不合格粒料，成品用气流输送至计量器计量，混合后为一次成品。然后再进行挤出、切粒、离心干燥，得到二次成品。二次成品经包装输送入成品仓库或出厂，即得成品聚乙烯或商品聚乙烯。

3.3.3.3 装置重点部位

从装置的平稳生产和安全角度进行分类，装置的重点部位包括压缩部分、聚合部分、切粒部分。

(1) 压缩部分　压缩部分是将乙烯装置来的新鲜乙烯升压至反应所需的压力（100～250MPa），并送入反应部分的装置。

从低压分离器分离出来的未反应的低压循环乙烯气，经低压受槽进入一次压缩机。一次压缩机为同步电机驱动的往复式对称平衡型六段压缩机，分为低压段和高压段两部分，低压循环乙烯气在一次压缩机的低压段加压后，和经过高压受槽新鲜乙烯一同进入高压段加压，再与高压分离器分离出来的未反应的高压循环乙烯气，一同进入混合器，在混合器中分离掉低聚物后送至二次压缩机。二次压缩机是由同步电机驱动的对置平衡型两段压缩机。

在进入一次压缩机各段前，为避免将油类、低聚物等杂质带入每段气缸，因而在每段进口前设置了分离器，使低聚物等杂质得到分离、排出。为使进口压力稳定，在低压段进口前设置缓冲器。为确保出口压力稳定及降低脉冲现象，在各段出口设置缓冲器。由于压缩后气体升温，为冷却气体确保压缩机各段进口温度，在各段间设置冷却器。

在进入二次压缩机前，经过混合器对高压循环气中的低聚物进行有效的捕捉，以防止对二次压缩机的不良影响。

(2) 聚合部分 聚合部分（反应部分）是将催化剂加入由压缩部分送来的高压乙烯中，使乙烯气体转化成聚乙烯的部分。聚合部分是高压装置反应的核心部分，其反应压力在130～250MPa左右。

经两次压缩达到130～250MPa反应压力的原料气体，分成五路，先后经过二次压缩机一次后冷却器和二次压缩机二次后冷却器后进入反应器，其中对应于三个气缸的三股物料分别进入第一反应器的上、中、下三个进料口，从另一个气缸出来的物料平分为两股分别进入两个反应器的顶部电机室对电机进行直接冷却和润滑。两台反应器串联使用，在第一反应器中生成的聚乙烯和未反应的乙烯气体，经中间产品冷却器冷却后进入第二反应器，和从反应器的顶部电机室进来的原料气体进一步反应，使转化率达到20%左右。在第二反应器中的聚乙烯和未反应气体混合物经出口阀减压后，通过产品冷却器冷却后送到高压分离器，进入分离，造粒部分。

反应温度的控制是通过控制引发剂泵的柱塞频率，以增减送入反应器的引发剂量来实现的。反应的压力是用第二反应器的出口阀控制的。产品牌号的更换，其主要关键在于控制不同的反应条件（压力、温度、引发剂、调节剂的种类和浓度）。反应压力、温度、催化剂加入量的控制直接影响到产品的转化率和质量问题。如工艺指数给定、现场操作或机、电、仪等关键部位发生问题，将导致产品判级不合格、反应转化率下降等问题。如遇气体泄漏或温度无法控制将导致分解、爆破等重大事故，是装置的事故多发区。聚合部分的所有关键设备都在反应坝墙里面，反应坝墙是开放式的。

(3) 切粒部分 切粒部分（分离造粒部分）是把由反应器送出的熔融聚乙烯和未反应的气体进行分离。未反应气体经分离、冷却、除去低聚物后返回压缩工段再压缩，然后送回反应器部分。

从第二反应器出来的物料经减压，冷却后进入高压分离器，在一定条件下将熔融的聚乙烯和未反应的原料气进行分离，物料中绝大部分未反应气体在这里分离出去。分离出的气体连同易溶于气体中、比重小的低聚物从高压分离器顶部排出，经一次分离器分离低聚物后，在循环气体一次冷却器冷却，在二次分离器再次分离低聚物，然后通过循环气体二次冷却器再次冷却后返回混合器循环使用。

从高压分离器底部出来的物料及未分离掉的气体在低压分离器中进一步分离。在低压分离器中分离掉的气体，再经低压循环气冷却器送至低压受槽循环使用。经低压分离器分离后，聚乙烯中的气体基本被分离干净，在控制液位的条件下，从低压分离器的底部送入热进料挤压机。熔融状态的聚乙烯在挤压机中靠螺杆的回转绞入，并送至螺杆的前端。在螺杆前端装有多孔的模板，聚乙烯从这里挤入水中，与此同时被刀切断，并由循环温水冷却固化成颗粒。之后经脱水筛，离心干燥器与纯水分离并干燥后，经振动筛分机筛去不合格品即可送至混合、空送部分。

切粒系统直接关系到高压产品质量、产量。生产中如因操作失误、设备原因等导致切粒系统发生故障，短时间内尚可通过降负荷等手段继续生产，但这样的结果通常会影响到产品的质量。如发生大量块料、夹带等事故，则必须停车检修处理。另外，为了调整产品性能而注入的添加剂也在这部分进行，在切粒部分的分离中，如果分离器料面过高将导致夹带事故出现，也是装置的事故多发区。此部分的关键设备也是放置在坝墙以内的。

3.3.3.4 装置重点设备

高压装置重点设备机组为：压缩机、反应釜、超高压换热器、催化剂泵、切粒机。此外许多的特殊阀门，如控制反应压力的超高压调节阀、控制反应压差的柱塞式遥控操作阀、紧急放空阀等，这些阀门出现问题会使装置部分停工或单线装置停工，处理不当也有可能导致恶性事故发生。

反应器是该装置的关键设备。反应器是一直立厚壁圆筒超高压容器，内有一搅拌器，筒体内上部装有搅拌电机，中部两侧装有防爆安全装置，在内压超过允许压力时，爆破板首先爆破将压力释放。筒体外壁设有夹套，通入水或蒸汽作冷却或加热用。反应器（750L大型釜式反应器）主要作用是将二次压缩机压缩的原料乙烯气，在高温高压下，一面注入催化剂，一面由搅拌器充分搅拌，以利于传热，同时防止局部过热分解反应，使乙烯连续地聚合为聚乙烯。实际生产中，如发生搅拌电机电流过高、反应釜泄露、温度或压力失控、催化剂泵注入不良等问题时，原则上考虑停车处理。另外，为保护搅拌器电机和搅拌的两个轴承，防止搅拌电流过高烧毁电机及出现其他事故，从安全角度考虑，搅拌器每运转4000～5000小时，需要进行中修工作，更换搅拌桨及搅拌电机，以保证装置的正常运转。搅拌是釜式法高压聚乙烯区别管式法高压聚乙烯最明显的标志之一，是装置的非常关键的设备。如果搅拌电流发生异常，不到搅拌更换时间的时候也必须停车处理更换搅拌桨。

3.3.3.5 不安全因素

高压釜式反应器生产聚乙烯时存在以下一些不安全因素需要注意。

（1）分解反应　在高温下乙烯和聚乙烯均能产生分解反应，在分解时能使温度、压力急剧上升，从而引起爆破膜或设备的爆破。

（2）静电　爆破膜破裂后排出的乙烯气体温度很高，在管道内高速排出时会产生静电，在排至空中后，可能产生破坏性更大的二次爆破。

聚乙烯颗粒在输送过程中也有可能产生静电，从而导致局部的爆炸和燃烧。而且聚乙烯粒料中含有少量的乙烯，在存放中不断缓慢放出。

（3）乙烯泄露　系统内的乙烯气体在高压下易泄漏，漏出的乙烯与空气混合后形成爆炸性的混合气体，在一次条件下能够爆炸和燃烧，此外，乙烯气体在厂房内达到一定浓度时工作人员会产生中毒和窒息现象。

（4）物料易燃易爆　调节剂、催化剂和其他的化学药品也都属于易燃易爆的化学药品，使用不当也会增加装置的不安全因素。

3.3.3.6 安全生产措施

（1）灵敏可靠的控制仪表　选择灵敏可靠的控制仪表，使温度、压力能迅速正确地反映出来，操作人员发现不正常时能够及时采取措施，防止产生分解反应或超压爆破。

（2）生产自动连锁系统　生产系统中设有自动连锁系统，当局部产生不正常时，能按事先安排好的程序进行自动停车处理，以免事故的发展和蔓延。

（3）减压阀和安全阀　聚合系统的压力用出料减压阀控制，使其压力维持所生产产品的正常压力，为防止系统压力因某种原因过高甚至威胁设备或管道的安全，在高压系统和超高压系统的各重点的部位安装有安全阀，使其在压力超过安全范围时能及时将乙烯气体自动排空卸压。

（4）爆破膜　若一旦发生分解反应，使压力急剧上升而安全阀不及时动作时，每个聚合反应釜上设有两个爆破膜以确保反应系统的设备安全。

(5) 自动喷水装置　为了避免爆破后冲出的乙烯气在空间燃烧或二次爆破，在导出因爆炸而冲出的乙烯气体的管路上设有自动喷水装置，以降低乙烯气体的温度和消除静电。

(6) 鼓风机　聚乙烯粒料中含有少量的乙烯，在存放中不断缓慢放出，用鼓风机往料仓中送风以排出这部分乙烯，避免在料仓内发生爆炸和燃烧事故。

(7) 乙烯气体自动检测和报警系统　为了及时觉察乙烯气体的泄漏情况，在乙烯容易泄漏的地方（压缩、聚合厂房处）设乙烯气体自动检测和报警系统。

(8) 火灾自动报警系统　为了及时觉察火灾的发生在厂房内设火灾自动报警系统。为了及时灭火，在厂房内设自动泡沫灭火系统和消防系统。

(9) 防爆墙　在容易发生爆炸的聚合反应四周设有钢筋混凝土的防爆墙，在聚合厂房与混合、包装厂房之间设有一条长66m，高17.5m的防爆墙，这样可以防止因聚合部分爆炸而影响到其他部分的人身和设备安全。

(10) 封闭结构建筑物　控制室、配电室等建筑物采用封闭式结构，万一聚合或压缩部分发生爆炸事故，可确保操作人员和控制仪表的安全。

3.3.4　燕化主要低密度聚乙烯产品

中国石化北京燕山分公司低密度聚乙烯产品外观为乳白色圆柱型颗粒，其尺寸为2～5mm，产品密度0.92～0.93g/cm^3，熔体流体速率范围0.3～70g/10min。产品具有良好的熔融流动性、耐低温性、抗腐蚀性、化学稳定性、绝缘性、抗拉伸性、抗撕裂性、易加工性等，其力学性能很大程度上取决于聚合物的分子量、支化度和结晶度。燕山石化生产的低密度聚乙烯，主要包括：电缆料基础树脂LDPE（LD100BW，LD200BW）；涂层专用料LDPE（1C7A）；导爆管专用料LDPE（1I2A-1）；超纤与粉末涂料专用料LDPE（1I60A）。此外还生产乙烯-醋酸乙烯共聚物EVA（14J2、18J3、19F16）。其中电缆料基础树脂LDPE和乙烯-醋酸乙烯共聚物EVA是用20万吨高压管式法聚乙烯装置生产的；涂层专用料LDPE、导爆管专用料LDPE和超纤与粉末涂料专用料LDPE是用高压釜式法聚乙烯装置生产的。中国石化北京燕山分公司生产的主要低密度聚乙烯产品如表3-4所示。

表3-4　燕山石化主要低密度聚乙烯产品

序号	牌号	生产装置	产品性能	主要用途
1	LD100BW	高压管式法	产品稳定性好，MFR和密度波动范围小，分子量及其分布适中，力学性能、加工性能和电性能优良	适用于中高压化学可交联聚乙烯绝缘料和中低压硅烷可交联聚乙烯绝缘料的生产
2	LD200BW	高压管式法	产品稳定性好，MFR和密度波动范围小，分子量及其分布适中，力学性能、加工性能和电性能优良	适用于35kV及以上高压化学可交联聚乙烯绝缘料的生产
3	1C7A	高压釜式法	产品未添加助剂，较宽的分子量分布和较高的支化度，优良的加工性，极好的复合强度，较好的热封性。无毒无味无嗅的本色粒料，符合食品卫生要求	通用级挤出涂覆用低密度聚乙烯专用树脂，适用于纸、纸板、BOPP、BOPET、BOPA、铝箔等基材的挤出涂覆后包装食品、液体、粉末、药品、农用物资、化学品等产品
4	1I2A-1	高压釜式法	产品未添加助剂，较窄的分子量分布，较高的支化度，优良的加工性，极好的耐拉伸性能，较好的热粘接性。无毒无味无嗅的本色粒料，符合食品卫生要求	国内导爆管行业专用粘接料，被广泛应用于国内民爆行业加工雷管、电爆管等领域

续表

序号	牌号	生产装置	产品性能	主要用途
5	1I60A	高压釜式法	高熔体流动速率；良好的稳定性，与PA切片混合分散性好；分子量及分布合理、晶点凝胶少，可纺性优良、二甲苯/甲苯抽出性好，能够有效提高超细纤维生产效率并降低生产损耗。良好机械加工性、耐热性、耐化学腐蚀性能，无毒无味本色粒料，符合食品卫生要求	主要应用于超细纤维合成革领域。适用于PA/PE共混型超细纤维的生产加工。也可用于塑料花制作、薄壁制品注塑成型、粉末涂料、热熔胶、色母粒基料

3.4 低压法生产聚乙烯

3.4.1 基本原理

低压法生产高密度聚乙烯（HDPE）是用配位聚合实现的，包括相对密度为0.94及其以上的乙烯均聚物和乙烯与α-烯烃的共聚物。配位聚合是用Ziegler-Natta催化剂，使烯烃（如乙烯、丙烯、丁烯等）或二烯烃（如丁二烯、异戊二烯等）合成具有各种规整性链结构的高聚物。目前用配位聚合低压法工艺不仅能生产高密度聚乙烯，还可生产低密度聚乙烯。如利用配位聚合可生产高密度聚乙烯（HDPE）、线性低密度聚乙烯（LLDPE）、超高分子量聚乙烯（UHMWPE）。

乙烯配位聚合的催化剂有钛系催化剂，铬系高效催化剂，钒、钼、稀土催化剂，金属茂-铝氧烷均相催化剂等。如用非均相的Ziegler-Natta催化剂（主催化剂为四氯化钛，助催化剂为三乙基铝），采用低压浆液法生产HDPE的化学反应方程式如下所示：

$$n\mathrm{CH_2{=}CH_2} \xrightarrow[\substack{0.5\sim3\mathrm{MPa} \\ 80℃}]{\mathrm{TiCl_4/AlEt_3}} \mathrm{-\!\!\!\![CH_2{-}CH_2]\!\!\!\!-_{\,n}}$$

乙烯聚合为配位阴离子聚合反应，包含链引发、链增长、链终止过程，其中链终止的方式有多种类型，如：增长链自发终止；向单体转移终止；向烷基铝转移终止；氢解终止。由于聚合过程中不存在向大分子的链转移反应，所以所得的聚乙烯基本上无支链，属于高结晶度的线型聚乙烯树脂。乙烯配位阴离子聚合的具体过程如下。

3.4.1.1 链引发

$$\mathrm{R{-}Ti{-}\square} + \mathrm{CH_2{=}CH_2} \xrightarrow{配位} \mathrm{{}^{\delta-}R \cdots {}^{\delta+}Ti \cdots (CH_2{=}CH_2)} \longrightarrow \mathrm{{}^{\delta+}Ti{-}{}^{\delta-}CH_2{-}CH_2{-}R} \xrightarrow{移位} \mathrm{\square \; {}^{\delta+}Ti{-}{}^{\delta-}CH_2{-}CH_2{-}R}$$

3.4.1.2 链增长

$$\mathrm{R{-}CH_2{-}{}^{\delta-}CH_2{-}{}^{\delta+}Ti{-}\square} + \mathrm{CH_2{=}CH_2} \longrightarrow \mathrm{R{-}CH_2{-}{}^{\delta-}CH_2{-}{}^{\delta+}Ti \cdots (CH_2{=}CH_2)} \longrightarrow \mathrm{\square \; {}^{\delta+}Ti{-}{}^{\delta-}CH_2{-}CH_2{-}CH_2{-}CH_2{-}R}$$

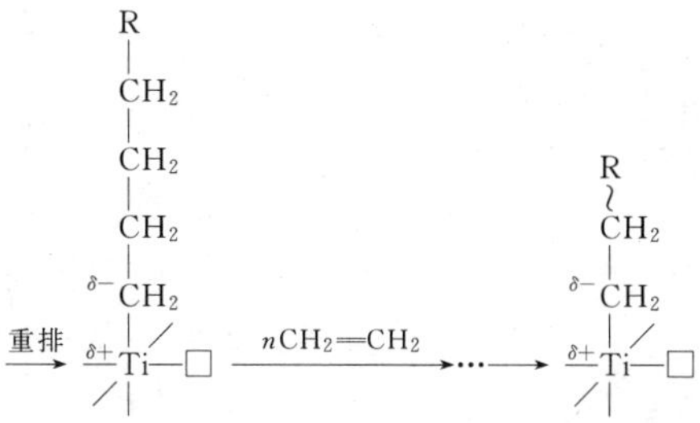

$$\xrightarrow{\text{重排}} \overset{\delta+}{Ti}(-\square)-\overset{\delta-}{CH_2}-CH_2-CH_2-CH_2-R \xrightarrow{nCH_2=CH_2} \cdots \longrightarrow \overset{\delta+}{Ti}(-\square)-\overset{\delta-}{CH_2}-CH_2\sim R$$

3.4.1.3 链终止

（1）增长链自发终止

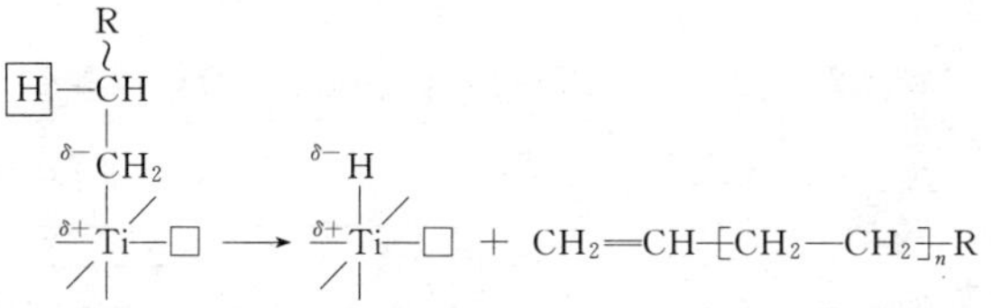

$$\overset{\delta+}{Ti}(-\square)-\overset{\delta-}{CH_2}-CH(\boxed{H})\sim R \longrightarrow \overset{\delta+}{Ti}(-\square)-\overset{\delta-}{H} + CH_2=CH-[CH_2-CH_2]_n-R$$

（2）向单体转移终止

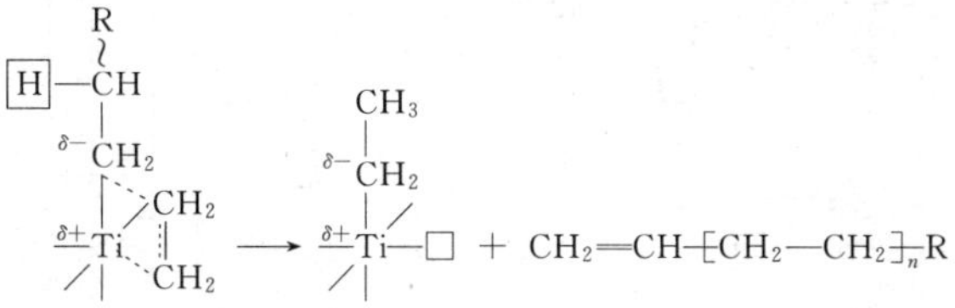

$$\overset{\delta+}{Ti}(\cdots CH_2=CH_2)-\overset{\delta-}{CH_2}-CH(\boxed{H})\sim R \longrightarrow \overset{\delta+}{Ti}(-\square)-\overset{\delta-}{CH_2}-CH_3 + CH_2=CH-[CH_2-CH_2]_n-R$$

（3）向烷基铝转移终止

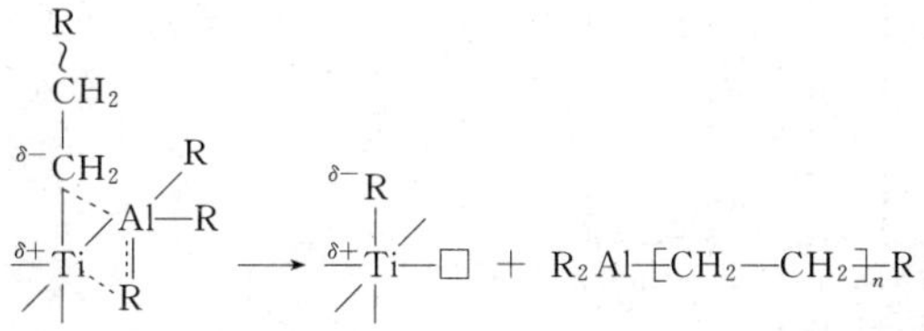

$$\overset{\delta+}{Ti}(\cdots AlR_3)-\overset{\delta-}{CH_2}-CH_2\sim R \longrightarrow \overset{\delta+}{Ti}(-\square)-\overset{\delta-}{R} + R_2Al-[CH_2-CH_2]_n-R$$

（4）氢解终止

$$\overset{\delta+}{Ti}(-\square)-\overset{\delta-}{CH_2}-CH(H)\sim R + H_2 \longrightarrow \overset{\delta+}{Ti}(-\square)-\overset{\delta-}{H} + CH_3-CH_2-[CH_2-CH_2]_n-R$$

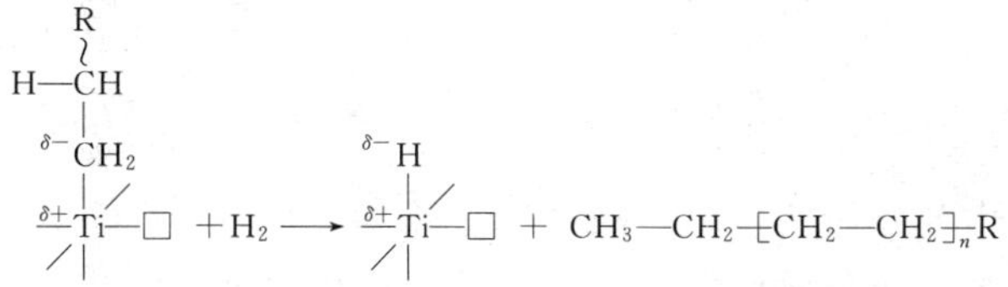

高密度聚乙烯的生产方法主要有气相本体聚合法、中压溶液法、搅拌釜浆液法及环管反应器浆液法。气相法生产 HDPE 一般是在 70～110℃、2～3MPa 条件下乙烯循环反应数小时。溶液法一般是在 150～250℃、2～4MPa 条件下乙烯反应数分钟。浆液法生产 HDPE 一般是在 70～110℃、0.5～3MPa 条件下乙烯反应 1～4h。

3.4.2 浆液法生产工艺流程及说明

自我国 1979 年引进三井油化的淤浆法工艺以来，国内（扬子、大庆、兰州、燕化）都采用三井技术生产高密度聚乙烯装置。三井油化的工艺是淤浆聚合生产 HDPE 树脂的著名工艺，工艺成熟，产品覆盖面广，同一种催化剂体系，通过改变产品的相对分子质量、相对分子质量分布、密度，可以生产出薄膜、吹塑、注塑、窄带、单丝、管材等一系列产品。

一般低压法高密度聚乙烯生产方框流程图如图 3-12 所示；三井油化淤浆法低压聚乙烯生产工艺流程简图如图 3-13 所示。

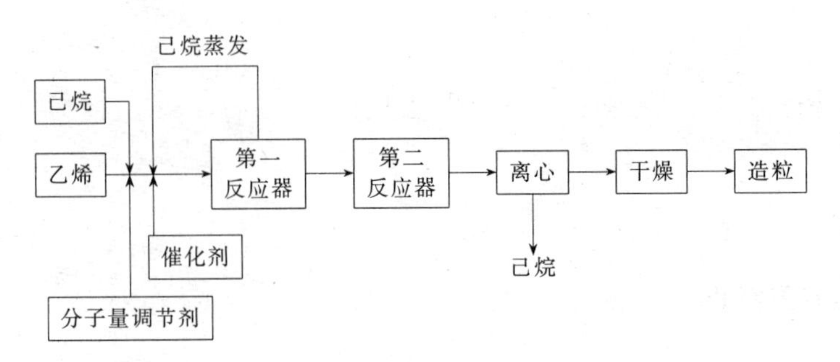

图 3-12　一般低压法高密度聚乙烯生产方框流程图

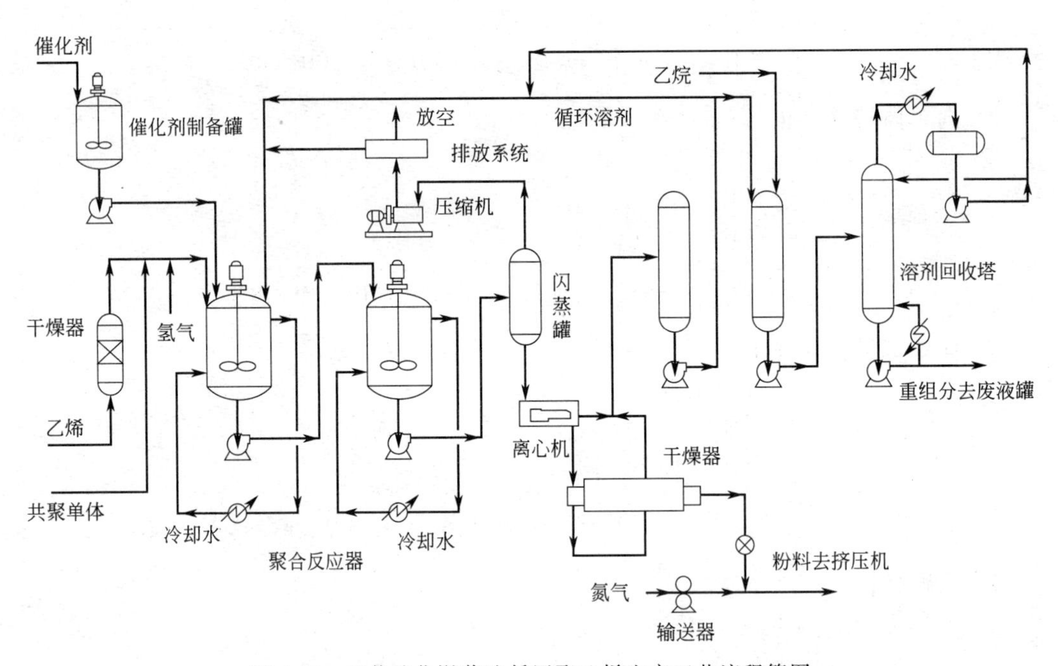

图 3-13　三井油化淤浆法低压聚乙烯生产工艺流程简图

中国石化北京燕山分公司低压生产高密度聚乙烯（HDPE）的装置，是 1994 年燕山石化乙烯装置改扩建的主要配套项目之一，是在消化吸收 20 世纪 70 年代末引进的三井油化淤浆法工艺基础上自行完成的，对工艺控制进行了技术改进后建成了年产 14 万吨低压聚乙烯工程。它以高纯度乙烯为主要原料，以四氯化钛（$TiCl_4$）和三乙基铝（$AlEt_3$）为 Ziegler-Natta 催化剂，以正己烷为聚合溶剂，以氢气（H_2）为分子量调节剂，采用双釜串联的搅拌釜淤浆法工艺技术，在约 80℃、0.5～3MPa 的条件下进行低压配位聚合生产高密度聚乙烯，得到的淤浆经分离干燥后，由混炼造粒机组进行水下切粒后袋装出厂。该装置引进了 27 种牌号产品（包括 4 种中密度产品），可以通过改变聚合流程（两聚合釜串联或并联）、添加共聚单体（丙烯或 1-丁烯）和改变工艺条件等控制产品的三个主要物性参数（熔体流动速率、密度、分子量分布），生产注塑型、吹塑型、挤塑型三大类型多种牌号的高密度聚乙烯产品。燕山石化低压聚乙烯工艺不仅引进了中密度聚乙烯牌号，还采用了世界第三代造粒技术，选用了混炼同挤压切粒为一体的造粒机；生产工艺控制全部采用了计算机控制，成品料仓的掺混选用了三井的重力掺混。

下面以中国石化北京燕山分公司低压搅拌釜淤浆法生产高密度聚乙烯为例，介绍其生产工艺，具体工艺流程简图如图 3-14 所示。

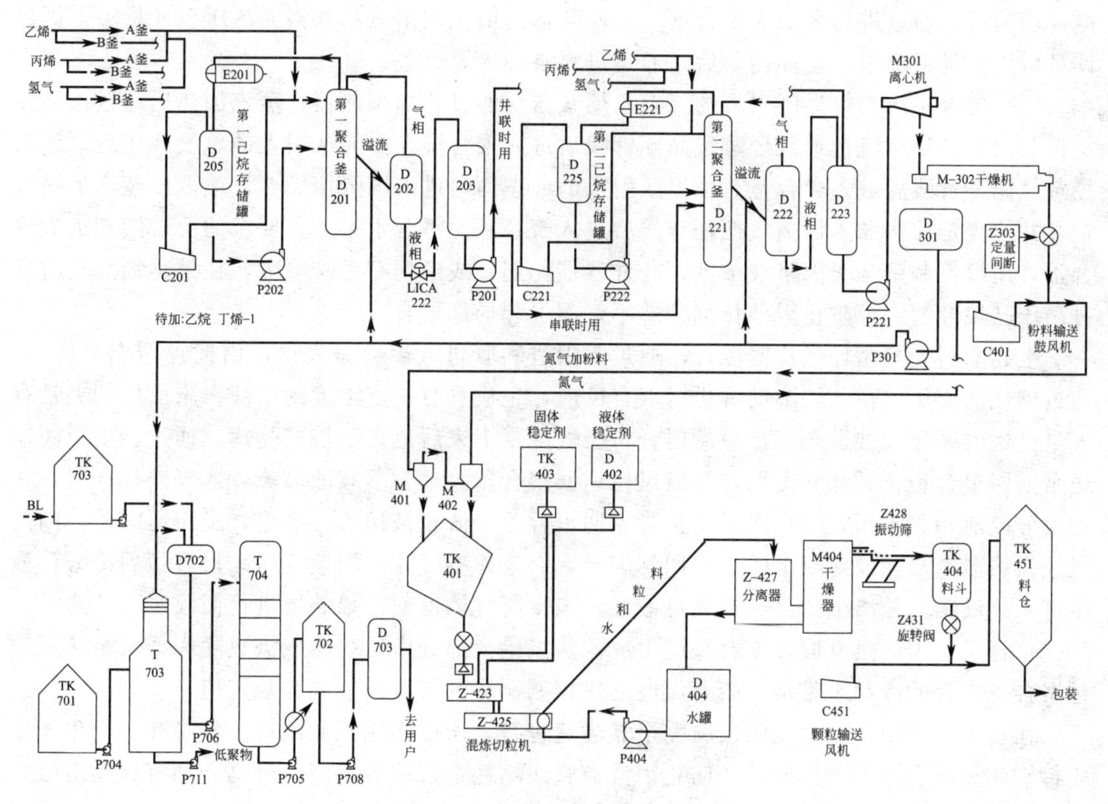

图 3-14　低压搅拌釜淤浆法聚乙烯生产工艺流程简图

C201—循环风鼓风机；E201—釜顶冷凝器；D205—己烷接收罐；P202—冷凝己烷循环泵；D202—浆液稀释罐；LICA222—液位显示控制报警器；D203，D223—闪蒸罐；P201—第一浆液输送泵；C221—循环气鼓风机；D225—己烷接收罐；P222—冷凝己烷循环泵；E221—釜顶冷凝器；D221—聚合釜；D222—浆液稀释罐；P221—第二浆液输送泵；P301—母液输送泵；D301—母液罐；C401—粉末输送风机；TK703—补充己烷罐；TK701—己烷罐；T703—己烷汽提塔；D702—接受槽；T704—脱水塔；TK702—精己烷罐；D703—己烷干燥器；M401—旋风分离器；M402—袋式过滤器；TK401—料仓；TK403—固体稳定剂储罐；D402—熔融稳定剂储罐

低压搅拌釜淤浆法生产高密度聚乙烯的工艺流程如下。

将从界区引入的乙烯、丙烯（或 1-丁烯），在一定的温度、压力条件下送入聚合釜；以四氯化钛（$TiCl_4$）为主催化剂，三乙基铝（$AlEt_3$）为助催化剂，经活化后作为聚合催化剂使用；同时以氢气作为分子量调节剂，在溶剂己烷中进行双釜低压聚合，生成聚乙烯淤浆，浆料经闪蒸处理除去大部分尾气后送至分离干燥单元；分离干燥单元将聚合岗位送来的聚乙烯浆液经分离、干燥处理后，生产出合格的粉末，分离出的己烷送去部分返回聚合，部分送至回收岗位。混炼造粒岗位接受分离干燥岗位送来的聚乙烯合格粉末，根据工艺要求，按配比加入各种稳定剂，进行混炼造粒，聚乙烯颗粒经干燥后，由风机送至颗粒料仓中，经掺合风机掺合均匀后，再经掺合风机输送到包装装置进行包装。

低压搅拌釜淤浆法生产高密度聚乙烯装置按工艺流程可分为以下几个部分：催化剂配制

进料系统，聚合系统，分离干燥系统，混炼造粒系统，溶剂回收系统，低聚物处理系统，公用工程系统。装置中重点设备包括聚合釜、离心机、干燥机、造粒机等。

（1）催化剂配置进料系统　四氯化钛主催化剂通过罐车运至车间，通过氮气加压至四氯化钛储罐中。每次配置由储罐顶部加氮气压至计量罐，再进入稀释罐顶部加溶剂进行稀释。搅拌均匀后，通过进料泵加入聚合釜。三乙基铝助催化剂由三乙基铝储罐压至计量罐，称量计量后压至稀释罐中，搅拌均匀后，通过进料泵加入聚合釜。

（2）聚合系统　由界区引入的气态乙烯减压后通过乙烯预热器，蒸汽加热后通过乙烯流量控制阀，按规定流量加入烃蒸气循环管线后进入聚合釜。由界区引入的氢气减压后，加入烃蒸气循环管线后进入聚合釜。由界区引入的液态丙烯进入丙烯蒸发器，被低压蒸汽加热汽化，并按规定比例加入烃蒸气循环管线后进入聚合釜。将含水量符合要求的己烷溶剂加入聚合釜，用以控制聚合釜内浆液浓度。此外各催化剂管线上均有己烷喷嘴，在催化剂加料时通过高压己烷冲洗，可防止因催化剂分散不好而引起局部聚合。

上述原料先与循环烃蒸气混合，通过多根进料管进入聚合釜底部，由搅拌器充分搅拌，通过催化剂作用，在己烷溶剂中进行聚合反应，生成具有规定浓度的浆液。未反应的夹带有大量己烷的循环气被送至釜顶冷凝器，将己烷冷凝下来后流入己烷接受罐，通过己烷凝液输送泵返回聚合釜。循环气由循环气鼓风机返回聚合釜。聚合釜浆液溢流进入浆液稀释罐，在此被分成液相和气相，气相通过平衡管返回聚合釜，液相被送入闪蒸罐，经减压闪蒸，闪蒸气经换热器冷却，被冷凝下的己烷回到闪蒸罐。未冷凝气体由闪蒸气压缩机升压后冷凝，液体进入集液罐，分离出的己烷送入母液罐，未冷凝气体返回乙烯装置进行回收。

聚合反应为放热反应，聚合反应生成的热量绝大部分由己烷蒸发潜热除去，其余热量通过聚合釜夹套的冷却水带走。聚合温度通过控制循环气流量而控制在规定值。

在正常生产中，聚合釜的出料完全靠溢流进行，所以不用控制液位，但是在正常生产中应特别注意聚合釜的液位变化，防止因溢流管线堵塞造成聚合釜液位升高。如有这类事故发生，应立即停车处理。

（3）分离干燥系统　从聚合系统过来的聚合物浆液连续进入卧式沉降离心机。离心机的转鼓为圆锥形，浆液由进料管引入内转鼓中间锥体部分，在内转鼓高速旋转产生离心作用，通过锥体的孔甩入外转鼓并随之旋转。内外转鼓在行星摆线齿轮差速器的作用下产生一定的差速，相当于一个螺旋进料器。湿饼从固相口卸出，母液从溢流口溢出，溢流口的高度根据牌号的不同和固含量的分析结果进行调整。湿饼经螺旋加料器送到干燥机，母液流至母液罐，经母液输送泵加压后，大部分返回聚合釜，少部分送至己烷回收单元。

经离心机分离出的湿饼送入干燥机进行干燥处理，用低压蒸汽进行加热。干燥出的己烷随干燥循环气与物料逆向接触，从进料侧带走。聚乙烯粉末停留一定时间后离开干燥机。来自干燥机中含有少量细小聚乙烯粉末的混合气体，进入干燥器洗涤，用以去除气体中的聚乙烯粉末。被收集来的聚乙烯粉末和冷凝下来的己烷通过泵回收到第二闪蒸罐。气体经干燥冷凝器冷却后，由干燥气风机加压，一部分气体经冷却器冷却和干燥气体除沫分离器除沫后，由干燥气体加热器加热后进入干燥机，另一部分气体进入压缩机吸入罐，经压缩机加压后供给干燥机进行吹扫。

（4）混炼造粒系统　来自干燥机的聚乙烯粉末，经旋转阀，由风机送到旋风分离器分离，粉末进入料仓。料仓中的粉末经闸阀、旋转阀进入计量称，计量后进入单螺旋输送器。液体稳定剂加入液体稳定剂储罐中，利用自身重力流入储罐，利用输送泵加入到螺旋输送

器。固体稳定剂按比例加入到混合器，混合均匀后送到储罐中，然后经旋转阀进入计量称计量加入螺旋输送器。由一区来的凝液加至水稳定剂罐，由泵按配比加入到螺旋输送器。粉末在螺旋输送器与各种稳定剂混合，进入混炼机料斗，在混炼机加热混炼均匀后由齿轮泵送至换网器过滤，经模板挤出即被高速旋转的切刀切成颗粒，由颗粒水泵将颗粒送至块料分离器分离大块料，合格后颗粒进入干燥器进行干燥，干燥后进入颗粒振动筛除去不合格颗粒。合格颗粒进入料斗，再经旋转阀，由颗粒输送风机送至料仓，合格品经掺合，由颗粒输送风机送至包装料斗进行包装。

(5) 溶剂回收系统　来自母液罐的母液，视生产需要，分别切至己烷汽提塔或粗己烷罐。母液罐（粗己烷罐）中母液由泵送至预热器，预热后进入己烷汽提塔进行蒸馏分离。当釜液位浓度偏高，黏度过大，传热差时，启动泵强制再沸器物料流动。塔压力由气相出料控制阀来控制，引入高压己烷进行冲洗，以防气相夹带低聚物和粉末，通过差压报警，检查塔板的工作状态，以防堵塔。塔顶部的己烷蒸气经塔顶冷凝器冷却，依靠重力流入接受槽中，接受槽内装有挡板以增强己烷和水的分离作用，使己烷和水分层，水的排除由调节阀控制。己烷层的液位通过脱水塔的进料阀控制。接受槽中含有水的己烷由泵送至脱水塔，低压蒸汽通过调节阀通入再沸器，塔中物料在此汽化。塔顶出来的己烷蒸气液进行冷凝。塔底由泵送至冷却器进行冷凝，冷凝后送至精己烷罐。精己烷罐中的己烷由泵加压后送到干燥器进行干燥，干燥后进过滤器至用户。

(6) 低聚物处理系统　经过塔处理后残存于塔底的低聚物由泵加压后进入闪蒸预热器加热。低聚物溶液从闪蒸罐顶部进入，进行减压闪蒸。闪蒸气返回塔，闪蒸罐内有高压蒸汽盘管进行加热。低聚物靠自身压力进入去活器，去活后用泵送往低聚物储罐。

(7) 公用工程系统　公用工程系统包括：密封油系统、冷冻系统、仪表风系统、分子筛再生系统、蒸汽和冷凝液回收系统、火炬系统。

密封油系统分为高压密封油和低压密封油，是供给聚合釜搅拌、稀释罐搅拌、闪蒸罐搅拌、罗茨风机密封。压力靠氮气进行调节。

冷冻系统由冷冻机、盐水罐、泵组成。在盐水罐中配制含乙二醇的盐水，由盐水泵经冷冻机组的冷却器进行冷却，然后供给各盐水冷却器，回收己烷，盐水升温后返回盐水罐。

仪表风系统中仪表风压缩机将界区来的仪表风压缩，并储存在储罐中作为应急用仪表风。

分子筛再生系统中己烷干燥器中的分子筛到一定的周期就要进行再生，再生采用氮气，用循环风机保持压力并进行加热，送入分子筛干燥器进行分子筛再生。

蒸汽和冷凝液回收系统有高压蒸汽、中压蒸汽、低压蒸汽三种。低压蒸汽由高压蒸汽凝液和中压蒸汽凝液减压产生。

火炬系统要求装置中所有工艺设备上的安全阀紧急排放和紧急泄压排放的不凝气体都排入火炬系统。

3.4.3 影响因素

3.4.3.1 单体纯度

乙烯配位聚合时，主要有单体、溶剂、催化剂、分子量调节剂等原料。配位聚合对原料纯度要求很高，纯度低，聚合速率缓慢；杂质多，产物相对分子量低，因此必须经过纯化处理达到一定标准后才能使用。此外，聚合反应系统也要用不活泼气体（如 N_2）处理除去空气及水分，否则由于某些杂质含量过高而造成不聚合。乙烯中主要含有微量氧、一氧化碳、乙炔、水、硫化物等杂质，容易引起引发剂的失活，使反应速率下降，必须除去。一般乙烯的纯度要求大于 99.96%。配位溶液聚合乙烯主要技术指标见表 3-5。

表 3-5　配位溶液聚合乙烯主要技术指标

项　目	含量/%	项　目	含量/($\times10^{-6}$)
乙烯(体积)	>99.9	丁二烯	<20
丙烯(体积)	<0.02	乙炔	<10
乙烷及甲烷(体积)	<1.0	丙酮	<5
		甲醇	<5
		氨	<5
		氧化氮(NO,NO_2)	<5
		总硫量	<2
		水	<5
		氧气	<5
		一氧化碳	<5
		二氧化碳	<2

配位聚合中不仅乙烯单体纯度有严格技术指标，对溶剂也有要求，一般只宜选用脂肪烃、芳香烃类的溶剂，而对含有活泼氢的、极性大的含氧、氮化合物的溶剂都不宜使用。同时溶剂已烷中的水分含量一般不能超过 10×10^{-6}（最好是小于 5×10^{-6}），惰性气体如氮气均要用 γ-氧化铝、分子筛等进行处理，以便除去氮气中水分、氧等有害成分。

此外，聚合反应系统也要用惰性气体（如氮气）处理，除去空气及水分。否则由于某些杂质含量过高而造成聚合活性低，甚至不聚合。

3.4.3.2　聚合反应速率

影响聚合反应速率的因素主要有铝/钛比、搅拌速率、催化剂的效率等。

铝/钛比对聚合反应速率影响较大。为了提高粉料的堆积密度，使聚合反应更为平稳，解决装置的螺旋给料器由于粉料堆积密度偏小而导致的频繁跳闸等问题，在催化剂配制时进行预活化处理。经络合后的催化剂已具有活性，加入聚合釜后遇到乙烯分子则立即反应；而未经络合的催化剂加入聚合釜后必须先经络合，具有活性后才能引发乙烯分子的聚合反应。

搅拌速率增加，聚合反应速率加快，因为加快搅拌促进了体系的传质、传热。扩散的影响是控制项。

配位催化剂不仅要求高效，而且力求长效。增进催化剂长效的因素有：消除有害杂质的影响；防止聚合温度过高及局部过热；减轻活性中心被包埋；利用合适的烷基铝用量。

3.4.3.3　聚合物分子量及其分布

影响聚合物分子量的因素主要有单体浓度、反应时间、链转移剂浓度、速率常数等。这些影响因素不是孤立的，而是相互依存、相互影响的。

常规齐格勒-纳塔催化剂的聚合速率随乙烯压力的增加几乎成直线增长，而特性黏度却几乎不变。但是用高效催化剂时，由于催化剂活性高，聚合速率快，相对地向单体链转移速率小，可以忽略不计，这时随单体浓度增加，聚乙烯分子量也增加。

随反应时间增加，聚乙烯分子量增加。随链转移剂用量增加，聚乙烯分子量降低。

活性中心的均一性，链转移的单一性，导致高效钛系催化剂合成的聚乙烯分子量分布较窄。

乙烯进料速率简称配料比，是影响聚乙烯分子量分布的重要因素，其中聚乙烯的低分子量部分决定了产品的加工性能，而且低分子量成分过多会严重影响树脂的耐环境应力开裂性能，高分子量部分决定了产品的力学性能。在低压聚乙烯装置中采用串并联两种生产工艺控制乙烯进料量来控制两釜的分子量。

3.4.4 不安全因素及控制

乙烯、丙烯、1-丁烯、氢气都能与空气混合能形成爆炸性混合物，遇明火、高热能引起燃烧爆炸。此外丙烯和丁烯-1的密度比空气高，能在装置内的下水道和低洼处淤积，容易造成燃烧和爆炸事故。发生泄漏时，人员应该迅速撤离至上风处，切断气源。并隔离至气体散尽，应急处理时应戴呼吸器，穿防护服。

己烷是无色透明、有轻微气味的有毒液体，沸点低（68～70℃），在室温下降产生有毒气体，处理己烷时必须戴上手套和面罩，着火时应用泡沫、干粉等灭火。己烷也为可燃性物质，必须注意防火。

聚乙烯粉末系爆炸性粉尘，易产生静电，要注意输送系统必须在氮气保护下进行。

反应系统中，处理催化剂泄漏时要用蛭石、黄沙灭火。禁止使用水、泡沫灭火。消防人员应穿戴铝或石棉层服装和面罩。发现气体泄漏时应及时切断进料阀。

回收系统和分离系统杜绝跑、冒、滴、漏，严禁随地排放物料。避免储罐超温超压。

造粒系统中机械操作较多，因此操作人员在操作时必须佩戴好防护用品，配制人员必须戴好防尘口罩。为了防止粉末物料系统的粉尘爆炸，系统内必须进行氮封。经常清除粉尘，防止粉尘飞扬污染环境及引起粉尘爆炸。

3.4.5 燕化主要高密度聚乙烯产品

高密度聚乙烯由于主链上支链少而短，结晶度高（可达93%），远比LDPE结晶度（64%）高得多，因此HDPE力学性能高于LDPE；热性能优于LDPE；且聚合物成品在不受力情况下，最高使用温度为100℃，最低使用温度为－70～－100℃；化学性质同LDPE相似具有良好稳定性，抗溶剂性能和耐酸性均比LDPE好；透气性仅为LDPE的1/5。

HDPE产品是无毒、无味、无嗅的白色颗粒，加工成制品时与LDPE一样采用熔融加工方法，如吹塑、挤出、注射、拉丝等加工方法。HDPE可制造中空吹塑制品、中小容器、注塑制品、薄膜、农用微薄膜，用于肥料、水泥、砂糖等的重型包装膜、蓄电池多孔膜隔板、管材、网绳、网具及编织袋等，是发展塑料加工业、丰富人们生活不可缺少的原材料。

中国石化北京燕山分公司生产的低压高密度聚乙烯产品有多个牌号，用途广泛，例如可以用作拉丝料、小中空料、瓶盖料、供水管料、地暖管料等。特别是7600M牌号产品，为燕山石化公司自行开发的、在14万吨淤浆法低压装置上生产的高密度聚乙烯。7600M产品为聚乙烯共聚物，产品熔体质量流动速率低，适合挤塑成型，具有优良的耐应力开裂性能、耐热性、耐寒性、耐磨性、介电性、耐化学腐蚀性能等；而且由于7600M产品是无毒、无味、无嗅的本色粒料，符合食品卫生要求；7600M 产品为 PE100 级双峰分布 HDPE 管材专用树脂，可用于给水等压力管道。

思　考　题

1. 乙烯气相本体聚合有何特点？
2. 乙烯气相本体聚合制备的聚乙烯有何特点？
3. 高压法生产聚乙烯需用哪些原料？其用量配比如何调节？
4. 高压法生产聚乙烯时，为什么要控制乙烯单体的纯度？
5. 乙烯气相本体聚合可用哪些方法？试比较这些方法的异同点。
6. 乙烯高压聚合有几个工序？画出乙烯聚合方框流程图。
7. 乙烯气相本体聚合中影响聚合反应的因素有哪些？应如何控制？
8. 乙烯气相本体聚合为什么要加入分子量调节剂？常用的分子量调节剂有哪些？
9. 乙烯气相本体聚合中用到了哪些聚合反应设备？各有何特点？
10. 乙烯高压聚合装置还可以生产哪些产品？若要生产这些产品，应如何对装置进行改造？
11. 高密度聚乙烯是采用何种聚合原理生产的？采用了何种催化剂？
12. 生产高密度聚乙烯的原料有哪些？为何选用这些原料？
13. 高密度聚乙烯的聚合方法有哪些？各有何特点？
14. 影响聚合反应的主要因素有哪些？应如何控制？
15. 影响聚合反应速率的因素有哪些？为什么？
16. 影响产品分子量及其分布的因素各有哪些？为什么？
17. 高密度聚乙烯产品结构有何特点？有何应用？
18. 如何利用同一套装置生产不同类型的产品？
19. 搅拌釜淤浆法生产高密度聚乙烯用到了哪些聚合反应设备？
20. 高密度聚乙烯与低密度聚乙烯的异同点有哪些？

参考文献

[1] 杜克生，张庆海，黄涛．化工生产综合实习．北京：化学工业出版社，2007.
[2] 付梅莉．石油化工生产实习指导书．北京：石油工业出版社，2009.
[3] 王虹，高敬松，程丽华．化学工程与工艺专业实习指南．北京：中国石化出版社，2009.
[4] 李克友，张菊华，向福如．高分子合成原理及工艺学．北京：科学出版社，2001.
[5] 王久芬，杜拴丽．高聚物合成工艺．北京：国防工业出版社，2013.
[6] 左晓兵，宁春花，朱亚辉．聚合物合成工艺学．北京：化学工业出版社，2014.
[7] 张立新．高聚物生产技术．北京：化学工业出版社，2014.
[8] 侯文顺．高聚物生产技术．北京：高等教育出版社，2012.
[9] 王松汉．乙烯工艺与技术．北京：中国石化出版社，2012.
[10] 刘玉东．乙烯生产工．北京：化学工业出版社，2005.
[11] 张国田，周和光．燕化公司低压聚乙烯装置运行分析及改造建议．合成树脂及塑料，1997,14(2)：33-35.

第4章

聚丙烯

4.1 概述

聚丙烯（Polypropylene，缩写为PP）是20世纪50年代出现的一种新型聚合物，是聚烯烃家族（聚乙烯、聚丙烯、聚丁烯）的重要成员，也是五大通用合成树脂（聚乙烯、聚丙烯、聚苯乙烯、聚氯乙烯、丙烯腈-丁二烯-苯乙烯共聚物）中的一个重要品种。聚丙烯作为一种通用型塑料品种发展很快，在热塑性塑料中位于聚乙烯、聚氯乙烯和聚苯乙烯之后，名列第四。聚丙烯因具有原料来源丰富、生产成本低、密度小、产品透明度高、化学稳定性和电绝缘性好、易加工等特点，在汽车、家电、建筑、包装和农业等领域得到广泛应用，已成为五大通用树脂中发展速度最快的产品。但是聚丙烯也存在成型收缩率大、低温易脆裂、耐磨性不足、热变形温度不高、耐老化性差及不易染色等缺点。

4.1.1 聚丙烯的生产现状

聚丙烯在我国起步较晚，1962年原化学工业部北京化工研究院开始研制聚丙烯；1970年兰州化学工业公司开始生产均聚聚丙烯；1976年中国石化北京燕山分公司（简称：燕山石化，或燕化）开始生产聚丙烯，从此有了耐冲击抗冲共聚产品。从20世纪70年代初开始，经过40多年的生产建设，已基本形成了液相本体-气相法组合工艺、气相法工艺、间歇式液相本体法工艺等多种生产工艺并举，大中小型生产规模共存的生产格局。我国聚丙烯工业主要依靠从国外引进生产技术和设备，但也重视发展自己的聚丙烯技术。近十年来，我国PP树脂的产量增长较快，目前，PP已成为我国生产能力和产量最大的合成树脂品种。在2000年到2007年间，我国PP产量从3240千吨增加到7130千吨，增加了约1.2倍。2007年底，共有PP生产装置105套，2005—2010年间，我国聚丙烯产需又有了大幅增加，产能方面共新建成23套PP聚合生产装置，新增产能6540千吨/年。到2010年底，我国共有PP生产企业80多家，拥有的聚丙烯生产能力已突破10000千吨/年大关。目前国内生产聚丙烯的生产厂家主要有：中国石油兰州石化公司、上海赛科石化有限公司、中国石化北京燕山分公司、中国石化扬子石化公司、中国石化镇海炼化公司、中国石化齐鲁石化公司、中国石化天津石化公司、中国石化湛江东兴、陕西延安炼油厂、神化宁夏煤业集团等。

聚丙烯是以丙烯为单体聚合得到的聚合物。由于丙烯单体中甲基的存在，使之不能进行自由基聚合、阴离子聚合和阳离子聚合，而只能进行配位聚合；而且由于丙烯分子中含有不对称碳原子，经聚合后聚合物链段中也含有不对称碳原子，所以根据甲基在空间结构的排列不同，而有等规聚丙烯、间规聚丙烯和无规聚丙烯三种立体异构体。聚丙烯的合成反应方程式如下。

$$nCH_2{=}\underset{\displaystyle CH_3}{\overset{}{C}}H \xrightarrow{TiCl_3/AlEt_3/Ph_2Si(OCH_3)_2} \left[CH_2{-}\overset{\displaystyle CH_3}{\overset{|}{C}}H\right]_n$$

4.1.2 聚丙烯的性质

聚丙烯为无毒、无臭、无味的乳白色高结晶的聚合物，密度只有0.90～0.91g/cm^3，是目前所有塑料中最轻的品种之一。聚丙烯吸水性低（小于0.01%），制品透明性高，比高密度聚乙烯制品的透明性好。聚丙烯具有优良的耐热性、力学性能、化学稳定性和电绝缘性能。

聚丙烯具有优良的耐热性，长期使用温度可达100～120℃，并能在水中煮沸且能经受135℃消毒温度，可作消毒食品包装袋及热水管道。在不受外力的条件下，150℃也不变形。聚丙烯低温易脆，脆化温度为－35℃，在低于－35℃会发生脆化，耐寒性不如聚乙烯。由于人们采用不同聚丙烯试样测试玻璃化温度，其中所含晶相与无定型相的比例不同，使分子链中无定形部分链长不同，导致聚丙烯有多种玻璃化温度。聚丙烯的熔融温度比聚乙烯约提高40%～50%，约为164～170℃，100%等规度聚丙烯熔点为176℃。

聚丙烯具有优良的力学性能，因为其结晶度高，结构规整。聚丙烯力学性能的绝对值高于聚乙烯，但在塑料中仍属于偏低的品种，其拉伸强度仅可达到30MPa或稍高的水平。等规指数较大的聚丙烯具有较高的拉伸强度，但随等规指数的提高，材料的冲击强度有所下降，但下降至某一数值后不再变化。温度和加载速率对聚丙烯的韧性影响很大。当温度高于玻璃化温度时，冲击破坏呈韧性断裂；低于玻璃化温度时呈脆性断裂，且冲击强度大幅度下降。提高加载速率，可使韧性断裂向脆性断裂转变的温度上升。聚丙烯具有突出的延伸性和抗弯曲疲劳性能，其制品在常温下可弯折上百次而不损坏，俗称“百折胶”。但在室温和低温下，由于本身的分子结构规整度高，所以抗冲击强度较差。聚丙烯的分子量约8万～15万，成型性好，但因收缩率大（1%～2.5%），厚壁制品易凹陷，对一些尺寸精度较高零件，很难达到要求。

由于聚丙烯是非极性高分子，因此化学稳定性优良，除能被浓硫酸、浓硝酸侵蚀外，对其他各种化学试剂都比较稳定，但低分子量的脂肪烃、芳香烃和氯化烃等能使聚丙烯软化和溶胀，同时它的化学稳定性随结晶度的增加还有所提高，所以聚丙烯适合制作各种化工管道和配件，防腐蚀效果良好。但是聚丙烯对紫外线很敏感，加入氧化锌、炭黑或类似的填料等可以改善其耐老化性能。

聚丙烯有较高的介电系数，电绝缘性能优良，可以用来制作受热的电器绝缘制品。它的击穿电压也很高，适合用作电器配件等。抗电压、耐电弧性好，但静电度高，与铜接触易老化。

4.1.3 聚丙烯的结构与性能

由于丙烯分子中含有不对称碳原子，经聚合后聚合物主链上也含有众多不对称碳原子，

这些叔碳原子上的甲基在三维空间有不同的排列方式；而且丙烯不仅可以均聚，也可以共聚，使得所得聚丙烯的性能也有所不同。

4.1.3.1 聚丙烯的立构规整性

根据甲基在空间结构的排列不同，聚丙烯可以分为：等规聚丙烯（IPP）、间规聚丙烯（SPP）和无规聚丙烯（APP）三种立体异构体。等规立构的聚丙烯支链原子分布在主链的同一侧。间规立构的聚丙烯支链原子间隔对称分布在主链两侧。无规立构的聚丙烯支链原子无规则分布于主链的两侧。等规聚丙烯和间规聚丙烯是能够结晶的，而无规聚丙烯为非晶材料。目前，工业生产的聚丙烯大多为等规聚丙烯，以等规结构为主，同时也含有立体嵌段物(有规和无规链段)，及少量的无规物和间规物。聚丙烯的立构规整性如图4-1所示，几种聚丙烯异构体的物性数据如表4-1所示。生成何种结构的聚丙烯与聚合所用催化剂和聚合反应条件有关。

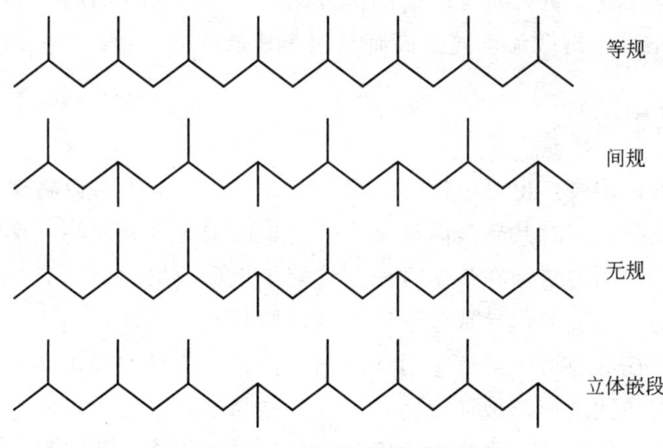

图4-1 聚丙烯立构规整性

表4-1 聚丙烯异构体物性数据

项　目	等规聚丙烯	间规聚丙烯	无规聚丙烯
等规度/%	95	92	5
密度/(g/cm^3)	0.92	0.91	0.85
结晶度/%	90	50～70	无定形
熔点/℃	176	148～150	75
在正庚烷中溶解情况	不溶	微溶	溶解

等规聚丙烯分子链排列规整，可以形成结晶，通常聚丙烯的结晶度可达90%，因此是一种高结晶的热塑性树脂。由于侧基的相互排斥，等规聚丙烯的晶体结构是以螺带形大分子并列排于晶格中。由于无规聚丙烯在正庚烷中可溶，而等规聚丙烯在正庚烷中不溶，故工业上通常用聚丙烯在正庚烷中不溶物的百分数，来粗略地表示等规聚丙烯中等规物的含量，称为等规度。聚丙烯等规度越高，结晶能力越强，在相同条件下结晶时则可以获得更高的结晶度和较高的熔点。因此，等规聚丙烯具有较高的刚性、强度、硬度和耐热变形性。此外，等规聚丙烯还具有较好的耐化学性，能耐80℃以下的酸、碱、盐液及许多有机溶剂，但遇硫酸和发烟硝酸等强氧化剂会发生侵蚀。聚丙烯链上含有结合的氢原子和叔碳原子，易和氧反

应引起聚合物链断裂，从而导致聚合物变脆。由于这种行为在高温、光或机械应力下会加剧，因此必须在聚丙烯中加入稳定剂进行保护。

一般情况下聚丙烯为线型分子，其分子量是由聚合条件控制的，因此可以根据聚丙烯加工和性能的要求进行调节。大多数情况下，通过在聚合过程中通入氢气（H_2）来调节聚丙烯的分子量。某些情况下，也可以通过反应器后处理工艺，即对反应器聚合出的树脂利用过氧化物控制降解，得到分子量更低的高流动性聚丙烯树脂，此类树脂又称为控制流变聚丙烯（CRPP）。因此，商业上可获得的聚丙烯树脂的分子量范围是很宽的。聚丙烯的分子量分布取决于聚合过程中使用的催化剂、聚合工艺、均聚或共聚，以及是否是过氧化降解产物等因素。凝胶渗透色谱（GPC）方法测试聚丙烯，可以同时得出聚丙烯的各种平均分子量及分子量分布信息，因而目前应用十分广泛。聚合物的多分散性决定了其分子量不可能是单一的，而是有一定的分布，因此就有各种不同的统计平均量。通常采用重均分子量与数均分子量的比值来表示分子量分布宽度。分子量分布主要由催化剂体系决定，凝胶渗透色谱法是较为常用的各种平均分子量及分子量分布宽度的测试方法。工业上聚丙烯的分子量常用熔融流动指数（MFR）来粗略估计，熔融流动速率高则对应于较低的分子量。

4.1.3.2 聚丙烯共聚物

丙烯不仅可以进行均聚，也可以进行共聚。因此，从组成上可以将聚丙烯分为均聚聚丙烯和共聚聚丙烯两大类。同时共聚聚丙烯又可分为聚丙烯无规共聚物、聚丙烯抗冲共聚物两种类型。无规共聚聚丙烯的结构在许多方面与均聚等规聚丙烯类似，只是由于共聚单体无规分布在等规聚丙烯的分子链上，导致分子链的等规性降低，无规程度增加。添加少量的共聚单体，其效果等同于在等规聚丙烯链上引入缺陷，使树脂的平均等规度和等规序列长度均下降，因此分子链的柔顺性增加，玻璃化转变温度、结晶度及熔点下降。与均聚的等规聚丙烯相比，无规共聚物的拉伸强度、模量、硬度和热变形温度等均有所降低，冲击强度和透明性得到提高，抗 γ 射线稳定性也有提高。随着共聚单体含量的增加，无规共聚物与等规聚丙烯均聚物的性能差别也将进一步扩大。聚丙烯无规共聚物的性能首先与共聚单体的种类和含量相关。

聚丙烯抗冲共聚物的主要目的是改善聚丙烯的冲击韧性，特别是低温冲击性，但一般情况下刚性、强度、硬度和热变形温度也会下降。因此对抗冲共聚物而言，建立刚性和韧性之间的平衡关系是非常重要的。而要做到刚韧平衡，则必须能够有效地控制抗冲共聚树脂的组成和各组分的结构以及橡胶相形态分布。因此对抗冲共聚树脂的微观结构表征的重点是组成和形态。聚丙烯抗冲共聚物一般是由多个反应器串联制备的聚丙烯多相共聚物的混合物。通常在第一个反应器中进行丙烯均聚，得到等规聚丙烯均聚物，然后将其转入下一个反应器，同时通入乙烯、丙烯单体进行共聚，在聚丙烯均聚物的颗粒孔隙中生成以乙丙无规共聚物为主的一系列乙丙共聚物。抗冲共聚物的具体组成取决于聚合配方、聚合工艺条件、催化剂等因素。一般商品化的抗冲共聚物的总乙烯质量分数在6%～15%之间，乙丙共聚物的量控制在5%～25%之间。无定形橡胶相分散在等规聚丙烯的基体中，形成所谓的“海-岛”结构，其中橡胶相作为增韧单元，赋予聚丙烯良好的冲击韧性。如果共聚物中乙烯含量在40%～65%之间，其在常温下表现为橡胶态，因此这部分共聚物实际为乙丙橡胶，有较低的玻璃化转变温度（T_g，一般为－50～－40℃）。

4.1.4 聚丙烯的加工与应用

无味、无毒的聚丙烯由于晶体结构规整，具有较好的透明度、阻隔性、耐辐射性、耐水蒸气、无毒，有较高的强度、耐热性，优异的耐腐蚀性和电绝缘性；具备易加工、抗冲击强度、抗挠曲性以及电绝缘性好等优点，在汽车工业、家用电器、电子、包装及建材家具等方面具有广泛的应用。

聚丙烯是一种通用的热塑性塑料，加工成型容易，大部分用注射成型方法加工制件。聚丙烯注射成型除用于制造生活用品，如小家电、日用品、玩具、洗衣机、汽车和周转箱，还用来制造工业用制件，如土工制品、热水管、机械部件、电工零件等。

聚丙烯也可用挤出、吹塑等成型法，分别生产板材、管材、薄膜、纤维等。聚丙烯管材具有耐高温、管道连接方便（热熔接、电熔接、管件连接）、可回收使用等特点，主要应用于建筑物给水系统、采暖系统、农田输水系统，以及化工管道系统等。

聚丙烯薄膜主要包括双向拉伸聚丙烯（BOPP）、氯化聚丙烯（CPP）、普通包装薄膜和微孔膜等。双向拉伸聚丙烯具有质轻、机械强度高、无毒、透明、防潮等众多优良特性，广泛应用于包装、电工、电子电器、胶带、标签膜、胶卷、复合等众多领域，其中以包装工业使用量最大。

聚丙烯纤维（即丙纶）是指以丙烯聚合得到的等规聚丙烯为原料，通过熔融纺丝制成的一种纤维制品。由于聚丙烯纤维有着许多优良性能，因而在装饰（汽车和家庭用装饰材料、絮片、玩具等）、产业（绳索、渔网、安全带、箱包带、安全网、缝纫线、电缆包皮、土工布、过滤布、造纸用毡和纸的增强材料等）、服装、非织造布及医疗卫生等领域中的应用日益广泛。此外，编织制品（塑编袋、篷布和绳索等）所消耗的聚丙烯树脂在我国一直占很高的比例，是我国聚丙烯消费的最大市场，主要用于粮食、化肥及水泥等的包装。

4.2 丙烯

丙烯是三大合成材料的基本原料，主要用于生产聚丙烯、丙烯腈、异丙醇、丙酮和环氧丙烷等。聚丙烯是以丙烯为单体，在配位聚合催化剂作用下反应制得的。在了解聚丙烯生产前，有必要先了解丙烯的特性、丙烯聚合的纯度要求、丙烯的用途和制备等。

4.2.1 丙烯的特性

单体丙烯常温下为无色易燃、带有甜味的气体，能溶于水和醇，性质活泼，与空气能形成爆炸性混合物，爆炸极限为2.0%～11%（体积）。丙烯在高浓度下对人有麻醉性，严重时可导致窒息。丙烯常压下沸点－47.7℃，熔点－185.2℃，自燃点455℃，气体比重1.46（空气＝1），液化条件的临界温度为91.8℃，临界压力为4.65MPa，20℃时蒸气压为0.98MPa。丙烯的聚合热为46.3kJ/mol。丙烯稍有麻醉性，在815℃、101.325kPa下全部分解。

4.2.2 丙烯的纯度要求

由于丙烯的聚合采用配位聚合反应，所用的催化剂对杂质（如氧气、水、一氧化碳、二氧化碳、含氧化合物、含硫化合物）的作用非常敏感，它们的存在将破坏催化剂的作用；而且其他烯烃和炔烃会影响聚丙烯产品的等规度和结晶形态，因此丙烯聚合时，要求使用高纯度的丙烯，聚合级丙烯的质量分数要求大于99.6%。如表4-2所示为聚合级丙烯的主要技术规格。

表4-2　聚合级丙烯的主要技术规格

成　分	含量/%	成　分	含量(/×10⁻⁶)
丙烯	>99.6	乙烯	<10
烷烃	<0.4	乙炔	<1
		甲基乙炔	<5
		丁二烯	<1
		丁烯	<1
		硫	<1
		氧	<4
		一氧化碳	<5
		二氧化碳	<5
		氢气	<5
		水	<2.5
		甲醇	<5

裂解气得到的丙烯经分离、精制，虽可得到纯度95%或纯度更高的化学纯丙烯，但达不到聚合级纯度。丙烯聚合用高效载体催化剂对丙烯的纯度有一定要求，一般规定丙烯纯度大于99.6%。丙烯中丙烷含量高会降低丙烯纯度，必须进行进一步精制。此外丙烯聚合主催化剂对单体中痕量的杂质（如水、氧、甲醇等）十分敏感，即使是ppm级（$\times10^{-6}$）含量的杂质也会降低催化剂活性（50%或更多）。来自裂解车间的丙烯纯度不能满足聚合的要求，所以要通过精制装置进行脱硫、脱砷和脱水以及脱氧的处理，使丙烯的供给达到允许的纯度要求。

用于实现精制的设备包括：脱硫塔用氧化锌除去硫化物，脱砷塔用氧化铜除去砷化氢和羰基硫（COS），脱氧塔以钯为催化剂将氧气氢化生产水，脱水塔用3A分子筛除去丙烯中的水。精制系统的杂质脱除能力主要取决于脱除杂质的顺序，这是因为：吸附剂一般有脱除多种组分的能力，但并非对所有的组分吸附力都相等；强吸附的物质会代替弱吸附物质的位置；一些杂质会使后续精制塔中的催化剂中毒，必须先脱除。因此，杂质应当以吸附力减弱的顺序脱除，否则，强吸附的杂质会影响后续精制步骤的吸附能力，从而影响整个精制效果。一般是硫组分干扰砷化氢的脱除，砷化氢和COS干扰钯催化剂，脱氧过程生成水。

由罐区来的液相丙烯经脱硫塔脱硫后，进入脱水塔（3A分子筛），采用常温液相吸附法脱水，使丙烯含水量小于2×10^{-6}。精制后的丙烯进入丙烯加料罐。

脱水塔吸附剂（分子筛）水含量过高时，其吸水能力显著下降，使得丙烯水含量达不到要求，此时吸附剂便需要再生。再生是一个解吸或脱附的过程，再生过程采用升温的办法，升温用的热载体一般是氮气。

4.2.3　丙烯的用途

丙烯是一种重要的基本有机原料，同时又是一种重要的烯烃单体。从丙烯出发，可以合

成各种其他单体，从而得到各种高分子化合物。丙烯的用途如图 4-2 所示。

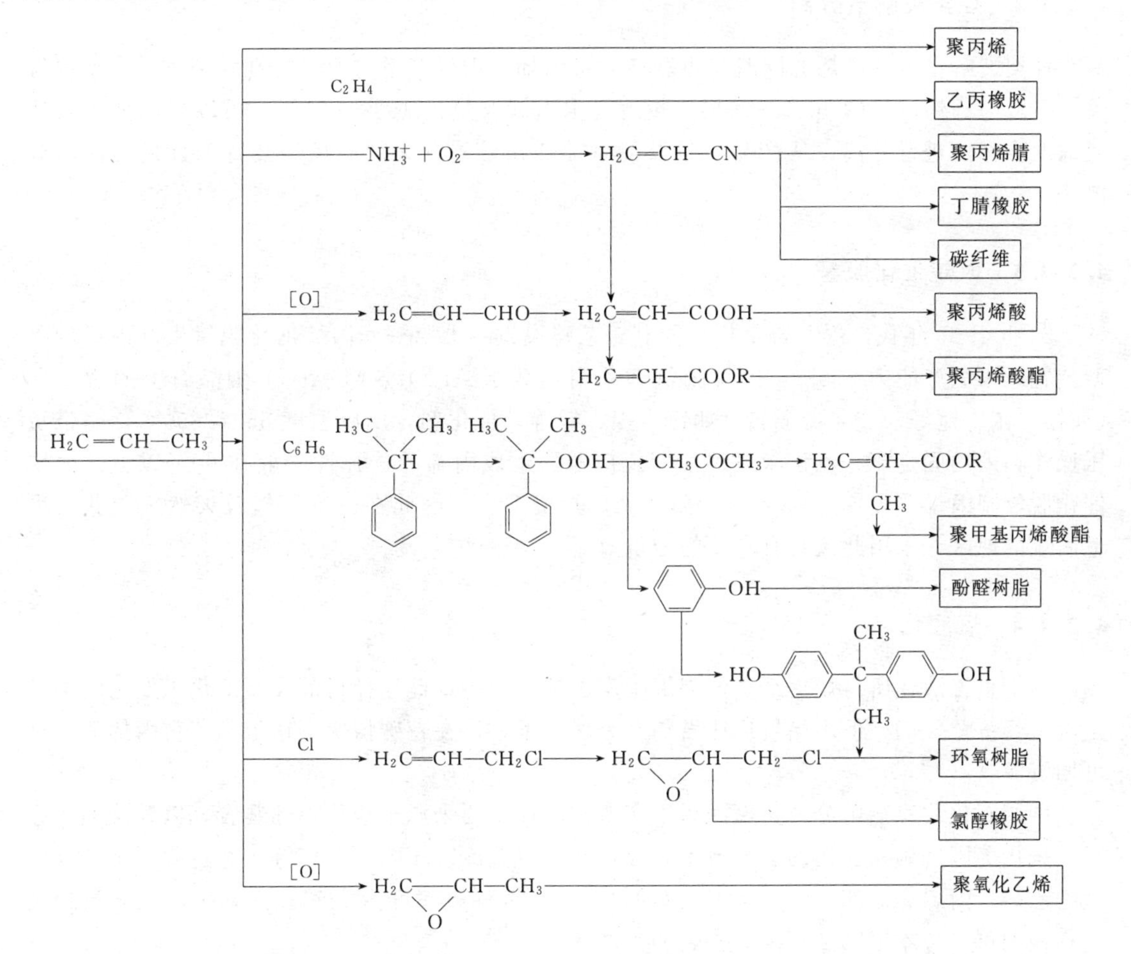

图 4-2　丙烯的用途

4.2.4　丙烯的工业制备

西欧及日本丙烯总产量中的 90%以上来自烃类裂解，其余来自炼厂气。美国追求汽油产量，烃类裂解丙烯只占 54%，炼厂气丙烯占 45%。此外，丙烷催化脱氢制丙烯等新方法的出现，也是丙烯的一种潜在的工业来源。丙烯的工业制备主要有以下几种方法。

4.2.4.1　炼厂气回收

在石油炼厂中催化裂化、热裂化、石油焦化等过程副产的炼厂气中都有一定量的丙烯。其中，催化裂化过程生产的丙烯占炼厂气丙烯总量的 90%以上，其数量与原料规格、催化剂种类和裂化操作条件有关，一般为原料的 2%～5%。

炼厂气加工回收丙烯时，一般采用油吸收法或低温精馏法，将丙烯、丙烷馏分与甲烷、乙烷等轻质烃分开，再经精密精馏得到丙烯。由于炼厂气中丙烯、丙烷馏分不含甲基乙炔和丙二烯，因此无需催化加氢处理，只需脱除水、硫化物等杂质，就可得聚合级丙烯。炼厂气中丙烯浓度较低，采用吸收法比低温精馏法在经济上有利。

4.2.4.2 烃类裂解气分离

烃类裂解在得到乙烯的同时，也联产大量丙烯。丙烯产量与原料特性和裂解操作条件有关，一般为乙烯产量的40%～70%。裂解气中丙烯含量为15%～25%，可以采用油吸收法或深度冷冻法进行分离，从产品质量及能量消耗角度看，大规模烯烃装置都宜采用深冷分离法。

4.2.4.3 丙烷催化脱氢

20世纪80年代，墨西哥采用胡德利工艺建设世界上第一套丙烷催化脱氢生产丙烯的大型装置，年生产能力350kt。丙烷脱氢多采用负载于Al_2O_3、$MeAl_2O_4$尖晶石上的贵金属（如铂、铱、铑等）或非贵金属（如铬、镍、锌等）催化剂，反应温度550～650℃，略带负压操作，采用固定床、流化床或移动床反应器。生成丙烯的选择性一般在90%以上。丙烷催化脱氢制丙烯总收率达73%～77%，工厂投资节省。因此在由炼厂气及天然气中获得大量丙烷的地区，采用此法具有较高的经济效益。

4.2.4.4 煤液化

由煤直接液化所得烃类经蒸汽裂解生产乙烯、丙烯，此途径目前在石油化工发达的国家是没有经济意义的。但煤储量远比石油和天然气丰富，在特殊情况下这也是获得丙烯的一种可用资源。

中国石化北京燕山分公司聚丙烯生产所需丙烯主要来源于燕化乙烯装置，以轻柴油为原料，采用美国鲁姆斯公司的裂解技术，经过裂解、急冷、压缩、分离等工艺过程，生产高纯度的乙烯、丙烯、碳四（C_4）、裂解汽油等产品，丙烯收率可达16%。丙烯生产工艺流程及流程说明可参考本书第2章中“乙烯的生产”。

4.3 聚丙烯的反应原理和生产技术

聚丙烯是以丙烯为单体聚合而成的聚合物，是通用塑料中的一个重要品种。由于丙烯单体中甲基的存在，使之不能进行自由基聚合、阴离子聚合和阳离子聚合，而只能在催化剂的作用下进行配位聚合。1953年德国Ziegler等采用烷基铝/四氯化钛催化体系制得高结晶度聚乙烯后，曾试图用该催化剂制取聚丙烯，但是只得到了无定形聚丙烯，并无工业使用价值。意大利的Natta教授继Ziegler之后对丙烯聚合进行了深入的研究，于1954年3月用改进的催化剂体系三氯化钛和烷基铝，成功地将丙烯聚合成为具有高度立体规整性的聚丙烯。为了表彰Ziegler和Natta在聚合物科学方面的杰出贡献，1963年俩人获得了诺贝尔化学奖。世界上第一套聚丙烯生产装置于1957年在意大利Ferrara建成，该装置为6000吨/年浆液法间歇式聚丙烯工业生产装置。

4.3.1 聚合反应机理

丙烯聚合反应的机理非常复杂，一般大家接受的是阴离子配位聚合机理。虽然丙烯的均

聚反应机理和乙烯-丙烯的共聚反应机理相类似，但是又有一定的不同。

4.3.1.1 丙烯均聚反应机理

丙烯的均聚过程可以分为四个基本反应步骤：活化反应形成活性中心、链引发、链增长、链终止。

(1) 活化　助催化剂三乙基铝（TEAL）与载体催化剂表面的四氯化钛反应，将四价态的 Ti^{4+} 还原为三价态的 Ti^{3+}，被还原的 Ti 即被活化，并形成了 TEAL-$TiCl_4$ 化合物，Ti 作为聚合反应的活性中心。

(2) 链引发　一个丙烯分子在活性中心自行插入，形成一个聚丙烯链的开始。

(3) 链增长　丙烯分子在活性中心依次插入，聚合物链从催化剂颗粒表面开始增长，Ti—C 键的插入可以有两种方式：

$$Ti—P+CH_2═CH—CH_3 \longrightarrow Ti—CH_2—CH(CH_3)—P$$

$$Ti—P+CH_2═CH—CH_3 \longrightarrow Ti—CH(CH_3)—CH_2—P$$

氢气存在下，上面两种大分子链可以分别形成异丙基或正丁基端基：

$$Ti—CH_2—CH(CH_3)—CH_2—CH(CH_3)—P+H_2 \longrightarrow TiH+CH_3—CH(CH_3)—CH_2—CH(CH_3)—P$$

$$Ti—CH(CH_3)—CH_2—CH(CH_3)—CH_2—P+H_2 \longrightarrow TiH+CH_3—CH_2—CH_2—CH(CH_3)—CH_2—P$$

(4) 链终止　链终止反应主要有以下三种方式：向单体链转移；向助催化剂转移；向氢气转移。这三种转移反应中，向氢气转移是最有效地链终止方式，因此氢气可以用作聚合物分子量的控制剂，从而控制聚丙烯的熔融指数。一个氢分子在中心自行插入，在链的末端形成一个甲基使链终止。

向单体链转移：

$$Ti—CH_2—CH(CH_3)—P+CH_2═CH—CH_3 \longrightarrow Ti—CH_2—CH_2—CH_3+CH_2═C(CH_3)—P$$

向助催化剂转移：

$$Ti—CH_2—CH(CH_3)—P+AlR_3 \longrightarrow Ti—R+R_2Al—CH_2—CH(CH_3)—P$$

向氢气转移：

$$Ti—CH_2—CH(CH_3)—P+H_2 \longrightarrow Ti—H+CH_3—CH(CH_3)—P$$

4.3.1.2 乙烯-丙烯共聚反应机理

总的来说，乙烯-丙烯共聚反应的机理类似于丙烯均聚反应，但显著不同的是，两种单体（乙烯和丙烯）的存在代替了均聚的一种单体。结果，正如经过链增长步骤的无规聚合链增长一样，任何一种单体都能在活性中心上自行插入。因为乙烯在很大程度上比丙烯更易反应，因此它将优先进入链中。共聚单体反应随双键周围空间阻碍的增加而减弱。一般顺序如下：

乙烯＞丙烯＞1-丁烯＞线型 1-烯烃＞支化 1-烯烃

4.3.2 聚合反应影响因素

聚合反应温度、反应压力、反应时间、引发剂等都将影响丙烯的聚合。

4.3.2.1 聚合反应温度

丙烯聚合过程中，反应温度对丙烯聚合反应速率、聚丙烯立构规整度和相对分子质量都有重要影响。升高反应温度对络合物的活化和链增长有利，但对络合物的形成和单体的吸附不利。温度越高，聚合反应速率越快，但是链转移和链终止的速率比链增长更快，因此聚丙烯的立构规整度会降低，同时也会引起聚丙烯相对分子质量的下降。另外聚合反应温度在较高的情况，容易使催化剂高温失活会导致聚合终止。另外丙烯聚合热较大（2514kJ/kg），温度较高时聚合热排热困难，易引起爆聚。因此聚合反应温度一般设定在50～75℃。

4.3.2.2 反应压力

丙烯常态下是气体，因此必须要有适当压力才能促进聚合反应正常进行。丙烯浓度与丙烯分压成正比。增加压力，能增加丙烯气体在溶剂或稀释剂中的溶解性，增加聚合单体的浓度，聚合反应速率和聚丙烯的相对分子质量也相应增加。对于液相本体聚合，增加压力有利于丙烯单体的液化；对于气相本体聚合，增加压力，有利于物料的分散悬浮。但是需要注意的是，增加压力，聚合反应速率增加，反应体系中聚丙烯含量增大，不仅影响聚合热的排除，而且物料疏松困难，转移困难。一般工业生产聚丙烯时，压力范围设定在0.5～4MPa。

4.3.2.3 反应时间

虽然聚合反应时间对聚丙烯的相对分子质量影响不大，但是延长聚合反应时间，丙烯单体转化率增加的同时，导致设备利用率降低。通过缩短丙烯聚合的诱导期，适当提高引发剂浓度、增加丙烯的分压、适当提高聚合反应温度，可以在一定程度上减少聚合反应时间。

4.3.2.4 催化剂

工业生产聚丙烯时，一般主催化剂的用量增加，聚合反应速率加快；而且主催化剂粒径越小，聚合反应速率越快。一般助催化剂与聚合反应速率影响不大，但是助催化剂可以通过与主催化剂的络合作用影响聚合反应速率；而且如果用量过大，由于其容易引起链终止，将使所得聚丙烯的相对分子质量降低。

4.3.3 催化剂的发展

聚丙烯之所以能在各种聚烯烃材料中成为发展最快的一种，关键在于催化剂技术的飞速发展。Ziegler-Natta催化剂（简称：Z-N催化剂）是由主催化剂和助催化剂两部分组成，主催化剂是一种过渡金属的盐类，多数情况是一种卤化物，而助催化剂是一种主族金属的烷基化物，如三乙基铝（TEAL），也称为活化剂。

4.3.3.1 第一代催化剂

20世纪60年代是第一代Z-N催化剂时期（活性1000kg/kg催化剂），通过浆液法工艺技术商业化生产聚丙烯。我国20世纪70年代建成的第一套聚丙烯生产装置，所采用的催化剂是用研磨法生产的含有1/3三氯化铝的三氯化钛第一代催化剂。

4.3.3.2 第二代催化剂

第二代催化剂是20世纪70年代初由Solvay公司开发成功的三氯化钛催化剂。虽然Solvay催化剂的活性得到了大幅度的提高，但是此类催化剂中大部分的钛盐仍然是非活性的，它们会以残渣的形式残留在聚合物中从而影响产品的质量，因此仍需要将其除去，所以用此类催化剂的聚合工艺仍需要有后处理系统。在我国，与Solvay催化剂类型相同的催化剂称之为络合催化剂。第二代Z-N催化剂活性达10000kg/kg催化剂，而且所得聚丙烯产品等规度提高。20世纪70年代开始了本体法和气相法生产聚丙烯工艺技术的开发。

4.3.3.3 第三代催化剂

第三代催化剂采用将钛化合物负载在高比表面的载体上以提高催化剂效率。其中载体氯化镁的活化是一个关键，必须采用经过活化的活性氯化镁作为载体才有可能获得高活性的催化剂，或者加入适当的给电子体化合物提高催化剂的丙烯定向聚合的能力。20世纪80年代第三代Z-N催化剂开发成功（活性15000kg/kg催化剂），使得产品等规度进一步提高，大大降低了无规聚合物的产品，省去了脱无规聚合物的工艺步骤，简化了工艺流程，同时能够生产高乙烯含量的无规共聚物和抗冲共聚物。20世纪80年代采用本体法和气相法以及组合法工艺技术开始大规模建设工业装置。

4.3.3.4 第四代催化剂

正是在给电子体方面研究工作的进展，促使超高活性第三代催化剂的开发成功，特别是发现了采用邻苯二酸酯作为内给电子体，用烷氧基硅烷或硅烷为外给电子体的催化剂体系后，可以得到很高活性和立构规整度的聚丙烯。现在许多聚丙烯工业化生产装置正在使用的就是这种催化剂。因此20世纪90年代是应用第四代Z-N催化剂时期（活性60000kg/kg催化剂），改进了产品形态，生产了高结晶性聚合物，同时开始研制茂金属催化剂，开发等规和间规聚丙烯，还进一步简化了本体和气相工艺流程，装置大型化，降低了投资和操作费用。此外还开始建设大型工业装置，单线生产能力达到年产30万吨聚丙烯本色粒料。

4.3.3.5 第五代催化剂

利用1，3-二醚类化合物这种新的给电子体，可以得到具有极高活性和立构规整性的催化剂，可以在不加入任何外给电子体的情况下得到同样的效果。由于此类给电子突破了前两代催化剂必须内外给电子体协同作用的限制，因此将其列为第五代聚丙烯催化剂。

4.3.3.6 第六代催化剂

一定种类的茂金属化合物如果用甲基铝氧烷（MAO）作助催化剂，此催化体系不但具有极高的聚合活性，而且可以合成出具有高立构规整度的等规或间规聚丙烯。因此类似茂金属催化剂类型的单活性中心催化体系被认为是第六代聚丙烯催化剂。

各代催化剂及其性能如表4-3所示。

表 4-3 各代催化剂及其性能

引发体系	引发剂效果			工艺特点
	kg 聚丙烯/g 引发剂	kg 聚丙烯/gTi	立构规整度/%	
第一代 $TiCl_3$-$AlEt_2Cl$	0.8～1.2	3～5	88～93	脱灰工序； 脱无规聚合物工序
第二代 $TiCl_3$-$AlEt_2Cl$-Lewis 碱	3～5	12～20	92～97	脱灰工序； 免脱无规聚合物工序
第三代 $TiCl_4$-$AlEt_3$-$MgCl_2$ 载体	5～20	300～800	≥98	免脱灰工序； 免脱无规聚合物工序
引发剂后发展时代 超高活性引发剂	—	600～2000	≥98	免脱灰工序； 免脱无规聚合物工序

4.3.4 聚丙烯生产工艺技术种类

聚丙烯的生产工艺技术，目前已有二十多种。可以根据聚合类型分，也可以根据生产工艺发展年代分。

按聚合类型分，聚丙烯的生产工艺技术可分为：溶液法、浆液法（也称溶剂法）、本体法、本体和气相组合法、气相法生产工艺。工业上，生产聚丙烯的工艺路线有浆液法、液相本体法和气相本体法。浆液法是将丙烯溶解在已烷、庚烷或溶剂汽油中进行聚合，反应器为连续搅拌釜式反应器、间歇搅拌釜式反应器或环管反应器。液相本体法以液体丙烯为稀释剂的溶液聚合法，聚合后闪蒸未聚合的丙烯就能得到产品，反应器为釜式反应器或环管反应器。气相本体法是利用丙烯气流强烈的搅拌增大丙烯分子与引发剂接触，生成的一部分聚丙烯作为引发剂载体在反应器内形成流化床。

按生产工艺的发展和年代划分，聚丙烯的生产工艺技术可分为第一代工艺：生产过程包括脱灰和脱无规物，工艺过程复杂，主要是 20 世纪 70 年代以前的生产工艺，采用的是第一代催化剂；第二代工艺：20 世纪 70 年代开发，使用第二代催化剂，生产工艺中取消了脱灰过程；第三代工艺：20 世纪 80 年代以后，随着高活性、高等规度（HY/HS）载体催化剂的开发成功和应用，生产工艺中取消了脱灰和脱无规物，具体内容如表 4-3 所示。

聚丙烯生产工艺技术的发展与催化剂技术的进步密切相关。催化剂是聚丙烯工艺技术进步的动力和源泉，催化剂的不断改进带动了生产工艺技术的改进、产品性能的提高和拓宽，目前这种改进还在进行中。第一代到第三代催化剂，由于催化剂活性和产品等规度较低，工艺中需要脱除灰分和无规物，工艺流程长，投资高。随着第四代载体催化剂的开发，聚丙烯催化剂的高活性、长寿命，产品的高等规度、宽的 MFR 范围、抗冲共聚物、聚合物分子量分布（MWD）控制和产品形态控制都变成现实，从此聚丙烯工艺技术发生了革命性的变化。新生产工艺取消了脱灰、脱无规物，取消了溶剂的使用，装置投资和操作费用大幅度降低，并且增加了聚丙烯产品的种类和性能范围大幅度拓宽。

4.3.5 聚丙烯主要生产工艺技术及专利商

聚丙烯生产工艺技术主要集中在以下几个主要的专利商中：Basell，联碳公司（UCC），BASF 公司，三井油化（现三井化学）和 BP-Amoco 公司。这些技术全部是本体法、气相法或两者的组合法，采用不同的反应器设计。20 世纪 80 年代中期以来新建的聚丙烯装置绝大部分采用以上新工艺。当今世界主要的聚丙烯生产工艺技术及专利商情况如表 4-4 所示。

表 4-4 当今世界主要的聚丙烯生产工艺技术及专利商情况

聚合方式		专利商及工艺技术
均聚物	抗冲共聚物	
串联双环管反应器	气相流化床	Basell 的 Spheripol 工艺
单环管反应器+气相流化床	气相流化床	Borealis 的 Bostar 工艺
本体搅拌釜	气相流化床	三井化学的 Hypol 工艺
气相流化床	气相流化床	UCC 的 Hypol 工艺 住友化学的气相法工艺
立式气相搅拌釜	立式气相搅拌釜	Novolen 工艺
卧式气相搅拌釜	卧式气相搅拌釜	BP-Amoco 气相法工艺 Chisso 气相法工艺

20 世纪 90 年代以后，聚丙烯工艺和新建装置向经济性、大型化、产品高性能化方向发展。随着催化剂技术的进步和设备制造能力的提高，大多数新建装置的单线生产能力都在 20 万吨/年以上，最大达 45 万吨/年，使装置的经济性大大提高。而产品技术方面，各种工艺技术都在努力开发生产高附加值、高性能的新产品，如高流动性的均聚物、高结晶性的均聚物，透明性好、熔点低的无规共聚物，高抗冲共聚物等。

4.3.5.1 浆液法聚合工艺

浆液法工艺（Slurry process），也称淤浆法或溶剂法工艺，是最早的聚丙烯生产工艺，在长达 30 多年的时间里是最主要的聚丙烯生产工艺。虽然由于催化剂的进展使聚丙烯生产工艺发展成为更加简单的气相法和本体法工艺，但目前世界上有许多老的聚丙烯装置仍在用浆液法工艺生产高质量的聚丙烯产品。

早期的聚丙烯生产工艺的设计基于 $TiCl_3$-$AlEt_2Cl$ 催化剂，活性和立体选择性都很低，等规度只有 90%左右。1959 年以后商业化的第一代 Ziegler-Natta 催化剂，活性和立体选择性也很低，因而生产过程既需要脱除聚合物中的残余催化剂（脱灰），也要分离出非立体规整性的无规物。

采用烃溶剂来悬浮结晶聚丙烯颗粒并且溶解无定形聚合物部分，生成烷氧基铝和烷氧基钛，用水处理溶剂使之从溶剂中分离出来。结晶聚合物产品采用过滤或离心分离，然后干燥。溶解在溶剂中的无定形聚合物通过蒸发溶剂而分离。早期的工艺装置都采用间歇聚合技术，先加入溶剂、催化剂和烷基铝，然后连续加入丙烯单体和控制分子量的氢气。

浆液法工艺由于需要净化和循环溶剂，因而能耗大和投资高。副产品无定形聚丙烯，最早几乎没有用途，后来可用于某些领域。美国的 Rexene 公司曾把它的一套浆液法工厂改造成专门生产无定形聚丙烯的工厂。与其他丙烯聚合工艺方法相比，浆液法工艺反应条件较温和，能生产质量稳定、性能优越的产品。浆液法工艺聚合反应压力低，装置操作简单，设备维修容易。在某些产品应用领域，如大部分特殊拉伸 PP 膜，浆液法装置生产的产品比一些更先进的装置生产的产品更受欢迎。

一般来说，浆液法工艺生产的聚丙烯产品等规度稍低，分子量分布较宽，因而需要拉成薄膜的力较小，有较高的熔融强度使挤出的稳定性较高。浆液法和使用的 $TiCl_3$ 催化剂的局限性在于随着溶解聚合物的增加，反应器容易结垢，因而生产高熔体流动速率的产品和高共聚单体含量的产品的经济性较差。这些工艺通常仅限于生产 MFR 小于 15g/10min 的均聚物、乙烯含量小于 3%（质量分数）的无规共聚物和橡胶相低于 15%（质量分数）的低熔体流动速率的抗冲共聚物。生产共聚物的成本高，因为有较大量的可溶聚合物和其中的共聚单体含量，以及生产共聚物时生产能力的降低。

主要的浆液法聚合工艺有蒙埃公司浆液法工艺、海格立斯公司浆液法工艺、三井东压化学公司浆液法工艺、阿莫科化学公司浆液法工艺、三井油化公司浆液法工艺、索尔维公司浆液法工艺、现代浆液法工艺。如图 4-3 所示为浆液法生产聚丙烯工艺流程简图。

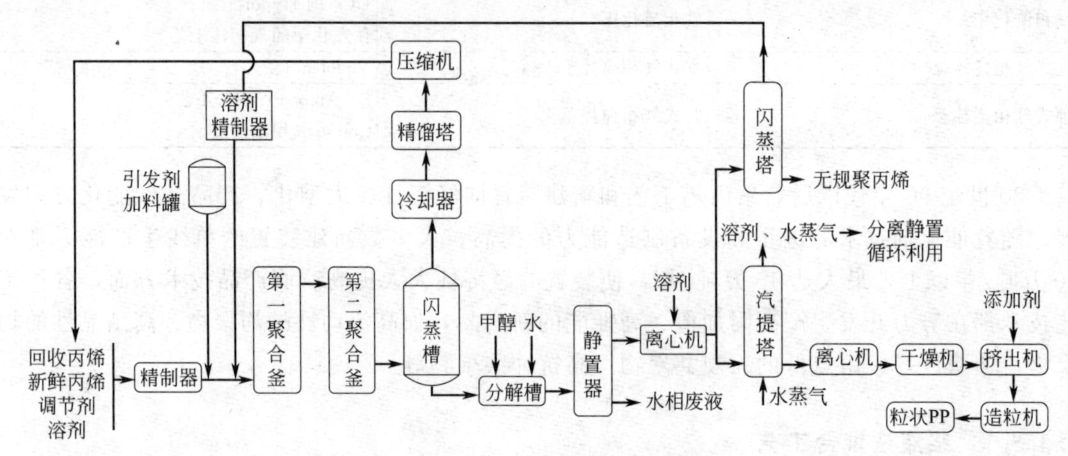

图 4-3 浆液法生产聚丙烯工艺流程简图

4.3.5.2 液相本体法聚合工艺

液相本体聚合法于 1964 年由美国 Phillips 公司实现工业化。液相本体法聚合工艺有多种工艺路线，主要有 Rexall（Rexene，Dart，El Paso）、Philips（菲利浦公司）液相本体法工艺、Sumitomo/Exxon 本体聚合工艺、三井东压化学公司液相本体法工艺。经过多年的发展和竞争，目前 Basell 的 Spheripol 工艺（本体和气相组合法）居领先地位。

液相本体法聚合工艺的主要特点是浆液浓度高、黏度低、聚合速率快、生产强度大、回收单体丙烯耗能少。具体表现为：在液相丙烯中聚合，不使用惰性溶剂，单体浓度高，聚合速率快，催化剂活性高。颗粒本身的热交换性好，反应器采用全凝冷凝器，可以提高单位反应器体积的聚合量。在液相丙烯中，能除去对产品性质有坏影响的低分子量无规聚合物和催化剂残渣。催化剂在反应器中分布均匀，催化剂活性得以充分发挥，单程反应器产率高。浆液黏度低，机械搅拌简单，耗能小。

液相本体法聚合工艺的主要缺点在于反应气体需汽化、冷凝后才能循环回反应器。反应器内的高压液态烃类物料容量大，有潜在的危险性。此外，反应器中乙烯的浓度不能太高，否则在反应器中形成一个单独的气相，使得反应器难以操作，因而共聚产品中的乙烯含量不会太高。

液相本体法聚合工艺根据反应器的不同，主要可分为两类：釜式反应器和环管反应器。釜式反应器是利用液体蒸发的潜热来除去反应热，蒸发的大部分气体经循环冷凝后返回到反应器，未冷凝的气体经压缩机升压后循环回反应器。而环管反应器则是利用轴流泵使浆液高速循环，通过夹套冷却撤热，由于传热面积大、撤热效果好，因此其单位反应器体积产率高、能耗低。

如图 4-4 所示是丙烯液相本体聚合工艺流程简图。

4.3.5.3 气相本体法聚合工艺

丙烯气相本体聚合法是利用丙烯气流强烈搅拌来增大丙烯分子与催化剂接触的机会，从而提高催化剂效率。这种方法生成的一小部分聚丙烯作为催化剂载体，在反应器内使丙烯气流形成流动床。该法传热情况良好、反应温度均匀，调节进气的速率及压力，可以控制聚合反应速率和温度，所以反应快，使设备生产能力提高，且可实现一套装置生产多种聚烯烃产品。气相本体聚合法操作技术要求高，循环丙烯所耗动力大。

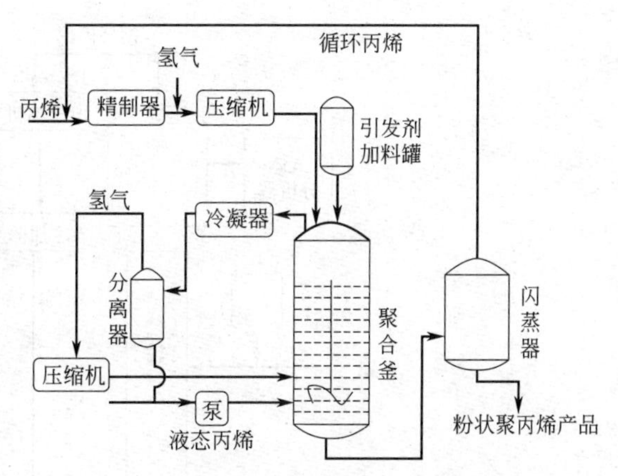

图 4-4 丙烯液相本体聚合工艺流程简图

丙烯气相本体聚合法不使用溶剂，而是在气态丙烯中聚合，反应混合物由悬浮在气相中的聚丙烯粉料与向上流动的气体组成，用液体丙烯作急冷剂撤除聚合反应热。气相本体法代表了聚丙烯生产领域内最简单的技术。与淤浆工艺和液相本体工艺相比，其最明显的特点是工艺中不用溶剂或大量液态丙烯，因此气相本体聚合法生产聚丙烯不需储存和处理大量溶剂，反应控制得到简化，总的工艺安全性得到改进，对环境的不良影响减少到最低程度。

气相法聚丙烯工艺的研究和开发始于20世纪60年代早期，德国BASF公司于1969年首先实现工业化。目前，气相法聚丙烯工艺主要有采用立式搅拌床的Novolen工艺(BASF)、采用立式流化床的Unipol工艺（UCC)、BP和Chisso公司的卧式搅拌床工艺、住友化学（Sumitomo）的采用立式流化床的气相法工艺。此外，其他公司，如三井化学、Basell、Borealis等公司的聚丙烯工艺技术也利用气相流化床反应器生产抗冲共聚物。

气相法在20世纪70年代一直由BASF公司的Novolen工艺独占市场，20世纪80年代后期以后，采用气相流化床反应器的UCC Unipol气相聚丙烯工艺发展迅速，居于气相法工艺的领先地位。而近几年采用独特的卧式搅拌床反应器的BP-Amoco和Chisso的气相法聚丙烯工艺的市场份额也有较大增长。

如图4-5所示是丙烯气相本体聚合工艺流程简图。

4.3.5.4 液相本体法和气相法组合工艺

液相本体法和气相法组合工艺主要有：Spheripol工艺、Hypol工艺、北欧化工的北星双峰聚丙烯BOSTAR工艺。

(1) Spheripol工艺　Spheripol工艺现属Basell聚烯烃公司所有，Spheripol工艺采用一组或两组串联的环管反应器生产聚丙烯均聚物和无规共聚物，再串联一个或两个气相反应器生产抗冲共聚物。该技术自1982年首次工业化以来，是迄今最成功、应用最广泛的聚丙烯工艺技术。

Spheripol工艺特点有：①均聚反应采用液相环管反应器，浆液浓度高（＞50％，质量分数）。反应器的单程转化率高，达到50％～65％；②多相共聚采用气相法密相流化床反应器，其催化剂的粒径大而且圆，所生成的聚合物颗粒大（粒径2mm左右）且粒径分布窄，

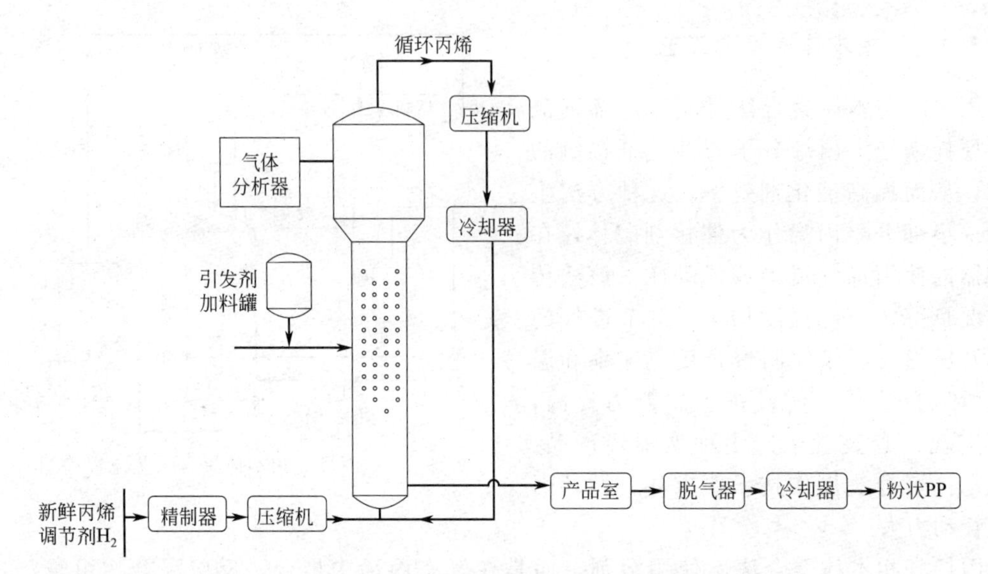

图 4-5　丙烯气相本体聚合工艺流程简图

颗粒呈球形，流动性好，堆积密度高，反应器时-空产率可达 80kgEPR/(h·m^3)（总应器容积），容积利用率接近 50%；③采用一个气相反应器系统可以生产乙烯含量在 8%～12%（质量分数）的抗冲共聚物。如需生产橡胶相含量更高且可能具有一个以上分散相的特殊抗冲共聚物，如低白点产品，则需要设计两个气相反应器系统。

Spheripol 工艺技术能提供全范围的产品，包括均聚物、无规共聚物、抗冲共聚物、三元共聚物（乙烯-丙烯-丁烯共聚物），其均聚物产品的 MFR 范围为 0.1～2000g/10min，工业化产品的 MFR 达到 1860g/10min（特殊的不造粒产品）。工业化生产的无规共聚物产品中乙烯含量高达 4.5%（质量分数），并有乙烯-丙烯-丁烯三元共聚物产品，密封起始温度低至 110℃。抗冲共聚产品乙烯含量可高达 25%（40%橡胶相），并已具有达到 40%乙烯含量（60%橡胶相）的能力。

Spheripol 被誉为新一代 PP 的 BasellAddipol 生产工艺，早在 20 世纪 80 年代就实现了工业化，由于不需造粒，被广泛地用于可以直接使用粉料和不能造粒的高流动性（MFR＞80）产品。

Addipol 工艺是在 Spheripol 工艺基础上，以球形催化剂使丙烯形成粒径为 0.4～4mm 的粒子（平均粒径 2mm）。其工艺特点是低的操作费用（与常规挤出混合造粒比），设备总投资低 30%；能量消耗减少 85%，挤出造粒的能耗为 250kW·h/t，而 Addipol 工艺约 35kW·h/t；维修成本减少 80%。可为用户提供优良的产品，制品加工所需的能量减少 10%，需染色颜料量减少 15%～20%。MFR 最高＞800，最低＜0.5。Addipol 工艺关键是新型催化剂系统和新型添加剂加入技术。

此外，Basell 公司还有生产高档聚烯烃树脂的 Catalloy 工艺、Hivalloy 技术。

（2）Hypol 工艺　HY-HS-II 型催化剂的开发成功，是 PP 生产工艺划时代的进步，三井化学也因此发展了液相本体和气相法相结合的 Hypol 工艺。据称可生产 0.10～600MFR 范围的产品，单条生产线最大能力可达 16 万吨/年，抗冲共聚产品的乙烯含量已达 25%（40%橡胶体），而且其工艺可使乙烯含量达 30%（50%橡胶体）。HY-HS-IIHypol 工艺是多级聚合工艺，它把溶剂法丙烯聚合工艺的优点同气相法聚合工艺的优点融为一体，是一种

不脱灰、不脱无规物、能生产多种牌号聚丙烯的工艺。

Hypol 工艺具有以下特点：可通过预聚和动态过滤使全部催化剂颗粒都能处理得非常均匀；多级反应系统可用来降低催化剂的“短路现象”；超高活性和立体选择性的催化剂；聚合物颗粒具有很好的刚性、球状、大小均匀；抗冲共聚物中乙烯达 14%（摩尔分数），无规共聚乙烯达 6%（摩尔分数）。

均聚聚丙烯的聚合分两段进行：第一阶段进行丙烯液相本体聚合，在这种聚合中能获得很高的反应速率；生成的浆液送入第二阶段的气相反应器。在气相反应进行的同时，液态丙烯靠气相反应热蒸发成蒸气，进料丙烯的汽化也带走了反应热。液相反应器的操作压力为 3.0～4.0MPa，反应温度为 65～75℃。反应器内保持一定的浆液浓度。聚合反应热通过反应器夹套水和液体丙烯的蒸发冷凝而撤出，冷凝的丙烯又回流到反应器中，均聚反应器出来的聚合物浆液进入气相均聚反应器，其操作压力为 1.7～2.0MPa，反应温度为 80℃。在此，聚合物浆液中的液态丙烯被聚合的反应热汽化而蒸发。生产嵌段共聚产品时，从气相均聚反应器出来的聚合物粉料，被送到同样带搅拌刮板的气相共聚反应器。在 1.2MPa 的压力和 70℃的反应温度下，与一定配比的乙烯和丙烯进行嵌段共聚反应。

4.3.6　我国聚丙烯生产工艺技术情况

我国自 20 世纪 60 年代初就开始进行聚丙烯催化剂的开发和研究，并进行聚丙烯聚合工艺的中间试验。在 20 世纪 70 年代到 80 年代期间曾结合我国国情先后开发出丙烯汽化散热三釜连续聚合工艺技术和间歇本体丙烯聚合工艺技术，均建成工业化装置投入生产。我国从 20 世纪 50 年代末期开始聚丙烯催化剂和聚合技术的研制，并于 20 世纪 60 年代中期开始引进国外技术，共引进装置 18 套，设计生产能力 1130 万吨/年。从 20 世纪 80 年代初开始，我国在引进国外先进聚丙烯工艺的同时，开始了大型聚丙烯装置的国产开发设计工作。Hypol 工艺技术和 Spheripol 工艺技术实现了国产化，建成了多套生产装置。采用国产化技术的聚丙烯生产装置一览表如表 4-5 所示。

表 4-5　采用国产化技术的聚丙烯生产装置一览表

序号	企业名称	设计年生产能力/万吨	投产日期	采用工艺技术
1	大连石化公司有机合成厂	40	1991.12	国内设计本体-气相组合法
2	燕山石化公司化工二厂	40	1994.7	国内设计本体-气相组合法
3	兰港石化有限公司	40	1995/1999	国内设计本体-气相组合法
4	前郭炼油厂	40	1999	国内设计本体-气相组合法
5	兰州石化公司石油化工厂	40	1998.10	国内设计本体-气相组合法
6	长岭炼油厂长盛石化有限公司	70	1998.4	国产化环管工艺
7	九江石化总厂	70	1998.6	国产化环管工艺
8	武汉石油化工厂	70	1998.6	国产化环管工艺
9	福建炼油厂	70	1998.5	国产化环管工艺
10	济南炼油厂	70	1998.8	国产化环管工艺
11	荆门石油化工总厂	70	1999.8	国产化环管工艺
12	大连石化公司有机合成厂	70	1999.4	国产化环管工艺
13	大庆石化总厂化工三厂	100	1998.8	国产化环管工艺
14	上海石化公司 聚丙烯事业部 3PP	200	2002.2	国产化第二代环管工艺
15	镇海炼化股份有限公司化肥厂	200	2003.5	国产化第二代环管工艺
	总计	1190		

4.3.7 燕化聚丙烯装置基本概况

中国石化北京燕山分公司化工二厂历经三十多年发展，企业规模不断扩大，聚丙烯的生产技术一直处于国内领先水平，目前有三套聚丙烯生产装置，年生产能力可达45万吨，是目前国内最大的聚丙烯生产基地之一。燕化化工二厂在聚丙烯产品的开发生产过程中一直遵循研制一代、开发一代、生产一代的技术方针，与燕化树脂应用研究所、北京销售分公司等组成一套完整的产品开发、市场开发体系。三套聚丙烯生产装置以其先进的工艺技术，强大的技术力量支持，可生产囊括均聚聚丙烯、无规共聚聚丙烯、抗冲共聚聚丙烯三大类70多个牌号。

4.3.7.1 第一聚丙烯装置

第一聚丙烯装置（简称：一聚）最早是浆液法生产装置，但是浆液法逐渐出现生产工艺落后，设备老化等弊端后，燕化公司于2004年采用innovene公司的气相法聚丙烯工艺对老装置的聚合区进行了改造。

第一聚丙烯装置最早是采用1974年从日本三井油化引进的于1976年6月一次投料试车成功的浆液法生产聚丙烯，设计生产能力为8万吨/年。当时的设计由催化剂配制、聚合、分解、离心分离、干燥、造粒、溶剂回收、中间罐区、包装和分析共10个单元组成。由于该装置使用的催化剂存在活性低、全等规度低、工艺流程长等缺点，燕化公司决定采用三井技术进行改造，把原催化剂改为高效载体催化剂。燕化公司的聚丙烯装置，是国内第一家浆液法改造单位，1987年在用三井油化高效催化剂技术进行工艺改造全部结束后，设计生产能力由过去的8万吨/年提高到11.5万吨/年。这套装置自投产以来，产品供不应求，曾荣获国家质量银奖，同时成为燕山石化公司的主导产品。但是由于浆液法生产工艺落后，设备老化，致使生产能耗高、物耗高，产品缺乏竞争力，燕化公司于2004年采用innovene公司的气相聚丙烯工艺对老装置的聚合区进行了改造，并于2005年7月建成投产，改造后的年设计生产能力为12万吨。目前第一聚丙烯装置生产工艺与第三聚丙烯装置相同，所不同的是该装置聚合单元为单釜，装置由一条生产线组成。从减少建设投资，加快建设进度，最大限度利用现有资源的角度出发，在一聚聚丙烯聚合单元改造项目中，挤压造粒、颗粒掺混及包装码垛采用了旧的方案。2005年7月一聚聚丙烯装置投产后，在运行过程中，挤压机及添加剂系统暴露出了设备陈旧、能力不足等许多缺陷，挤压机停车修理的频次很高，严重影响了装置的正常运行。2007年1月，在国家发改委、机械联合会、中石化的组织和协调下，确定了以燕山石化乙烯改造工程为依托，大连橡塑、北京化工大学和燕山石化等6家单位组建成的产学研联合攻关团队，由大连橡塑公司担纲国产化机组成套研制。本套国产化机组设计能力33t/h，于2010年4月份完成试车，并一次性开车成功，它的成功开车，填补了我国在大型挤压造粒机领域的空白，具有巨大的社会效益。

第一套聚丙烯生产装置可生产PPH（Polyproplyene-Homo，均聚聚丙烯）管材专用料、透明料、医用料、高刚性高流动料、三元共聚聚丙烯等。PPH管（合金聚丙烯管），是对普通PP料进行β改性，使其具有均匀细腻的β晶型结构，具有极好的耐化学腐蚀性，耐磨损，绝缘性好，耐高温，工作温度可达到100℃，无毒性，质量轻，便于运输与安装，这是一种比PP管耐高温、抗腐蚀、抗老化的优质产品。

4.3.7.2 第二聚丙烯装置

第二聚丙烯装置（简称二聚）是燕化公司为节省投资，缩短建设周期，发挥老厂优势，在燕化公司乙烯装置进行技术改造的同时，建成的本体法聚丙烯生产装置。二聚丙烯装置采用日本三井油化公司的高效催化剂体系，液相反应釜与汽相反应釜组合式本体法生产聚丙烯工艺技术（简称 H-PP 法）。装置由北京工程公司设计，以扬子公司一买三合作方式为设计基础，以装置国产化为目标，设计的这套四釜流程的本体法聚丙烯生产装置，设计能力为 4 万吨/年，经过改造现生产能力已达到 6 万吨/年。该装置具有国内领先的能连续生产共聚物产品的特点，率先在国内成为万吨级以上的洗衣机专用料生产线。

第二套聚丙烯生产装置从 2000 年开始生产高附加值管材料产品，目前装置专门生产 PPR（Polypropylene Random）管材专用料。PPR 管又叫三型聚丙烯管，或无规共聚聚丙烯管，具有节能节材、环保、轻质高强、耐腐蚀、内壁光滑不结垢、施工和维修简便、使用寿命长等优点，广泛应用于建筑给排水、城乡给排水、城市燃气、电力和光缆护套、工业流体输送、农业灌溉等建筑业、市政、工业和农业领域。PPR 管采用无规共聚聚丙烯经挤出成为管材，注塑成为管件。

4.3.7.3 第三聚丙烯装置

第三聚丙烯装置（简称三聚）是燕化“腾飞”工程的一个重要组成部分，是燕化公司新的经济增长点。该装置于 1998 年建成投产，设计生产能力为 20 万吨/年，这是我国第一套气相法聚丙烯生产装置，建成时是当时亚洲单线生产能力最大的装置，采用的是 INEOS 公司的 Innovene 气相法生产工艺，是世界上最先进的工艺之一。2001 年底进行扩能改造，扩能改造后的装置凭借 66 万吨/年乙烯裂解装置丙烯原料增加的优势，优化丙烯资源，调整产品结构，以生产共聚产品为主。扩能改造后的装置生产能力达到 28 万吨/年。气相法聚丙烯装置具有工艺流程短、能耗低、产品类型覆盖广等特点，可生产均聚 HP，无规共聚物 RCP、抗冲共聚物 JCP，囊括了注塑、纤维及薄膜类共 55 个产品。其中均聚物 34 个，无规共聚物 8 个、抗冲共聚物 13 个，产品的白度、冲击强度等方面性能优良、特点明晰，具有很好的市场竞争优势。

第三套聚丙烯生产装置生产 PPR 管材专用料、PPB（嵌段共聚聚丙烯）管材专用料、低 VOC 抗冲共聚料、高橡胶高抗冲料、瓶盖料、汽车料等。

4.4 气相法聚丙烯的生产

燕化公司第三聚丙烯装置以丙烯为原料（生产共聚牌号时加入少量乙烯），在高效和高选择性的进口主催化剂（Ti 系 $MgCl_2$载体催化剂）或北京化工研究院研制的国产主催化剂、AT（助催化剂）和硅烷（改性剂）的作用下进行配位气相本体聚合，即气态的丙烯与悬浮在聚丙烯干粉中的催化剂直接接触而聚合生产聚丙烯，可以获得高质量的产品，具有工艺流程短、能耗低、产品类型覆盖广等特点。另外该工艺具有独特的卧式搅拌反应器活塞流的特点，使生产高质量的抗冲击共聚物仅需两个反应器便可完成。由于该工艺不用大量的液体烃类物质，使得安全性大大提高。燕化公司 28 万吨聚丙烯装置可生产均聚物（70%）；无规共聚物（10%）和抗冲共聚物（20%），囊括了注塑、纤维及薄膜类各类产品。

4.4.1 原料及要求

聚丙烯生产所用的原料，除了主原料丙烯单体外，还有生产共聚物所用的乙烯单体，以及用于调节聚合物分子量的调节剂（氢气）等。当然，要使聚合反应正常进行，催化剂是不可缺少的。

4.4.1.1 丙烯

丙烯是聚丙烯生产的最主要的原料。

从界区引入的丙烯纯度不能满足聚合的要求，一般要进行精制，脱除原料中可能存在的各种对聚合反应催化剂有严重毒害作用的杂质，如硫、砷、氧、水等。由罐区来的液相丙烯经脱硫塔脱硫后，进入装有3A分子筛的脱水塔，在常温下采用吸附法脱水，使水含量小于2×10^{-6}，精制后的丙烯经过过滤器过滤后进入丙烯加料罐。

4.4.1.2 乙烯

乙烯是生产共聚物时添加的原料。

乙烯（3.4MPa，环境温度，气相）压力能够满足要求，所以仅仅经过过滤即可送至聚合单元。

4.4.1.3 氢气

氢气是生产聚丙烯时的分子量调节剂。

氢气要经过加压处理以满足压力要求。从界区外管送来的氢气（3.2MPa）经氢气压缩机升压至4.0MPa后送至各反应器。

循环气的氢气加料速率可控制聚合物熔体流动速率。

4.4.1.4 催化剂

（1）主催化剂　该工艺所用的主催化剂主要为进口的Ti系$MgCl_2$载体催化剂或国产催化剂。主催化剂加到反应器中并不能引发和维持反应，只有加入适当的助催化剂，并在一定的温度和压力下才能进行聚合反应。

（2）助催化剂　该工艺所用的助催化剂为三乙基铝（TEAL），其作用之一是活化催化剂进行聚合反应，没有烷基铝，聚合反应不能发生；作用之二是作为催化剂毒性物质的净化剂，如果水、氧气、甲醇和二氧化碳在系统中以ppm级（$\times10^{-6}$）存在，烷基铝可和它们反应，这样就可以消除其毒害作用。

烷基铝由加料的计量泵加入反应器，氮气加压以提供加料泵的入口压力。

（3）改性剂　该工艺所用的改性剂为有机硅烷，其作用主要有毒化可生成无规物的催化剂活性中心，提高产品等规度。如果反应中没有硅烷，就会产生黏性粉料（无规物），降低催化剂衰变速率，延长聚合持续时间。

有机硅改性剂贮存在改性剂贮罐中，通过改性剂加料泵加入反应器。

4.4.2 生产工艺过程及控制

中国石化北京燕山分公司气相法聚丙烯生产工艺流程简图如图 4-6 所示。生产工艺装置设有聚合单元、造粒单元及集散控制系统（DCS）等。

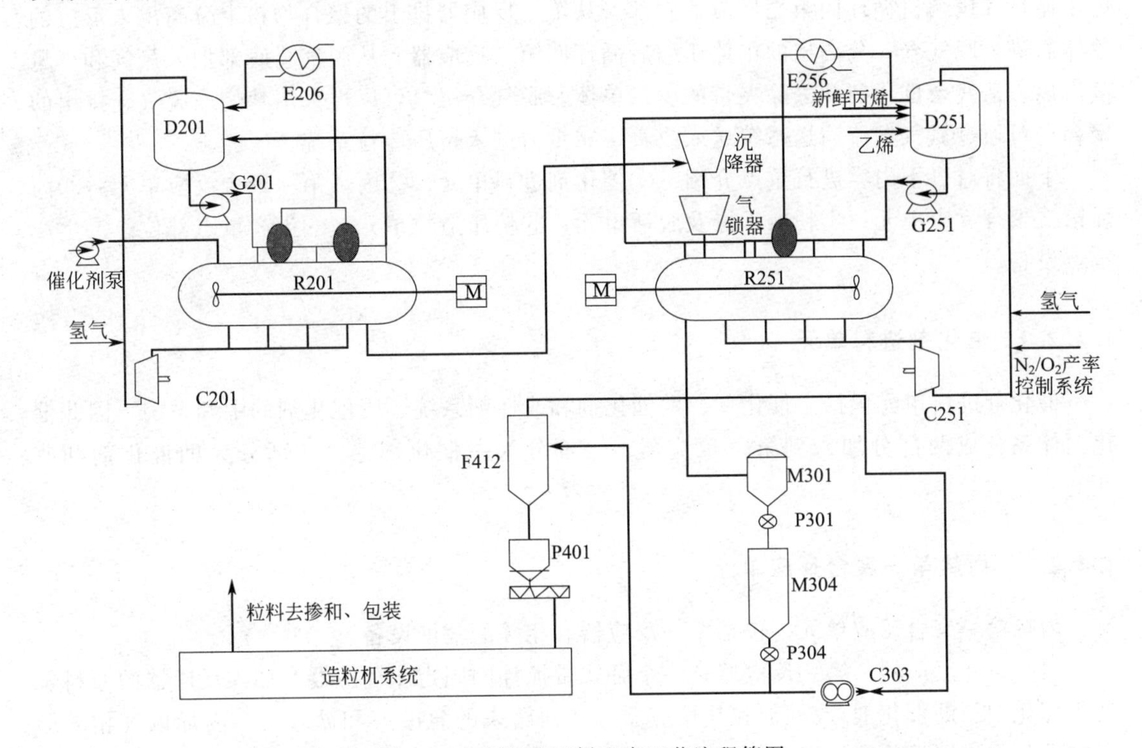

图 4-6 气相法聚丙烯生产工艺流程简图

R201—第一反应器；D201—第一反应器顶部分离器；G201—第一反应器急冷液泵；
C201—第一反应器循环气压缩机；E206—第一反应器顶部冷凝器；D251—第二反应器顶部分离器；
R251—第二反应器；C251—第二反应器循环气压缩机；G251—第二反应器急冷液泵；
E256—第二反应器顶部冷凝器；M301—气体膨胀袋滤器；P301—袋滤器出口加料器；
M304—脱气仓；P304—脱气仓出口加料器；F412—粉料贮罐；P401—粉料计量秤；C303—送风机

聚合单元又分为催化剂单元、第一聚合反应单元、第二聚合反应单元、粉料脱活与干燥单元、丙烯回收单元、原料精制单元及公用工程。

造粒单元是对干燥后的粉料进行后加工处理，添加各种稳定剂以改善产品物性，分为挤压造粒单元、粒料的掺合及输送单元。

DCS 控制单元负责取样系统、粒料进料、粒料掺合和送料的顺控程序的启动和停止，并对整个装置的工艺情况进行监测，及时调整各个工艺参数，以生产合格牌号产品。

气相法聚丙烯生产工艺流程简单介绍如下。

聚合级丙烯经精制处理后加入反应器。催化剂倒入催化剂加料罐，用计量泵加入反应器。助催化剂烷基铝和改性剂直接从装运容器内用计量泵加入反应器。液体丙烯作为液体冷却剂喷洒在第一反应器中的粉末床层，吸收反应热后汽化，有效地撤除反应热。另外，丙烯气体从第一反应器底部加入第一反应器，使第一反应器内聚合物床层部分流化并随搅拌移动。离开第一反应器的气体部分冷凝后送到分离器，与新鲜丙烯混合后打回到第一反应器顶部。不凝气则被压缩。生产共聚物时加入乙烯，送入第一反应器底部。第一反应器的聚合物通过粉末输送系统加入第二反应器。生产抗冲共聚物时，第二反应器中同时加入乙烯，第二反应器系统的操作与第一反应器系统相似。从第二反应器排出的丙烯、乙烯、氢气大部分冷凝以撤出反应热，冷凝液与加入的新鲜丙烯一起用泵加入第二反应器顶部。不凝气及新鲜乙烯用循环气压缩机循环回第二反应器底部。从第二反应器排出的聚合物粉末分离出未反应的单体后进入脱气仓，分离出的单体压缩后循环回第二反应器。从脱气仓底部加入氮气和少量蒸汽以去活残余催化剂并去除夹带的少量单体。脱气仓尾气可以送火炬焚烧。脱气仓排出的聚合物可通过氮气气流输送系统送入或直接靠重力进入挤压造粒系统。

下面将对以下内容进行重点介绍：①催化剂进料单元；②丙烯第一聚合反应单元；③丙烯第二聚合反应单元；④粉料干燥及脱活单元；⑤挤压造粒单元；⑥生产重点部位；⑦生产重点设备。

4.4.2.1 催化剂进料单元

催化剂进料单元包括主催化剂、助催化剂和改性剂系统、废催化剂的中和系统。因此催化剂体系分成两部分加入到第一反应器，一部分为主催化剂，另一部分为助催化剂和改性剂。

4.4.2.2 丙烯第一聚合反应单元

丙烯第一聚合反应单元，包括第一反应器和相关的辅助设备。

(1) 第一反应器　第一反应器是一个卧式带搅拌的固定床反应器，加入反应器的原料包括主催化剂、助催化剂/改性剂和从反应器冷却回路来的急冷液和循环气。丙烯以气相的形式在催化剂作用下连续地聚合生成聚丙烯粉料，在正常操作中，反应器被聚丙烯粉料大约半充满，聚丙烯粉料送出到反应器粉料输送单元（在两反应器操作时）或粉料的脱活和干燥单元（在单反应器操作时）。反应器分成几个不同的区间，聚合物在形成过程中，可由一个区转移到下一个区。反应热靠液体原料的蒸发移出，形成的气相丙烯有利于流化床的充气、鼓动。气体从反应器顶部移出，用水冷凝后，液相丙烯和丙烷混合物循环回反应器，未冷凝气相部分由第一反应釜循环气风机压缩后，通过位于粉料床层底部的循环气喷嘴进入反应器。排放部分循环气，以控制丙烷等惰性气体的积累。

(2) 反应器控制条件　第一反应器要维持或控制一定的生产负荷、料位、温度、压力和聚合物性能。在正常操作中，反应器大约被聚丙烯粉料半充满。上述控制一旦出现问题，正常生产难以维持，必须及时正确处理，才能稳定生产，否则将会引起减产、停工，严重时会产生恶性安全事故。

聚丙烯生产负荷通过主催化剂加料速率控制，催化剂组分被加入到反应器上游区，通过搅拌分散进入粉料层。

反应器料位是通过周期粉料出料阀的顺控操作控制。

反应器的温度是靠循环的液相速率来控制的。

反应器的压力是靠调节反应器顶部冷凝器冷却水流量来控制的，即通过调节经过第一反应器顶部冷凝器的冷却水流量控制。为减少壳程堵塞，使用温水系统来保持较高的冷却水流速，通过调节冷却水入口温度以达到所需的冷却量。循环冷却水以一个常量通过冷却器，冷却水入口温度由与新鲜冷却水的混合回水来调节。调节离开温水回路的冷却水回水量，可以维持反应器压力。因为离开温水回路的冷却水回水量决定了加入回路的新鲜冷却水量，也就决定了加入冷凝器的水温，从而决定了冷凝量。

聚合物性能是靠原料和催化剂配比来控制，其中循环气的氢气加料速率可控制聚合物熔融流动指数。

(3) 聚合物粉料分离 反应器循环气含有少量的活性聚合物细粉，应除去这些细粉以防顶部冷凝器堵塞。反应器循环气通过两个穹顶排出时，气速降低，减少了细粉的夹带。几乎全部夹带的细粉在第一反应器旋风分离器中分离，通过第一反应器喷射器送回反应器。经过气固分离后的循环气在第一反应器顶部冷凝器中部分冷凝。

(4) 无规共聚物的生产 生产无规共聚物和均聚物时的操作条件差不多。主要不同是在两反应器中需加入新鲜乙烯。乙烯的加入点在反应器顶部分离器的气相中，和循环气一起加入反应器。生产无规共聚物时，产率也会有所变化。所以在两反应器串联操作时，无规共聚物在第一反应器的产率要低于均聚物生产时第一反应器的产率。这就会降低气相流速，且降低旋风分离器的效率。生产抗冲共聚物时的操作和生产均聚物时的操作也十分相似。只是在生产抗冲共聚物时，产率将发生变化。

4.4.2.3 丙烯第二聚合反应单元

丙烯第二聚合反应单元包括第二反应器和相连的外围设备。第二反应器和第一反应器同样是卧式反应器，设计和操作与第一反应器系统相似。

(1) 第二反应器 第二反应器的操作随产品种类不同而进行调整。生产均聚物时，仅加丙烯单体。生产无规共聚物时，丙烯和乙烯以同样比例加入两反应器。生产抗冲共聚物时，第一反应器加入丙烯，第二反应器加入聚合级乙烯和丙烯，同时第一反应器生产的均聚物出料到第二反应器。

(2) 反应速率的控制 因为从第一反应器排出的粉料到第二反应器时仍保持充足的活性，因此第二反应器不需要再加入催化剂。但是由于催化剂的活性会随着时间衰减，所以第二反应器中的催化剂活性与在第一反应器中相比要低。为了控制反应速率，可通过催化剂失活实现。

(3) 产率控制 第一反应器中均聚物的产率是由催化剂的加入量来控制；第二反应器聚合物的产率取决于抗冲共聚物的类型。产品的乙烯含量改变时，两反应器的生产比例也相应改变。

(4) 反应器温度控制 反应器温度由调节急冷液流量来控制。循环气与急冷液流量成一定比例，由粉料床层底部进入。第二反应器的聚合热由循环急冷液与反应器粉料床层接触汽化撤除。

(5) 气液分离 丙烯经过气相本体聚合生成聚丙烯粉料，因此体系的循环气中不仅有聚合物细粉，还有未反应的丙烯单体和其他惰性组分（丙烷和乙烷等），必须进行气液分离。第一反应器生产的均聚物粉料进入第二反应器的上游区域。第二反应器的产品粉料通过一周期动作的球阀出到粉料脱活和干燥单元的膨胀袋滤器。第二反应器只用一个穹顶来脱除循环气中的细粉。细粉由第二反应器循环气旋风分离器除去，并由第二反应器细粉喷射器加到第二反应器的前末端。循环气在第二反应器顶部冷凝器部分冷凝，冷凝器出来的两相混合物靠重力进入第二反应器顶部分离器进行气液分离。

(6) 丙烯用量控制　第二反应器生产抗冲共聚物时比生产均聚物时产率低，因此加入的新鲜聚合级丙烯量要减少。而且第二反应器的粉料中带有大量丙烯，也使聚合级丙烯需要量减少。

4.4.2.4　粉料干燥及脱活单元

第二反应器产生的聚丙烯粉料中含有大量的气态烃，包括在粉料孔隙中和溶在粉料中的。为了减少烃类损失（降低操作成本），以及保证后序操作的安全性，必须脱除这些烃类物质；而且粉料中仍含有少量的活性催化剂，必须脱活。生产均聚物、无规共聚物和抗冲共聚物均需经过此系统。粉料中的气体在袋滤器中与粉料分离，在脱气仓中将粉料中的残余催化剂利用湿氮气水解脱除活性，同时带走挥发组分，并将脱活及干燥后的聚丙烯粉料输送到造粒单元。

(1) 气体/粉料的分离　从第一反应器（单反应器操作）或第二反应器（双反应器操作）来的粉料靠压差送到位于脱气仓顶部的气体膨胀袋滤器中。气体膨胀袋滤器控制在比较低的压力，袋滤器中的低压有助于脱除易挥发组分，这些易挥发组分主要是粉料间隙中的输送气及烃类物质。粉料在袋滤器中的停留时间不能完全除去粉料中的烃类。粉料通过袋滤器下方旋转阀——袋滤器出口加料器落入脱气仓。袋滤器尾气必须用带吸入口冷却器的往复式压缩机再压缩到反应器压力供二次使用，经过压缩的大部分气体返回第二反应器顶部冷却器入口（双反应器操作时）或第一反应器顶部冷却器入口（单反应器操作时）。压缩气中有一股返回第一聚合反应单元（单反应器操作时）或返回第二聚合反应单元（双反应器操作时），用作清扫反应器粉料输送管线，另一股是压缩机自身循环气，从出口到入口，由吸入口压力控制，还有很少一部分气体用作袋滤器的吹扫气和袋滤器底部旋转阀的吹扫气。

(2) 脱活及干燥　粉料通过旋转阀排入脱气仓。脱气仓有两个用途，脱除烃类物质以及使残留的催化剂失活。将失活处理后的粉料用氮气从脱气仓底部的旋转阀—脱气仓出口加料器风送到挤压造粒单元的粉料贮罐中；粉料输送系统用来输送粉料。

4.4.2.5　挤压造粒单元

挤压造粒单元把经过脱活、脱挥发分处理后的粉料加入助剂进行稳定，然后熔融、过滤和造粒。聚丙烯粉料和助剂在混炼机中充分混炼、熔融和均化，熔融聚丙烯经齿轮泵增压，通过换网器过滤，由水下切粒机切粒。成型颗粒经颗粒筛和颗粒干燥器将颗粒与水完全分离，经过干燥的颗粒送到振动筛进行筛分，大颗粒和小颗粒均被筛掉，合格的颗粒经颗粒料斗送到掺合料仓。

4.4.2.6　生产重点部位

气相法聚丙烯生产工艺和装置中的重点部位或危险部位包括：第一反应器、第二反应器、液体丙烯储罐、第一反应器顶部分离器、第二反应器顶部分离器、大型挤压造粒机组等。其中液体丙烯储罐储存来自界区的液体丙烯；第一反应器顶部分离器、第二反应器顶部分离器分别储存两个反应器的原料丙烯和循环丙烯。这三个储罐如果发生泄漏或者火灾，将产生巨大危害。在第一反应器、第二反应器中存在大量粉料和气相丙烯，反应器是在高压条件下操作，聚合反应是剧烈的放热反应，一旦反应器失控，会发生严重的安全事故。

4.4.2.7　生产重点设备

气相法聚丙烯装置的重点设备主要有：循环气压缩机、丙烯加料泵、急冷液加料泵、沉降器顶部压缩机、尾气压缩机、粉料输送风机、挤压造粒机组、粒料输送压缩机等设备。除此之外，还有一些重要阀门，如：反应器的温度调节阀、压力控制调节阀、粉料出料线上的阀门、粉料输送旋转加料阀、粒料输送旋转加料阀等，一旦这些设备和阀门出现故障，会引起装置生产波动或者减产停产，处理不当会引起恶性事故的发生。

(1) 循环气压缩机　气相法聚丙烯装置的两个反应器都有循环气压缩机，循环气通过位于反应器底部的喷嘴向反应器通入循环气，以保证反应器床层的悬浮程度。如果循环气压缩机出现故障停止，反应器失去循环气，只能短时间维持生产；如果备用压缩机不能启动，装置只能进行停工处理。

(2) 丙烯加料泵　来自界区的液体丙烯储存在丙烯储罐中，利用丙烯加料泵将丙烯储罐的丙烯增压后输送到所有丙烯用户。丙烯用户包括：两反应器的原料丙烯、设备的冲洗丙烯、催化剂系统冲洗丙烯及气相丙烯储罐的原料。丙烯加料泵故障停止后，由于丙烯储罐的压力达不到各丙烯用户的压力，所有的丙烯用户失去丙烯供应，将会造成反应原料丙烯无法供应，催化剂喷嘴堵塞，设备失去丙烯冲洗，压缩机失去气相丙烯冲洗，粉料输送系统无法运行等一系列问题。

(3) 急冷液加料泵　两个反应器通过加入液体丙烯汽化带走热量从而达到控制反应器的温度的目的。急冷液通过注入口喷洒在粉料床层上，急冷液加入反应器后，汽化带走聚合反应放出的反应热。急冷液通过急冷液泵输送至反应器进行温度控制。如果反应器温度过低会造成冷凝液增多，影响粉料的混合均匀性和流动性。反应器温度过高又会引起聚合物熔融，堵塞反应器出口管线，从而使反应器停车。因此急冷液泵是聚合单元的重要设备，一旦急冷液泵故障，反应器失去撤热，温度会迅速上升，需要立即终止反应。

(4) 粉料输送风机　聚合单元生产的粉料，经过氮气和蒸气混合气体脱除剩余活性后，经过粉料输送压缩机由脱气仓输送至挤压造粒单元，粉料输送风机发生故障后，聚合单元生产的粉料无法输送至造粒单元，挤压造粒单元只能停车待料，聚合单元粉料脱气仓可以维持几个小时的粉料缓冲量，如果长时间不能恢复，聚合单元必须停车。

(5) 挤压造粒机组　挤压造粒机组把聚合单元经过脱气脱活、脱挥发分处理的粉料加入助剂进行稳定，然后熔融、过滤，造成粒料。挤压造粒机组主要由混炼机、齿轮泵、切粒机、振动筛、干燥器和辅助系统构成，聚丙烯粉料和助剂在混炼机中充分混炼、熔融和均化。经齿轮泵增压，熔融聚丙烯经过切粒机进入切粒室，旋转的切刀将聚丙烯切成小颗粒。聚丙烯颗粒经过脱水、干燥、筛分后输送至包装单元。挤压造粒机组是聚丙烯装置的最后一道工序，也是最重要的工序之一。如果挤压造粒机组发生故障，无法生产聚丙烯粒料，只能生产聚丙烯粉料。

4.5　气液相本体组合法聚丙烯的生产

中国石化北京燕山分公司化工二厂第二套聚丙烯生产装置，是 1994 年作为乙烯改扩建工程的配套项目之一，采用日本三井油化的釜式本体气液相组合工艺，利用国内技术建成年产 4 万吨聚丙烯工程。这套装置部分设备采用国内设备，这种自行开发的液相本体法生产工艺俗称“小本体”，它以丙烯为原料（生产共聚牌号时加入少量乙烯）、Ti 系固体催化剂为主催化剂进行配位液相本体法聚合生产聚丙烯。这种聚合实际上是以液体丙烯为稀释剂。这套工艺包括催化剂进料系统、反应器系统、单体闪蒸、循环、聚合物脱气和后处理等工序，具有国内领先的能连续生产共聚物产品的特点。

4.5.1 原料

无论何种方法生产聚丙烯，丙烯单体和催化剂是必不可少的，而且原料丙烯的纯度必须控制。此外，生产嵌段共聚物和无规共聚物时，还需要用乙烯作为共聚单体。同样，以氢气作为聚合物的分子量调节剂。

4.5.1.1 丙烯精制

高效载体催化剂对丙烯的纯度有一定要求，一般规定丙烯纯度大于 99.6%。丙烯中丙烷含量高会降低丙烯纯度，但对高效催化剂的活性并没有明显的影响，关键是有害杂质的含量要求达到规定指标。这些杂质主要是硫（尤其是羰基硫 COS)，CO、H_2O、O_2、C_2H_2 等。上游通过石油裂解所得的丙烯纯度很高，各项指标基本符合要求，但丙烯质量有时也会发生波动，而且丙烯中水含量易偏高，故需进行脱硫和脱水。由罐区来的液相丙烯经脱硫塔脱硫后，进入脱水塔（3A 分子筛），采用常温液相吸附法脱水，使丙烯含水量小于 2×10^{-6}。精制后的丙烯进入丙烯加料罐。如图 4-7 所示为丙烯精制工艺方框流程示意图。

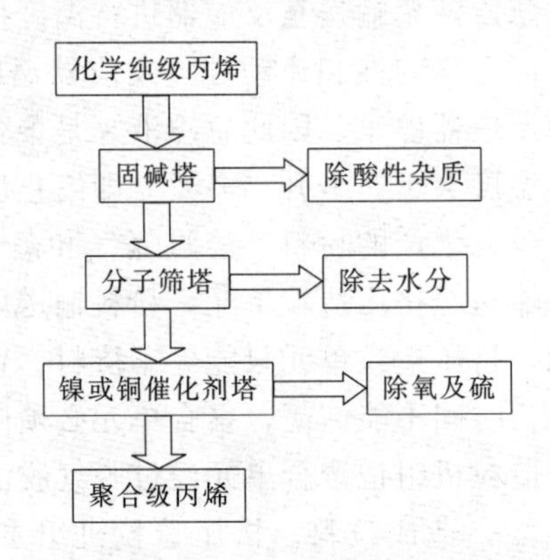

图 4-7 丙烯精制工艺方框流程示意图

4.5.1.2 催化剂

催化剂体系由三种催化剂组成：主催化剂、助催化剂和第三组分。

主催化剂是以 $MgCl_2$ 为载体的 Ti 系固体催化剂。配制主催化剂需先在催化剂预聚合罐中进行催化剂的预聚合。预聚合可使产品聚丙烯粉料的松密度和等规度上升。预聚合过程是在低温下使用丙烯在催化剂表面进行少量聚合，但不改变催化剂活性。预聚合过程中生成的、对聚合过程有影响的大颗粒，在催化剂过滤器中除去。经预聚合的主催化剂需低温下储存，防止催化剂活性降低。

助催化剂为三乙基铝，又称活化剂，它与主催化剂一起形成活性中心，同时起消除原料及系统中有害杂质，保护主催化剂的作用。助催化剂需要用己烷稀释到规定的铝含量。

第三组分为有机硅烷，可使催化剂活性中心的无规活性中心中毒，提高催化剂体系的定向能力，从而提高产品的等规度。

4.5.2　生产工艺过程

中国石化北京燕山分公司第二聚丙烯装置采用日本三井油化的釜式气液相本体组合工艺。气液相本体组合法聚丙烯生产工艺流程简图如图 4-8 所示。

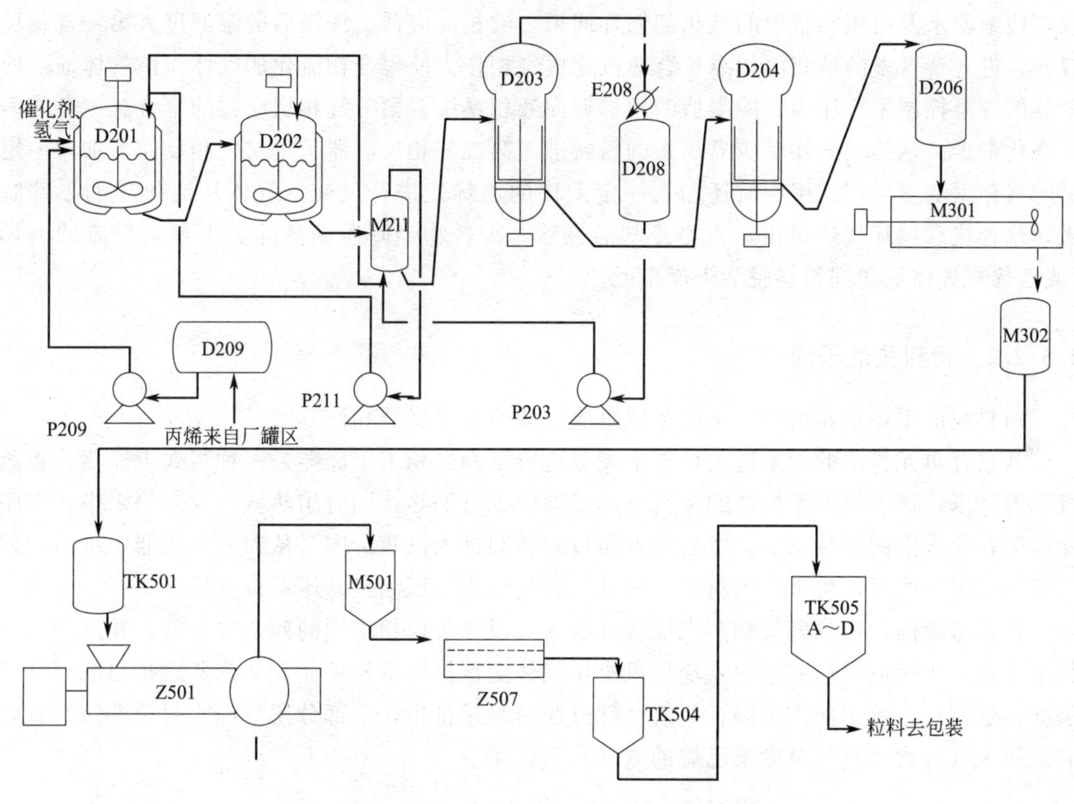

图 4-8　气液相本体组合法聚丙烯生产工艺流程简图

D201—第一液相反应器；D202—第二液相反应器；D203—第一气相反应器；D204—第二气相反应器；D206—粉料分离系统；D208—第一气相反应器凝液罐；D209—丙烯加料罐；P203—丙烯循环泵；P209—丙烯加料泵；P211—丙烯循环泵；E208—第一气相反应器冷凝器；M301—粉末干燥器；M302—汽蒸罐；M211—浆液洗涤系统；M501—颗粒干燥器；Z501—造粒机；Z507—颗粒振动筛；TK501—粉末料仓；TK504—颗粒料斗；TK505—颗粒料仓

釜式气液相本体组合工艺，采用釜式搅拌反应器，两个串联。未反应的丙烯不经过加热闪蒸，而是在气相聚合釜中汽化，汽化的丙烯再打入气相聚合釜中进行流化床聚合。通过机械搅拌混合，丙烯蒸发回流冷凝移出聚合热。因此这是液相本体聚合工艺和气相流化床反应器聚合工艺组合的工艺技术，是新一代液相本体聚合方法，其聚合是两个液相本体聚合釜和两个气相聚合釜。

该生产工艺的特点在于采用高效载体催化剂，革除了脱挥和脱无规聚丙烯工序，用液相本体法生产均聚物。如要求生产抗冲聚丙烯，则将液相本体法生产的聚丙烯直接送往乙烯-丙烯气相共聚装置与已生成的聚丙烯进行嵌段共聚，然后送往后处理工段。因此，本装置既可生产均聚物，又可生产共聚物。

4.5.2.1 丙烯聚合

聚合系统采用四釜串联流程，两个液相反应器，两个气相反应器。由罐区引入的丙烯经脱水后送往各用户使用，其中一部分去液相系统，另一部分汽化后送往气相系统。配制好的催化剂加入第一液相反应器。液相丙烯在第一、第二液相反应器中在一定的温度、压力下（生成高 MFR 的产品时压力要高一些）下进行液相本体聚合，聚合热靠丙烯本身的汽化-冷凝-回流来撤除。循环丙烯在浆液洗涤系统的粉末洗涤塔中与液相聚合釜排出的淤浆逆向接触，使细粉末及由短路带出的催化剂循环回第一液相反应器。洗涤后的浆液进入第一气相反应器，进入聚合釜的液相丙烯靠聚合热汽化成气相作为使聚合物流化的气体。该气体通过冷凝器的冷凝控制聚合压力。冷凝后的丙烯返回液相系统，第一气相反应器的聚合热主要靠丙烯汽化带走。从第一气相反应器出来的粉料进入第二气相反应器，第二气相反应器加入一定量的气相丙烯（生产共聚物时还加入一定配比的乙烯）进行反应。气体从流化床的下部吹入，聚合热靠循环气体带出，再经冷却后撤除。聚合物经降压闪蒸除去少量未反应的丙烯（或乙烯）气体后送到粉料脱活干燥单元。

4.5.2.2 粉料脱活干燥

粉料脱活干燥单元由两个干燥系统组成，即粉末干燥器和汽蒸罐。

从聚合单元排出的粉末进入粉末干燥器进行干燥。粉末干燥器是一种桨式干燥器，将蒸汽降温降压，通入粉末干燥器的蒸汽夹套及轴中进行加热，同时用热氮气吹入粉末中，以脱除吸附在粉末上的微量己烷。然后粉末通过旋转阀进入汽蒸罐内。从粉末干燥器中排出的尾气经袋滤器过滤后，粉末回到粉末干燥器，废气经废气压缩机升压后排火炬。

在汽蒸罐内，用热氮气和蒸汽混合气吹入，以分解掉粉末中的残余催化剂，并进一步使粉末干燥，干燥后的粉末用粉末输送风机用氮气送至挤压造粒单元。从汽蒸罐排出的尾气经袋滤器过滤后，粉末回汽蒸罐，废气一部分经密封罐排出，一部分尾气经水封罐洗涤后直接高点排大气（含水蒸气及微量己烷的氮气）。

4.5.2.3 造粒

造粒单元由粉末的输送和储存、稳定剂配制、混炼造粒、颗粒干燥和送料仓、粒料掺合等几部分组成。

（1）粉末的输送和储存　经过粉末干燥器、汽蒸罐干燥后的粉末，经过粉末输送风机，用带压氮气输送到粉末料仓，粉末和氮气由管线沿切线方向进入粉末料仓。在粉末料仓中，由于重力作用大部分聚合物粉末沉降下来，夹带有少量粉末的氮气经过冷却器冷却后，返回粉末输送风机入口循环使用。粉末输送风机入口压力由调节阀来控制，当压力高于规定值时，排放阀门自动打开，将多余氮气排放大气；当入口压力低于规定值时，补充氮气阀门自动打开，加入补充氮气。粉末在粉末料仓中储存，然后用计量进料器按照给定值连接稳定地向造粒机提供粉料。

（2）稳定剂的配置　由于聚丙烯分子链上的碳原子上的氢比较活泼，在热、氧、光、机械作用下容易发生老化，因此在制成合格产品之前，应该加入各种稳定剂。对于不同牌号的产品，按照其性能要求，根据不同的配方配制稳定剂。

(3) 混炼造粒 造粒机主要由混炼机、齿轮泵和切粒机组成，另外还配有润滑油单元、液压油单元、筒体冷却水单元和颗粒冷却水单元。聚丙烯粉料和稳定剂按照给定值加入到造粒机中，首先在第一混炼室中进行混炼，通过调节阀门开度，控制第一混炼室的混炼情况；熔融树脂经过闸门进入第二混炼机继续进行混炼，第二混炼室的混炼情况由齿轮泵入口压力控制。熔融树脂中残留的挥发性气体通过放空排放到混炼机外边，混炼后熔融树脂通过过渡段进入齿轮泵，齿轮泵转速需要控制。熔融树脂通过齿轮泵输送加压，经过滤网过滤，由模板挤压到水室中，在水下切刀切出合格的粒料，然后将颗粒冷却水送往颗粒振动筛。

(4) 颗粒干燥和送料仓 夹带着颗粒的水中有较大的颗粒熔块时，通过块料分离器的作用，将其排放到地面。然后颗粒送入颗粒干燥器中进一步离心干燥。排风扇排出颗粒干燥器顶部潮湿的空气，以加快粒料的干燥速率。干燥后颗粒送到颗粒振动筛筛分，除去不合格颗粒。合格颗粒送到颗粒料斗中，再由颗粒输送风机产生的带压空气送到颗粒料仓中。从料仓出来的输送空气经过旋风分离器分离出夹带的絮状物后放空。分离出来的水经过滤后循环使用。

(5) 粒料掺合和送料系统 为使每批粒料质量均匀，由颗粒掺合风机对储存在颗粒料仓中的粒料进行气动循环掺合。掺合完成后，检验每批粒料的质量，然后由颗粒送料风机输送到包装料仓，由包装机进行包装。

思 考 题

1. 聚丙烯的几种生产方法有何区别？
2. 影响聚合反应的主要因素有哪些？
3. 聚丙烯的分子量及分子量分布的主要控制因素是什么？
4. 聚丙烯树脂的熔体流动速率数值可通过改变什么条件控制？
5. 聚丙烯产品的等规度依靠什么控制？
6. 聚丙烯生产中反应热靠什么方式去除？
7. 聚丙烯不同生产方法中，聚合设备有何异同？
8. 聚丙烯的改性品种可以有哪些？
9. 聚丙烯的刚度和灰分含量可通过什么条件控制？
10. 配位聚合催化剂一般有哪些？

参考文献

[1] 付梅莉．石油化工生产实习指导书．北京：石油工业出版社，2009.
[2] 张立新．高聚物生产技术．北京：化学工业出版社，2014.
[3] 左晓兵，宁春花，朱亚辉．聚合物合成工艺学．北京：化学工业出版社，2014.
[4] 李克友，张菊华，向福如．高分子合成原理及工艺学．北京：科学出版社，2001.
[5] 李正光，黄福堂，万丽翎，张俊江，姜兴剑．聚丙烯生产技术与应用．北京：石油工业出版社，2006.
[6] 刘佩成．世界聚丙烯工业的发展趋势及我国对策．石油化工，2005，34(11)：1019-1025.

第5章

顺丁橡胶

5.1 概述

顺丁橡胶是1,3-丁二烯单体进行1,4-顺式加成聚合得到的聚丁二烯橡胶。1,3-丁二烯单体可通过自由基聚合、阴离子聚合或配位阴离子聚合反应制得聚丁二烯橡胶，所用催化剂一般有锂系、钛系、钴系、镍系催化剂。由钴、镍催化体系制得的橡胶中，1,4-顺式含量在96%～98%之间，称为“高顺式聚丁二烯橡胶”，或简称“高顺丁橡胶”；由钛系制得的聚丁二烯橡胶中，1,4-顺式含量在90%左右，称为“中顺式顺丁橡胶”；由锂系引发剂制得的聚丁二烯橡胶中，1,4-顺式含量较低，一般在35%～40%之间，常称为“低顺丁橡胶”。工业生产中所谓顺丁橡胶，主要指“高顺丁橡胶”。

顺丁橡胶是仅次于丁苯橡胶的第二大合成橡胶。与天然橡胶和丁苯橡胶相比，硫化后其耐寒性、耐磨性和弹性特别优异，动负荷下发热少，耐老化性尚好，易与天然橡、氯丁橡胶或丁腈橡胶并用。顺丁橡胶特别适用于制造汽车轮胎和耐寒制品，还可以制造缓冲材料及各种胶鞋、胶布、胶带和海绵胶等。

5.1.1 顺丁橡胶的结构与性能

高顺丁橡胶的分子结构比较规整，主链上无取代基，分子间作用力小，有大量易于内旋转的—C═C—键，使分子链非常柔顺。顺丁橡胶在常温下是无定形态，但在低温或在拉伸条件下可以结晶，因此弹性好，目前在各类橡胶中弹性最好、滞后损失小、动态生热低、耐曲挠性能优异。顺丁橡胶玻璃化温度约为－110℃，具有极好的耐寒性，是通用橡胶中耐低温性能最好的橡胶。分子摩擦系数小，所以耐磨性特别好，但是抗湿滑性差。分子链柔性好，湿润能力强，可比丁苯橡胶和天然橡胶填充更多的补强填料和操作油，有利于降低胶料成本；分子量较低，分子量分布较窄，分子链间的物理缠结点少，胶料贮存时具有冷流性。顺丁橡胶属于不饱和橡胶，易使用硫黄硫化，也易产生老化，因含有双键，其化学活性比天然橡胶稍低，故硫化反应速率较慢，而耐热氧化性能比天然橡胶稍好；由于分子链非常柔顺，在机械力作用下胶料的内应力易于重新分配，以柔克刚，且分子量分布较窄，分子间力较小，因此加工性能较差。为了改善加工性能，顺丁橡胶常与天然橡胶并用。

5.1.2 顺丁橡胶的应用

顺丁橡胶是一种通用型合成橡胶，主要用于制造乘用车和卡车轮胎，占总产量的80%以上。所制造出的轮胎胎面，在苛刻的行驶条件下，如高速、路面差、气温很低时，可以显著地改善耐磨耗性能，提高轮胎的使用寿命。与天然橡胶并用，可以改善顺丁橡胶的加工性，但是并用比例一般不超过50%，否则轮胎易崩花掉块，且影响抗湿滑性能。

顺丁橡胶还可以用来制造其他耐磨制品，如胶鞋、胶管、胶带、胶辊等，以及各种耐寒性要求较高的橡胶制品。

同时顺丁橡胶还可用作塑料改性剂，如用于制造高抗冲聚苯乙烯、改性聚烯烃，以提高树脂的抗冲强度。

5.1.3 顺丁橡胶的发展

1910—1911年，前苏联用碱金属引发1,3-丁二烯聚合得到橡胶状物质。20世纪30年代初，德国和前苏联开始生产以金属钠为催化剂的丁二烯橡胶，称为丁钠橡胶，其结构规整性差，物性和加工性能不好，还不能算做顺丁橡胶。20世纪50年代，Ziegler-Natta配位定向聚合理论的实践，促进了顺丁橡胶合成技术的迅速发展。1956年，美国以AlR_3-$TiBr_4$催化体系合成顺丁橡胶。随后钴系、镍系及稀土系（钕系）催化剂相续发展，顺丁橡胶生产能力已仅次于丁苯橡胶，位居合成橡胶各胶种第二位 。2013年世界合成橡胶生产者协会统计丁二烯橡胶（主要为顺丁橡胶）产能为471.8万吨/年。中国顺丁橡胶产能约占世界总产能的10%，仅次于美国，居世界第二位。其中，中国镍系顺丁橡胶的生产能力约占世界总产能的50%。生产顺丁橡胶主要是以镍系顺丁橡胶为主，产品品种比较单一。因此，中国顺丁橡胶行业需要在满足国内镍系顺丁橡胶需求市场的基础上，加快钕系、锂系等顺丁橡胶的产业化进程。

我国是在20世纪70年代采用自主开发的技术实现了顺丁橡胶工业化生产，采用的是镍系催化剂，其生产技术一直处于世界先进水平行列。中国石化、中国石油和一些民企均拥有镍系顺丁橡胶生产装置。2013年顺丁橡胶总产量约83万吨，2014年顺丁橡胶总产量约80万吨，2015年顺丁橡胶总产量约74万吨，产品销往世界各国。未来几年，我国镍系顺丁橡胶产能将保持平稳。

稀土顺丁橡胶因其优异的性能被视为镍系顺丁橡胶的升级品种，逐渐被工业界所重视。稀土顺丁橡胶与镍系顺丁橡胶相比具有较高的弹性、较好的拉伸性能、较低的生热和滚动阻力以及优异的耐磨耗和抗疲劳等物理机械性能，符合高性能轮胎在高速、节能、安全、环保等方面发展的需要，常用于高性能绿色轮胎。中国早在20世纪60年代就开始了稀土催化丁二烯聚合的研究，由于当时经济发展落后，未能实现工业化生产。1998年在国家863计划的支持下，中国石油锦州石化公司在镍系万吨级顺丁橡胶生产装置上成功地生产出了稀土顺丁橡胶。2011年，中国石油独山子石化公司稀土顺丁橡胶生产装置投产，中国稀土顺丁橡胶生产装置实现了零突破。2012年，中国石化北京燕山分公司（简称：燕山石化，或燕化）3万吨/年稀土顺丁橡胶生产装置也投产。未来几年，我国将新增20多万吨/年稀土顺丁橡胶的产能，届时中国稀土顺丁橡胶总产能达30万吨/年以上，成为稀土顺丁橡胶第一大生产大国。

中国石化北京燕山分公司橡胶厂可生产顺丁橡胶、丁基橡胶、溶聚丁苯橡胶、热塑性丁苯（SBS）四个主要品种的合成橡胶，主导产品是镍系顺丁橡胶，其中合成橡胶的产量在国内排名前三。中国石化北京燕山分公司橡胶厂在1971年进行的万吨顺丁橡胶工业装置首次建成顺利投产，采用的是国内开发的技术，当时的工艺条件是以1,3-丁二烯为单体，抽余油为溶剂，三异丁基铝、环烷酸镍、三氟化硼乙醚络合物为催化剂，乙醇为终止剂，2,6-二叔丁基-4-甲基苯酚（简称264）为防老剂，进行溶液配位阴离子聚合生产顺丁橡胶。目前顺丁橡胶总产量已超过丁苯橡胶，跃居我国合成橡胶产量第一位，年产量已超过17万吨。本节所指的顺丁橡胶是指1,3-丁二烯单体在催化剂的作用下进行配位阴离子聚合得到的高顺式聚丁二烯橡胶，其化学反应方程式如下：

$$nCH_2=CH-CH=CH_2 \xrightarrow{Ni(naph)_2-BF_3OEt_2-Al(i\text{-}Bu)_3} \left[CH_2-CH=CH-CH_2\right]_n$$

中国石化北京燕山分公司橡胶厂生产的顺丁橡胶是浅色半透明块状，不含焦化颗粒、机械杂质及油污。主要有2个牌号：BR9000和BR9004。BR9000具有优良的耐磨性、耐寒性、耐屈挠性和高弹性，用于制备轮胎、胶带、胶管、胶板及各种橡胶制品；BR9004具有抗冲击性，主要用作生产高抗冲聚苯乙烯的改性剂。

5.2 1,3-丁二烯

1,3-丁二烯是最简单的具有共轭双键的二烯烃，很容易聚合生成弹性体，是制备合成橡胶（丁苯橡胶、顺丁橡胶、丁腈橡胶、氯丁橡胶）的主要单体，现今合成橡胶中约有80%是以它为基础的。随着苯乙烯塑料的发展，利用苯乙烯与1,3-丁二烯共聚，生产各种用途广泛的树脂（如ABS树脂、SBS树脂、BS树脂、MBS树脂），使1,3-丁二烯在树脂生产中逐渐占有重要地位。

此外，1,3-丁二烯还可用于生产乙叉降冰片烯（乙丙橡胶第三单体）、1,4-丁二醇（工程塑料单体）、己二腈（尼龙-66单体）、环丁砜、蒽醌、四氢呋喃等，因而也是重要的基础化工原料。

5.2.1 1,3-丁二烯的特性

1,3-丁二烯在常压下是无色、略带香甜味的气体，易液化、易燃、易聚合；熔点－113℃，沸点－4.5℃，闪点－40℃，自燃点425℃，凝固点-108.9℃，当温度降低到－4.5℃以下或增大压力，1,3-丁二烯就转变成无色液体。通常将1,3-丁二烯压缩为液体使用。它能溶于苯、甲苯、乙醚、氯仿、汽油、抽余油、四氯化碳、丙酮、糠醛、无水乙腈、二甲基乙酰胺、二甲基酰胺和*N*-甲基吡咯烷酮等有机溶剂中，微溶于乙醇、甲醇，难溶于水。10℃时相对密度为0.63，20℃时相对密度为0.62。1,3-丁二烯有毒，在空气中最高允许浓度0.1mg/L，爆炸极限为2.0%～11.5%。

1,3-丁二烯分子中存在两个双键。1,3 丁二烯的双键比一般的C═C双键长一些，单键比一般的C—C单键短些，并且C—H键的键长比丁烷中要短，这正是1,3-丁二烯分子中发生了键的平均化的结果。这种存在于共轭体系中表现出来的原子间的互相影响（共轭效应），使得1,3-丁二烯具有高度反应活性，容易聚合。1,3-丁二烯这类共轭二烯烃比较容易发生

1,2-或1,4-加成，极性溶剂不利于1,4-加成。在非极性溶剂中，升高温度更有利于1,2-结构含量的增加；而在极性添加剂参与下的烃类溶剂的聚合中，升高温度更有利于1,4-结构含量的增加。具体的加成方式还受反应物结构的影响。

1,3-丁二烯聚合热为73kJ/mol。1,3-丁二烯不仅可进行均聚，也可与许多不饱和单体进行共聚，可以制备顺丁橡胶、丁苯橡胶、SBS丁苯共聚物、丁腈橡胶、氯丁橡胶、丙烯腈-丁二烯-苯乙烯共聚物（ABS树脂）等。其中丁苯橡胶所用丁二烯占丁二烯总量的50%左右，其次是顺丁橡胶，占17%左右。

5.2.2　1,3-丁二烯的纯度要求

聚合用的1,3-丁二烯一部分来自新鲜1,3-丁二烯，可以是二甲基甲酰胺（DMF）抽提的1,3-丁二烯，也可以是乙腈抽提的1,3-丁二烯，另一部分来自聚合后回收的1,3-丁二烯。回收的1,3-丁二烯中如果轻组分含量过多，会造成回收1,3-丁二烯纯度降低，聚合物反应波动频繁，使得聚合生成的生胶门尼黏度不稳。当系统中炔烃、乙腈的含量超标时，又会出现典型的弱反应状态，造成釜内挂胶严重。因此无论哪种1,3-丁二烯，均需要符合表5-1中的要求。

表5-1　1,3-丁二烯纯度要求

控制项目	DMF抽提1,3-丁二烯	乙腈抽提1,3-丁二烯	回收1,3-丁二烯
纯度	≥99.5%	≥99.5%	≥96%
总炔烃	≤20mg/kg	≤20mg/kg	—
乙烯基乙炔	≤5mg/kg	≤5mg/kg	—
胺值(以NH_3计)	≤1mg/kg	—	—
水值	≤20mg/kg	≤20mg/kg	≤20mg/kg
乙腈	—	≤0.1mg/kg	—
顺反丁烯	—	—	≤2mg/kg

5.2.3　1,3-丁二烯的生产方法

制备顺丁橡胶所用的原料单体是1,3-丁二烯。目前，世界上1,3-丁二烯的来源主要有两种，一种是从乙烯裂解装置副产的混合C_4馏分中抽提得到，这种方法价格低廉，经济上占优势，是目前世界上1,3-丁二烯的主要来源。另一种是从炼油厂C_4馏分脱氢得到，该方法只在一些丁烷、丁烯资源丰富的少数几个国家采用。

C_4馏分中含有丁烷、丁烯和1,3-丁二烯及它们所有的异构体，其中1,3-丁二烯是最重要的合成原料，可制备顺丁橡胶、丁苯橡胶或SBS；异丁烯则是制备丁基橡胶的原料。在1,3-丁二烯的生产过程中，由于C_4原料中有些组分如丁烷、正丁烯、2-顺丁烯、2-反丁烯、炔烃等与1,3-丁二烯之间的沸点较为接近，这样采用一般的精馏方法很难进行分离，要得到高纯度的1,3-丁二烯必须采用特殊的分离方法：萃取精馏。萃取精馏是向被分离物料C_4原料中加入一种新的组分（萃取剂），它的加入使得原来物料中各组分间的相对挥发度发生明显变化，从而使物料中难以用普通精馏方法分离的组分萃取精馏分离出来。而普通精馏的原理是利用混合物中各组分在相同压力下相对挥发度不同的特点，使混合物处于气液两相共存时各组分在液相和气相中的分配量不同进行多次部分汽化部分冷凝，从而将各组分分离。

世界上从裂解C_4馏分抽提1,3-丁二烯以萃取精馏法为主，根据所用溶剂的不同，大规

模工业化生产1,3-丁二烯的方法主要有三种：乙腈法（ACN法）、二甲基甲酰胺法（DMF法）和N-甲基吡咯烷酮法（NMP法）。

乙腈法（ACN法）是由美国壳牌公司于1965年发明的，萃取溶剂乙腈具有微弱的毒性，在操作条件下对碳钢腐蚀性也很小，同时乙腈的黏度低，塔板效率较高，是一种较好的溶剂。乙腈比较稳定，沸点低，使萃取精馏塔的操作温度低，便于防止1,3-丁二烯自聚，且气提塔可在较高压力下操作，将粗1,3-丁二烯直接送往第二萃取精馏塔，从而省去1,3-丁二烯气体压缩机，节省电力。ACN法的缺点是乙腈能分别与正丁烷和1,3-丁二烯二聚物形成共沸物，使溶剂精制过程较为复杂，操作费用高。经过不断改进工艺流程，ACN法抽提1,3-丁二烯的单位成本已大幅度降低，和DMF法相比越来越显出其电耗低的优越性。

二甲基甲酰胺法（DMF法）是以二甲基甲酰胺（DMF）为萃取剂分离提纯1,3-丁二烯的方法，是日本瑞翁公司（GPB）于1965年开发出来的，萃取剂DMF在溶解性能方面优于其他溶剂，尤其对丁烷、丁烯、1,3-丁二烯具有高溶解度，溶剂选择性高，分离效果好；DMF的蒸气压较低，热稳定性和化学稳定性好，腐蚀性小，且不与C_4烃中的任何组分形成共沸物。GPB技术流程的特点是二段萃取精馏和二段普通精馏相结合，流程设计比较经济，具有基本投资少、分离效果好、能耗低、产品收率高、纯度高、溶剂易精致等特点，是一种较为先进的方法。其缺点是电耗较高，且DMF和其他常用溶剂相比有较大的毒性，对人体有一定的危害。随着新技术的开发运用以及世界性的能源危机，GPB技术电耗高的缺点越来越明显，大有被ACN法和NMP法取代的趋势。

N-甲基吡咯烷酮法（NMP法）是德国BASF公司于1968年开发出来的，它以*N*-甲基吡咯烷酮为萃取剂，从裂解C_4中萃取蒸馏1,3-丁二烯。该方法的突出特点是萃取剂（*N*-甲基吡咯烷酮）的水解稳定性和热稳定性好，不会对装置的任何部位产生腐蚀，所有设备均可用碳钢制造，从而大大降低设备投资；*N*-甲基吡咯烷酮有较好的选择性和溶解性，分离效果好；在常温下其蒸气压较低，可以很容易地回收、精制溶剂。NMP法的最显著特点是*N*-甲基吡咯烷酮无毒无害，并能很容易地进行生化处理，在世界环境污染日益严重的今天其优越性更加突出。

此外，美国环球石油产品公司（UOP LLC）和德国巴斯夫股份公司（BASF）联合推出一项从乙烯裂解C_4组分中回收高纯度1,3-丁二烯的技术。该工艺首先选择加氢C_4中的炔烃，然后采用抽提精馏技术，从丁烷和丁烯中回收1,3-丁二烯。该技术将回收更多的、纯度更高的1,3-丁二烯，而且公用工程成本低、维护成本低，装置的安全性却提高了。由于新技术使用的设备较以前减少，因此，投资成本低。

目前我国1,3-丁二烯的生产主要是从乙烯副产C_4馏分中抽提1,3-丁二烯，主要也是采用ACN法、DMF法和NMP法。ACN法由国内开发，DMF法和NMP法均为引进技术，1995年以前引进的1,3-丁二烯抽提技术均为日本瑞翁公司的DMF法，1995年后又引进了德国BASF的NMP技术。

中国石化北京燕山分公司橡胶厂抽提1,3-丁二烯的方法，主要是二甲基甲酰胺法（DMF法）和乙腈法（ACN法），因此DMF装置和ACN装置也是橡胶厂的主要生产装置，担负着原料的净化任务。下面分别对这两种工艺进行介绍。

5.2.4 二甲基甲酰胺抽提法

中国石化北京燕山分公司橡胶厂1976年从日本瑞翁公司引进技术，建成年产4.5万吨

DMF 抽提 1,3-丁二烯装置。装置以轻柴油裂解副产品 C_4 为原料，以二甲基甲酰胺为萃取剂，经过两段萃取精馏和两段普通精馏的方法，从 C_4 原料中脱除丁烷、丁烯、炔烃以及其他杂质组分，生产出合格的能满足顺丁橡胶、SBS、SSBR 生产所需要的聚合级 1,3-丁二烯产品。

5.2.4.1　工艺流程

DMF 法萃取精馏 1,3-丁二烯工艺流程简图如图 5-1 所示，装置主要分为萃取精馏和普通精馏两部分。C_4 馏分在第一萃取精馏塔中用 DMF 萃取精馏，脱除丁烷和丁烯（比 1,3-丁二烯较难溶于 DMF 的组分）。1,3-丁二烯和其他组分溶于 DMF 中进入第一汽提塔与溶剂 DMF 分离。粗 1,3-丁二烯气体经压缩液化送入第二萃取精馏塔，一部分则回第一萃取精馏塔。第二萃取精馏塔中 1,3-丁二烯馏出后进入第一精馏塔进行第一次精馏。脱除了甲基乙炔的 1,3-丁二烯再进入第二精馏塔进行第二次精馏，塔顶得精 1,3-丁二烯，塔底高沸点物为 2-顺丁烯、1,2-丁二烯、乙基乙炔、C_5 馏分等。第二萃取精馏塔底部流出的溶剂 DMF 中含有一部分 1,3-丁二烯和丁烯基乙炔，送入 1,3-丁二烯回收塔以回收 1,3-丁二烯。含有乙烯基乙炔的 DMF 经精制后回收。

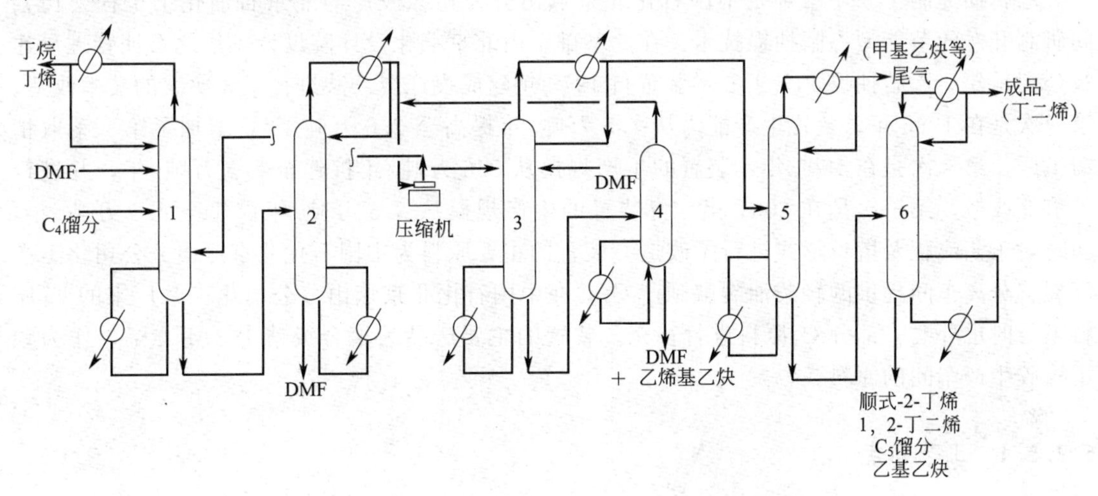

图 5-1　DMF 法萃取精馏 1,3-丁二烯工艺流程简图

1—第一萃取精馏塔；2—第一汽提塔；3—第二萃取精馏塔；
4—1,3-丁二烯回收塔；5—第一精馏塔；6—第二精馏塔

5.2.4.2　工艺影响因素

DMF 法抽提 1,3-丁二烯工艺条件的变化会对产品 1,3-丁二烯的质量产生较大的影响。

第一萃取精馏塔：压缩机返回量的减小和溶剂量的增大，会使第二萃取蒸馏塔粗的 1,3-丁二烯中的顺、反丁烯甚至丁烷、丁烯含量上升，从而影响到产品的纯度；压缩机返回量的增加和溶剂量的减小，又会使副产品中 1,3-丁二烯含量上升，1,3-丁二烯损失增加。另外为了防止 1,3-丁二烯在萃取精馏塔内自聚，循环溶剂中要加入一定量的阻聚剂；为了防止溶剂起泡、降低塔板效率，在循环溶剂中要加入一定量的消泡剂。

第一汽提塔：一般通过塔底蒸汽量来调节回流量。

第二萃取精馏塔：如果塔釜温度过高、溶解量或回流量不足，都会使产品中的炔烃，特

别是乙烯基乙炔超标；但是如果溶剂量、回流量过大，又会使产品能耗升高。由于从第二萃取精馏塔塔顶采出的粗1,3-丁二烯中含有DMF水解产生的微量二甲胺，所以还需将其送入洗胺塔中，利用液液萃取的方式，将粗1,3-丁二烯中所含的DMF水解产生的微量二甲胺转移到水中，和水一道靠塔的自身压力从塔底排出送至污水处理场，粗1,3-丁二烯从塔顶出来，靠压差送至第一精馏塔。

1,3-丁二烯回收塔：如果塔釜温度低，会使1,3-丁二烯损失大；但是如果塔釜温度高，虽可使1,3-丁二烯损失减小，但对第二萃取精馏塔脱炔带来压力。

第一精馏塔：如果塔釜加热量不足，会使回流量达不到要求，产品纯度无法保证。

第二精馏塔：如果回流量不足、塔釜排放量小，会使产品纯度降低，产品中炔烃含量上升；如果回流量大，产品能耗将上升；如果塔釜排放量大，1,3-丁二烯损失将增大。另外为了防止产生丁二烯过氧化物和端基聚合物，在第一精馏塔和第二精馏塔回流线和冷凝器入口也要加入一定量的阻聚剂。

5.2.5 乙腈抽提法

乙腈抽提制1,3-丁二烯是中国石化北京燕山分公司橡胶厂与北京石油化工工程公司共同研制开发的节能型乙腈抽提技术。在此基础上由北京燕化设计院设计，华北石油管理局建筑公司承建。乙腈抽提1,3-丁二烯装置自1970年建成投产至今共进行了3次大的技术改造。第一次是在1986年，装置生产能力从1.5万吨/年提高至2.6万吨/年，增加了第二萃取精馏工序。第二次是在1994年，装置的生产规模从2.6万吨/年扩建至3.5万吨/年，并进行了节能改造。第三次是在2001年，将装置的生产规模从3.5万吨/年扩建至6.5万吨/年，同时对工艺流程及塔板形式进行了改造。装置的主要原料为中国石化北京燕山分公司化工一厂裂解分离车间提供的轻柴油裂解副产C_4，在中国石化北京燕山分公司化工一厂来的C_4原料不足时也外购一部分C_4原料进行补充。装置的主要产品为聚合级精1,3-丁二烯，作为顺丁橡胶生产车间的原料。

5.2.5.1 工艺特点

乙腈抽提装置包括两个系统：萃取精馏系统和精馏回收系统。萃取精馏包括第一萃取精馏和第二萃取精馏两部分，C_4原料中的丁烷、丁烯和炔烃等组分在本系统脱除；精馏回收包括1,3-丁二烯精制和溶剂回收两部分，作用是将前系统送来的脱除了大部分杂质的粗1,3-丁二烯进一步精制，除去其中的甲基乙炔和2-顺丁烯等杂质，得到1,3-丁二烯成品。

在第一萃取精馏塔塔顶分离出2-顺丁烯和2-反丁烯等轻组分；在第二萃取精馏中通过抽侧线的方法分离出乙基乙炔和乙烯基乙炔等重组分。经过两段萃取精馏得到的粗1,3-丁二烯，再经过两段普通精馏，即得到产品1,3-丁二烯。甲基乙炔和水等轻组分在第一精馏塔顶脱除，第二精馏塔则用于脱除在萃取精馏部分中未能完全脱除的2-顺丁烯、1,2-丁二烯和乙基乙炔、C_5等重组分，塔顶得到产品1,3-丁二烯。

上述乙腈法抽提1,3-丁二烯装置与其他装置比较，具有如下工艺特点：①侧线抽出乙烯基乙炔；②采用夹点技术溶剂余热利用系统，使其利用率接近100%；③采取“两头一尾”的萃取精馏流程，即第一萃取精馏塔和第二萃取精馏塔共用一个汽提塔，减少装置重复相变化；④充分利用塔顶馏出物热量；⑤开发蒸汽凝液发生二次蒸汽系统，更充分利用蒸汽

凝液的余热；⑥利用复合孔微型阀高效塔板；⑦将第一萃取精馏塔和第二萃取精馏塔溶剂系统分开；⑧1,3-丁二烯中总炔含量低于 20×10^{-6}；⑨萃取液作为甲基叔丁基醚（MTBE）装置的原料。因此，装置能耗物耗低，控制先进，产品1,3-丁二烯可满足多种橡胶、橡塑生产的需要，各项技术指标达到了国内外先进水平。

5.2.5.2 工艺流程

中国石化北京燕山分公司用乙腈萃取精馏1,3-丁二烯的工艺流程简图如图5-2所示。本装置以乙烯裂解装置送来的裂解 C_4 为原料，乙腈作萃取剂，连续生产。在萃取精馏部分，分别除去丁烷、丁烯等难溶组分（与1,3-丁二烯比较）和乙基乙炔、乙烯基乙炔等易溶组分（与1,3-丁二烯比较），得到粗1,3-丁二烯。在精制部分，粗1,3-丁二烯经水洗后，再经过脱轻塔、脱重塔，分别脱除甲基乙炔、水和1,2-丁二烯、顺-2-丁烯等杂质，最终得到含量大于99.5%聚合级1,3-丁二烯。在乙腈再生部分，从第一萃取精馏塔系统溶剂中，采出一小部分溶剂送往乙腈再生部分，除去这部分循环乙腈中的二聚物及硝酸钠等杂质。

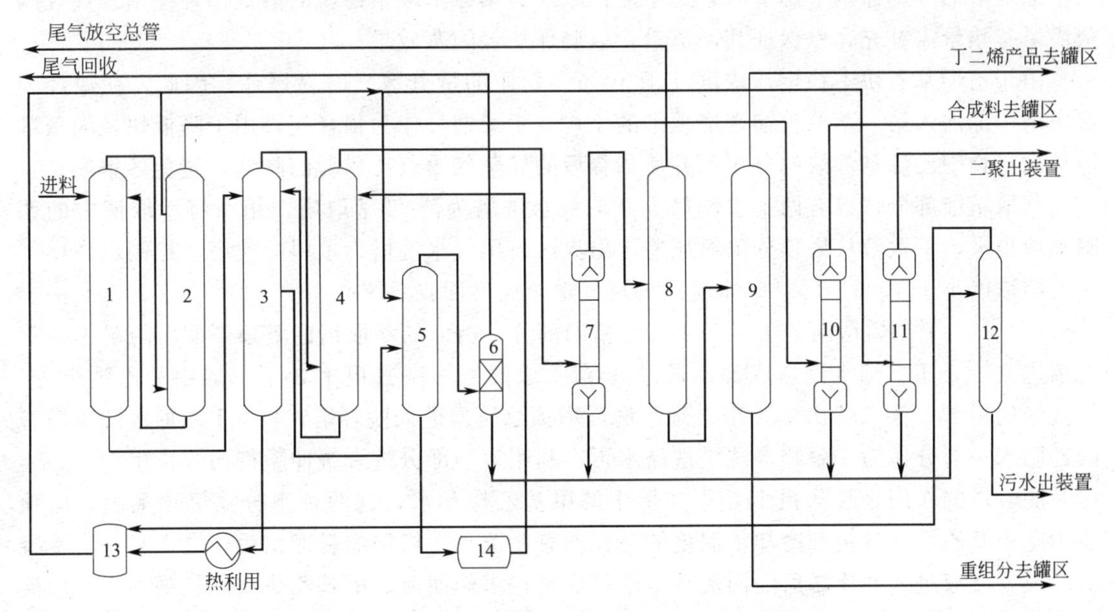

图5-2 用乙腈萃取精馏1,3-丁二烯的工艺流程简图

1—第一萃取精馏塔下段；2—第一萃取精馏塔上段；3—汽提塔；4—第二萃取精馏塔；5—炔烃闪蒸塔；6—尾气水洗塔；7—丁二烯水洗塔；8—脱轻塔；9—脱重塔；10—萃取液水洗塔；11—二聚物水洗塔；12—乙腈再生塔；13—溶剂罐A罐；14—溶剂罐B罐

（1）萃取精馏　在1,3-丁二烯萃取精馏部分，原料 C_4 连续送入原料蒸发罐，汽化后靠压差进入第一萃取精馏塔上段的下部或下段的上部。进入第一萃取精馏塔上段的 C_4 蒸气，与乙腈溶剂逆流接触进行萃取精馏。萃取液（丁烷、丁烯组分）从塔顶馏出，经冷凝器冷凝后，一部分作回流入塔，另一部分经萃取液水洗塔水洗（回收乙腈）后送出界区。萃余液（丁二烯和炔烃等组分与乙腈溶剂）送至炔烃闪蒸塔塔釜再沸器，热利用后返回汽提塔。第一萃取精馏塔分两段操作，上段釜液由中间泵抽出送入下段的顶部，其中间泵相当于一个降液管连接两层塔板的液体；下段顶部气体靠压差进入上段底部。

汽提塔的作用是将烃类组分从乙腈溶剂中汽提出去。从汽提塔炔烃浓度积聚较高段的侧线，采出含炔烃液相物料，并送入炔烃闪蒸塔。汽提塔顶部汽提出的烃类气体靠压差导入第二萃取精馏塔，塔釜热溶剂由泵抽出，经再沸器回收热能，再经一萃溶剂冷却器调节温度后返回溶剂罐循环使用。

汽提塔顶物料进入第二萃取精馏塔下部，溶剂乙腈由二萃溶剂进料泵从溶剂罐抽出，送入第二萃取精馏塔。在溶剂的作用下，比1,3-丁二烯易溶的乙基乙炔（EA）、乙烯基乙炔（VA）和部分1,2-丁二烯，从塔釜由第二萃取精馏塔釜液泵抽出并送入汽提塔顶部。1,3-丁二烯和在溶剂中与其相对挥发度相近的甲基乙炔（MA）及其他部分杂质从塔顶馏出，经冷凝后进入该塔回流罐。冷凝液由泵抽出，部分作为回流，部分送入1,3-丁二烯水洗塔水洗。如同第一萃取精馏塔，第二萃取精馏塔与汽提塔也相当于一个精馏塔的上下段。

从汽提塔侧线采出的含炔烃的液相物料进入炔烃闪蒸塔，闪蒸出的烃类物质及溶剂从塔顶馏出，经过炔烃闪蒸塔冷凝器冷凝后进入该塔回流罐。冷凝液由炔烃闪蒸塔塔回流泵全部打入塔内作全回流，不凝气（含炔烃尾气）从回流罐抽出靠压差进入尾气水洗塔。

炔烃闪蒸塔釜液（闪蒸出烃类后的溶剂）由泵抽出通过进出料换热器换热，再经第二萃取精馏塔溶剂冷却器调节温度后，送至溶剂罐作为第二萃取精馏塔的溶剂循环使用。炔烃闪蒸塔塔釜热量需补充，以保证其回流量，以确保炔烃闪蒸效果。

由于乙烯基乙炔不稳定，浓度高于40%（物质的量分数）时易爆炸，因此，在炔烃闪蒸塔塔中部加入第一萃取精馏塔塔顶来的丁烷、丁烯馏分作为稀释气，用于降低炔烃闪蒸塔塔顶馏出物中乙烯基乙炔的分压，并使稀释后的烃蒸气露点比稀释前降低，避免冬季凝结。

萃取精馏部分，设有两个水洗塔。萃取液水洗塔为液-液萃取塔，用水将萃取液中的乙腈萃取出来，萃取液从塔顶分出靠压差送出界区。尾气水洗塔为填料吸收塔，控制出塔尾气中乙腈浓度小于1000×10^{-6}。水洗后的尾气送至尾气回收系统。

(2) 1,3-丁二烯精制　在1,3-丁二烯精制部分，由第二萃取精馏塔顶部馏出的粗1,3-丁二烯进入1,3-丁二烯水洗塔底部，通过液-液萃取的方法洗去粗1,3-丁二烯中的乙腈组分。经洗涤的粗1,3-丁二烯由1,3-丁二烯水洗塔塔顶靠压差进入脱轻塔，1,3-丁二烯水洗塔塔釜的乙腈水一部分作为二聚物水洗塔洗涤水再次利用，一部分进入缓冲罐待回收再生。

脱轻塔的作用是脱除粗1,3-丁二烯中的甲基乙炔和水，这两种组分从塔顶馏出，塔顶压力随甲基乙炔的含量和冷却水温度的变化而有所波动。塔顶物料馏出后，进入脱轻塔冷凝器冷凝，凝液进入回流罐后经回流泵全部打回脱轻塔作回流。甲基乙炔从回流罐抽出，回流罐中的游离水从脱水包中定期排放。1,3-丁二烯和其他重组分自塔釜由釜液泵抽出并送入脱重塔，脱轻塔塔釜热源由循环溶剂提供。

通过一般精馏，在脱重塔使1,3-丁二烯与重组分杂质（顺丁烯、1,2-丁二烯、乙基乙炔、C_5、C_6、二聚物、对叔丁基邻苯二酚TBC、甲苯等）分离，重组分从塔釜脱除；塔顶馏出产品1,3-丁二烯，大部分经脱重塔冷凝器冷凝后进入脱重塔回流罐，再由回流泵送回脱重塔顶部作回流；其余部分1,3-丁二烯经塔顶成品冷凝器冷凝，盐冷器冷却后进入成品罐，用产品1,3-丁二烯采出泵送往聚合或山下罐区。脱重塔塔釜热源由三方面提供：其一是循环溶剂热能，通过脱重塔溶剂再沸器提供；其二是乙腈再生塔塔顶馏出气热量，通过乙腈、烃换热器提供；其三由蒸汽凝液通过蒸汽凝液再沸器提供。脱重塔釜液为含对叔丁基邻苯二酚TBC的残液，由脱重塔釜液泵抽出后循环回塔和用回收加热器蒸出废C_4、C_5后回收。

(3) 溶剂回收再生　正常生产条件下从第一萃取精馏塔抽出部分循环溶剂再生。首先进

入二聚物水洗塔下部，与自上部加入的洗涤水逆流接触水洗，通过液-液萃取，乙腈中分离出来的二聚物从塔顶排出进入二聚物分离罐，与水分离后用泵送出装置。乙腈-水自塔釜排出靠压差进入缓冲罐。

装置中萃取液水洗塔、尾气水洗塔、1,3-丁二烯水洗塔和二聚物水洗塔的釜液为含乙腈的污水，靠压差进入缓冲罐后抽出，经换热升温后进入乙腈再生塔。在乙腈再生塔中乙腈和极少量的烃类与水形成共沸物从塔顶分离出来。乙腈再生塔釜液抽出回收热量后或送污水处理厂。

5.3　顺丁橡胶的生产

目前工业上生产聚丁二烯橡胶的催化体系主要有锂系、钛系、钴系和镍系等。用锂系催化剂制得的聚丁二烯橡胶的顺式 1,4 含量只有 40%左右，故称“低顺式顺丁橡胶”；由钛系催化剂制得的聚丁二烯橡胶的顺式 1,4 含量在 90%左右，故称“中顺式顺丁橡胶”；而由钴系或镍系催化剂制得的聚丁二烯橡胶的顺式 1,4 含量可达 96%以上，故称“高顺式顺丁橡胶”。

镍系顺丁橡胶聚合技术的开发始于 1959 年，中国科学院长春应化所开始了催化剂的开发工作。1965 年在锦州和兰州开始了中试，1966 年建成了年生产能力为 1000 吨的试验装置。1969 年确立了以抽余油为溶剂，双二元陈化催化剂的生产工艺。目前国内几大厂的生产技术和流程大体相同，即 Al-Ni 二元陈化、稀硼单加的陈化方式，聚合温度的控制方法为首釜温度利用进料温度控制，后续釜温度用充冷油和夹套通冷冻盐水的方法控制。

使用镍系催化剂的特点是：顺式-1,4 含量高，一般可达 96%；催化剂体系活性高，性能稳定，用量少，单程转化率高，聚合速率易于控制；适当地提高单体浓度对所得聚合物无不利影响，可节省溶剂的回收费用；定向能力高，即使工艺条件改变，聚丁二烯的微观结构也基本不变；聚合反应在较高温度下（＜80℃）进行也不影响聚合物的质量及顺式-1,4 含量；镍系催化剂尚可溶于芳烃及脂肪族溶剂中，所生成聚合物凝胶含量少、支链少，分子量分布宽，产品在加工性方面优越。为增加生产能力，聚合时可提高单体浓度，也可提高反应温度（只要不超过 100℃）。

纯顺 1,4-聚丁二烯容易结晶，结果使其耐寒性和弹性都很低，因此，顺式含量并不是越高越好，而总希望能有少量的反式 1,4-和 1,2-结构存在。在分子链中引入 1%的非顺式结构即可以改善由于结晶造成的不良影响。

中国石化北京燕山分公司橡胶厂顺丁橡胶的生产，采用国内开发的技术，以 1,3-丁二烯为单体，己烷为溶剂，三异丁基铝、环烷酸镍、三氟化硼乙醚络合物为催化剂，采用稀硼单加的催化剂加料方式、丁二烯连续聚合的生产过程，在规定的工艺条件下，经 3 到 4 个釜的连续溶液配位阴离子聚合，生产顺式含量大于 96%的聚 1,4-丁二烯胶液，然后加入防老剂，经混合、凝聚、脱水、干燥等工艺，得到顺丁橡胶。该生产装置是国内第一套 1.5 万吨/年生产顺丁橡胶的装置，于 1971 年建成并生产出了合格的顺丁橡胶。在改扩建基础上，经过多次的技术协作、技术攻关和技术改造，目前以己烷为溶剂生产顺丁橡胶的产能达到 13.6 万吨，成为国内生产顺丁橡胶能力最大的装置，也是中国石化追踪国际先进水平的一套装置，丁二烯单耗和聚合釜生产强度都处于世界先进水平，产品质量也达到或接近同类产品国际先进水平。该装置生产的产品牌号主要有 BR9000，BR9002，BR9004。

自1971年万吨顺丁橡胶工业装置首次建成顺利投产以来，国内顺丁橡胶防老化体系多年来一直沿用264防老剂（2，6-二叔丁基-4-甲基苯酚），该防老剂分子量低、易升华，容易污染环境和聚合系统，含有防老剂264的顺丁橡胶也不符合欧洲先进的环保要求。2002年中国石化北京燕山分公司橡胶厂在顺丁橡胶防老化体系中使用一种新型防老剂用以替代原来的防老剂264，实现了顺丁橡胶防老化体系产品从通用型向环保型的转变。中国石化北京燕山分公司橡胶厂目前也成为国内首家生产环保型顺丁橡胶产品的企业。

5.3.1 基本原理

1,3-丁二烯由于存在共轭双键，聚合反应可在1,4位置上发生，也可在1,2位置上发生，生成相应的聚1,4-丁二烯或聚1,2-丁二烯。虽然α-烯烃配位聚合的理论就可用以解释共轭二烯的某些实验现象，但二烯烃的增长和立构控制极为复杂。关于1,3-丁二烯聚合微观结构的控制主要有三种不同的机理：烯丙基机理；单体与金属配位机理；返扣配位机理。下面简单介绍单体在过渡金属-碳键上进行插入的机理。

单体与金属配位的机理认为：单体在过渡金属上配位方式决定单体的加成类型，即顺式配位的单体，1,4-插入得顺式聚1,4-丁二烯；反式配位的单体，1,4-插入得反式聚1,4-丁二烯，1,2-插入得聚1,2-丁二烯。

（1）顺式1,4配位聚合

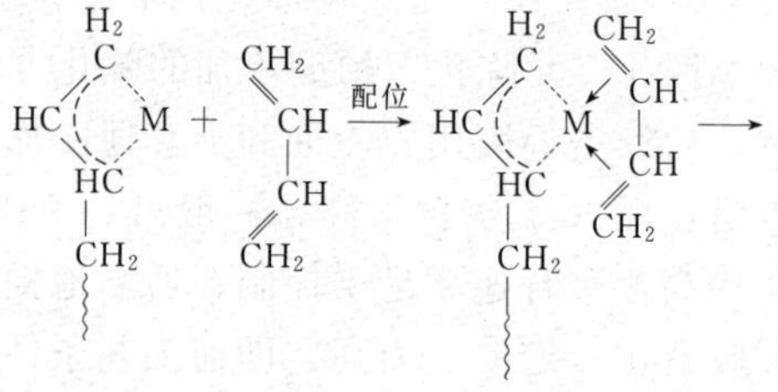

（Ⅰ）

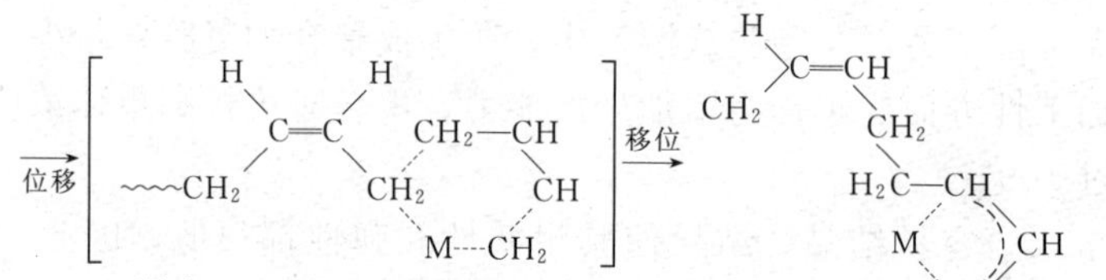

顺式1,4-环状配位过渡状态

（Ⅱ）

（2）反式1,4配位聚合

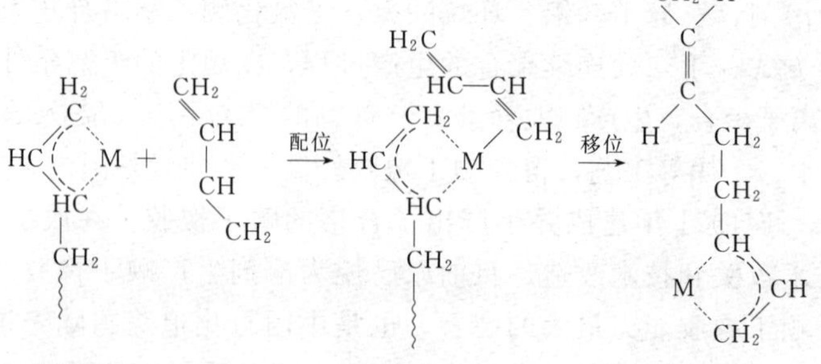

（Ⅱ）　　（Ⅲ）　　（Ⅱ）

（3）1,2配位聚合

$$(\text{Ⅲ}) \xrightarrow{\text{移位}} \left[\begin{array}{l} \qquad H_2C{=}CH \\ \qquad\quad HC{-}CH_2 \\ CH{=}CH{-}CH_2 \cdots M \\ CH_2 \end{array} \right] \longrightarrow \begin{array}{l} HC{-}HC(CH_2)(CH_2)\cdots M \\ \;\; H_2C \\ \qquad CH \\ \qquad \| \\ \qquad CH \\ \qquad CH_2 \end{array} (\text{Ⅳ})$$

5.3.2 原料质量指标及影响

1,3-丁二烯在镍、铝、硼催化剂作用下的定向聚合反应，其反应速率和催化剂和单体浓度有很大的关系。因此凡能影响镍、铝、硼三种催化剂形成活性中心的物质，均可对反应过程产生不良影响，导致诱导期增长，聚合活性降低，聚合物质量下降，甚至完全中断反应；溶剂和1,3-丁二烯中的微量水分对聚合反应的速率也有明显影响。因此，对聚合所用的1,3-丁二烯、溶剂、催化剂等必须有严格的质量要求。

5.3.2.1 主要原料及质量指标

顺丁橡胶生产用单体和配合剂等原料需要达到以下质量指标和要求。

单体1,3-丁二烯：外购1,3-丁二烯纯度≥99.5%，回收1,3-丁二烯纯度≥96%，具体要求详如表5-1所示。无论何种1,3-丁二烯，都必须达到聚合级才能使用。

溶剂已烷：馏程60～90℃，水值≤20mg/kg，无色透明液体，不溶于水，比重0.66～0.68，闪点小于−25℃，自燃点230～260℃，爆炸极限1%～7%。

催化剂环烷酸镍浓溶液：镍含量20～25g/L，水含量≤0.2%，外观绿色透明液，无不皂化物。环烷酸镍主要起1,3-丁二烯聚合定向作用，且具高顺式-1,4定向能力。

催化剂三异丁基铝：铝含量(20±0.5)g/L，活性铝≥87%，无悬浮铝，外观无色或微黄色透明液体。三异丁基铝是助催化剂，主要用作镍的还原剂，且有清除杂质的作用。

催化剂三氟化硼乙醚络合物：三氟化硼含量46.8%～47.8%（质量），水含量≤0.5%，醛酮微量，外观无色或微黄色透明液体。三氟化硼乙醚络合物的作用在于与烷基铝共同提供催化剂的活性和提高聚合物的分子量，能使聚合物收率提高，凝胶含量降低。

5.3.2.2 原料质量对产品的影响

回收1,3-丁二烯中轻组分的影响：1,3-丁二烯中轻组分含量过多，造成回收1,3-丁二烯纯度降低，聚合反应波动频繁，生胶门尼黏度不稳，这种情况下通常需要增加尾气系统的排放。

溶剂油中重组分的影响：溶剂油中重组分含量过高，对生胶门尼黏度的影响与上述过程相同。当出现这种情况时，要增加溶剂油中重组分的排放。

炔烃和乙腈的影响：当系统中炔烃和乙腈的含量超标时会出现典型的弱反应状态，造成釜内挂胶严重。当出现这种情况时，要及时对上道工序进行调整。

不饱和烯烃和乙醚的影响：不饱和烯烃和乙醚对反应及门尼黏度的影响程度远远小于上

述几种情况。

5.3.3 工艺条件及影响因素

顺丁橡胶的聚合典型配方及工艺条件见表5-2，其中Ni、Al、B、丁分别表示环烷酸镍、三异丁基铝、三氟化硼乙醚络合物及1,3-丁二烯。一般催化剂加料顺序：Ni、Al混合，B单加。

表5-2 顺丁橡胶的典型聚合配方及工艺条件

聚合配方	聚合条件
[丁]=12～17g/100ml； Ni/丁(摩尔比)=$(0.7\sim1.2)\times10^{-5}$； Al/丁(摩尔比)=$(0.28\sim0.4)\times10^{-4}$； B/丁(摩尔比)=$(0.7\sim1.2)\times10^{-4}$； 防老剂：干胶重量0.1%～0.3%	聚合温度：50～80℃； 聚合系统压力：≤0.6MPa； 聚合反应时间：3～4h； 聚合转化率：≥80%； 门尼黏度：45±5

5.3.3.1 催化剂反应及陈化方式

镍系催化剂的Ni、B、Al几种组分组成一个统一的整体，当缺少任一组分都不能使1,3-丁二烯聚合成顺丁橡胶，所以真正有效的催化剂是上述几种组分经混合反应后形成的产物。为了提高催化剂活性，充分发挥催化剂各组分的作用，在聚合前往往事先把催化剂各组分按照一定配比，在一定条件下进行预混反应，简称“陈化”。陈化的目的在于催化剂在所需控制的条件下，向有利于生成定向聚合活性中心的反应充分进行，不利于生成活性中心的副反应应尽量抑制。

Ni、B、Al各催化剂组分之间会发生不同的反应。在反应产物中，通常认为有催化活性的是R_2AlF和一价镍。Ni和B在室温下的混合物对聚合不显示活性。Al和B之间混合会发生反应，当AlR_3摩尔用量接近或大于$BF_3 \cdot OEt_2$的摩尔用量时，生成R_2AlF和RBF_2，R_2BF，R_3B及Et_2O；当AlR_3摩尔用量小于$BF_3 \cdot OEt_2$的摩尔用量时，生成$RAlF_2$、AlF_3和RBF_2及Et_2O。但是上述的反应产物中，只有R_2AlF具有引发活性，而且Al/B比例会影响聚合速率和聚合物的分子量。当Al/B摩尔比大于2时，催化剂活性很弱；当Al/B摩尔比从2降到1时，催化剂活性突增；当Al/B摩尔比处于0.3～1范围内，催化剂活性较高；当Al/B摩尔比小于0.3时，催化剂活性逐渐下降。Ni与Al之间作用会立即发生反应，主要发生的是烷基与羧基的交换反应，环烷酸镍继续烷基化，从二价镍还原成一价镍。若与AlR_3进一步发生反应，则一价镍继续被还原成零价镍，最后形成原子态镍，原子态镍进一步凝聚便成为黑色沉淀即金属镍了。通常认为仅一价镍才有催化活性。

在引发剂各组分投入量确定的情况下，陈化方式对引发剂的活性有很大影响。工业生产中，主要有三类引发剂的陈化方式：三元陈化（将Ni、B、Al三组分分别配制成溶液后，再按一定次序加入聚合釜）；双二元陈化（将Al组分分成一半，分别与Ni、B组分混合陈化，再按一定次序加入聚合釜）；稀硼单加（将Ni、Al组分先混合陈化加入聚合釜，而B组分配制成溶液后直接加入聚合釜）。我国多采用稀硼单加的陈化方式，认为该种陈化方式的引发剂活性较好。

5.3.3.2 催化剂配方和配比的影响

催化剂的配方和配比，对1,3-丁二烯聚合反应及聚合物门尼黏度有着直接的影响。催化剂配方对反应的影响较大，催化剂量越大，反应越强；催化剂量越小，反应越弱。Al/B比对聚合物门尼黏度的影响较大，提高Al的用量，聚合物门尼黏度升高；降低Al的用量，聚合物门尼黏度降低。在生产过程中，若存在以下情况，则可通过调节催化剂的配方和配比进行调节。

① 反应强、门尼黏度高：先降催化剂量，再降Al量；

② 反应强、门尼黏度低：降B量或降催化剂量，提Al量；

③ 反应弱、门尼黏度高：提B量或提催化剂量，降Al量；

④ 反应弱、门尼黏度低：先提催化剂量强化反应，待反应起来后再提Al量。

5.3.3.3 系统中微量水的影响

水作为第四组分加入系统，对1,3-丁二烯聚合反应、聚合物门尼黏度及橡胶的物性有着巨大的影响。通过参考操作条件下的Al/B，首釜和末釜聚合物的门尼黏度差值，以及微量水在线显示仪和环境温度等方面，判断系统中微量水的多少。通过对丁二烯加水量的调节，使聚合反应和聚合物的门尼黏度维持在最佳状态。通常在一定范围内，提高加水量，可强化反应，降低聚合物的门尼黏度。降低加水量，可减缓反应速率，提高聚合物门尼黏度。

5.3.3.4 聚合反应温度的影响

聚合温度的高低对聚合反应速率的影响是相当大的。同时，对顺丁橡胶的内在质量，尤其是分子量和分子量分布的影响最为显著。在1,3-丁二烯聚合过程中，链增长与链转移同时存在，它们的速率都是随聚合温度的升高而增大的。但由于链转移反应的活化能大于链增长的活化能，所以链转移反应常数和链增长反应常数的比值随温度的高低而变化，微观上体现在分子量及其分布的变化。宏观的体现就是聚合物门尼黏度的变化。通常聚合温度升高、聚合物门尼黏度下降；聚合温度下降，聚合物门尼黏度升高。

5.3.3.5 副反应的影响

顺丁橡胶的副反应包括：反式1,4-聚合和1,2-聚合、凝胶以及大分子支化等。影响这些反应的因素主要有：原材料的杂质及其含量、催化剂配方及配比、聚合反应温度等。

5.3.3.6 黏度的影响

对于特定的聚合设备，其允许有一个合适的溶液黏度，否则随着聚合反应的进行，胶液的黏度迅速上升，势必会增加搅拌功率、影响聚合反应热的导出和胶液的输送。若为了降低聚合体系黏度，就必须增加溶剂的用量，这又涉及溶剂的回收和循环使用问题。所以工业生产中可以通过控制聚合反应的转化率来控制聚合体系黏度，提高生产效率。例如中国石化北京燕山分公司生产顺丁橡胶时，控制聚合反应的转化率在80%～85%左右，未反应的单体通过回收循环使用。

5.3.3.7 聚合反应热的平衡

1,3-丁二烯的聚合是放热反应，放热量很大，而且在搅拌中也要放出大量的搅拌热，因此在聚合过程中必须及时地将反应热从反应釜内排除，才能控制聚合反应在规定的温度下进行。随着聚合反应的进行，单体转化率提高，聚合物溶液的黏度也不断增加，加之有挂胶现象，容易导致传热不良。虽然可以通过改善传热效果加大聚合釜的传热面积，或采用夹套冷却水冷却、釜外冷凝器回流水冷却、釜内装冷却管等解决，但是聚合反应设备在固定的情况下，1,3-丁二烯的聚合反应热目前一般只能靠降低进料温度和1,3-丁二烯浓度、提高聚合温度来平衡首釜的反应热，用冲冷油的方法来平衡后釜的反应热。

5.3.3.8 挂胶

挂胶是顺丁橡胶生产中的一个问题，也是溶液法生产橡胶的普遍问题。当聚合反应进行一段时间后，釜壁、釜底、搅拌桨叶、管道及泵等都会沉积一层结实的胶膜，这种现象称为“挂胶”。若不及时清理，胶膜会逐渐加厚造成严重挂胶，后果会造成传热不良，搅拌困难，产品质量下降，甚至堵塞管道。如果出现这些现象，就不得不停工清理，从而影响生产能力的提高。

产生挂胶的原因很多，例如大分子主链上的双键有的可能被打开产生交联聚合物，即产生凝胶，而使溶剂对聚合物的溶解性能不好；或者是引发剂的活性较低，聚合速率较慢，物料在釜中的停留时间较长造成的挂胶；也可能是反应釜的釜壁粗糙、聚合温度较低、聚合物的黏度较大等原因产生的挂胶。

为了减少挂胶现象，可以采用以下措施：选择溶剂性能好的溶剂；提高引发剂的活性，并减少其用量，或在进入聚合釜前将单体、溶剂和引发剂混合均匀；稳定操作，防止温度起伏过大；脱除三氟化硼乙醚络合物中的水分；反应釜选用搪玻璃或用不锈钢，而且采用特殊的抛光技术进行加工等。

5.3.4 生产工艺过程

如图5-3所示是中国石化北京燕山分公司镍系顺丁橡胶生产工艺流程简图。经精制的单体和溶剂以一定比例与催化剂混合后连续加至3～4个串联带夹套压力釜内（聚合系统在聚合前须经脱氧、脱水处理），依次釜底进料、釜顶出料，于50～80℃温度，聚合系统压力小于0.6MPa，反应时间3～4h，即得胶液浓度为10%～15%的聚合物溶液，在静态混合器前加入防老剂送入胶罐后，再进入凝聚釜。胶液喷入由蒸汽加热的热水中，在蒸去溶剂单体的同时，橡胶溶液凝聚成小颗粒。经凝聚除去溶剂后的橡胶胶粒，送至后处理单元。经过滤除水后所得含水橡胶用挤压机脱水、挤压膨胀、干燥机干燥后，成型、包装即得产品。

上述顺丁橡胶的生产工艺过程包括：原料精制、催化剂配制、聚合、凝聚、回收、后处理等工序。下面对聚合单元、凝聚单元、后处理单元、回收单元分别介绍。

5.3.4.1 聚合单元

聚合单元的任务是将溶剂中的1,3-丁二烯在镍催化体系活性种的作用下引发定向聚合，获得高顺式聚丁二烯胶液。聚合单元是顺丁橡胶生产装置的核心，聚合技术和操作水平关系到聚合转化率及产品质量。顺丁橡胶生产的聚合单元工艺流程简图如图5-4所示。

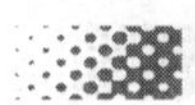

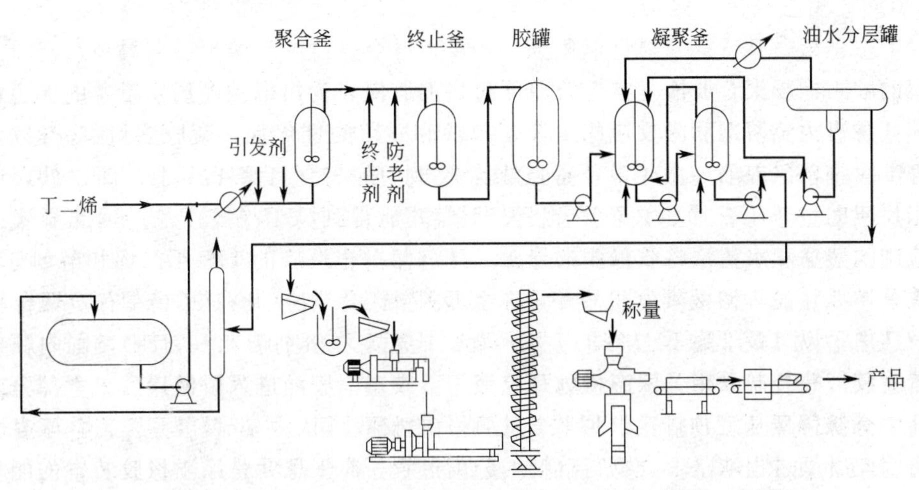

图 5-3 镍系顺丁橡胶生产工艺流程简图

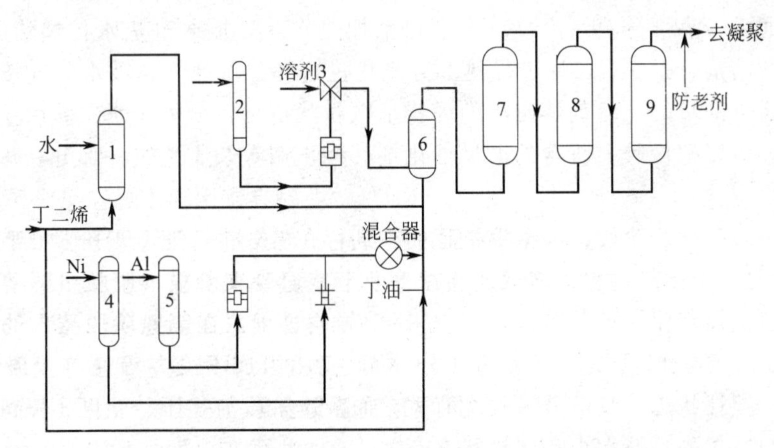

图 5-4 顺丁橡胶生产的聚合单元工艺流程简图

1—水罐；2—B 计量罐；3—混合器；4—Ni 计量罐；5—Al 计量罐；6—预混釜；7～9—聚合釜

经分子筛精制后的 1,3-丁二烯与溶剂按一定比例在管道中混合，部分经换热器预冷后进入预混釜；Al-Ni 陈化液和携带饱和水的 1,3-丁二烯在进釜前的管线上与 1,3-丁二烯汇合；B 剂自计量罐由计量泵送出，通过静态混合器与一定量溶剂混合后，由釜下部侧壁进入预混釜，与 1,3-丁二烯和其他催化剂组分混合，有活性种生成并引发聚合反应，然后进入聚合首釜，在聚合首釜转化率达到 50%左右；后续聚合釜是为延长反应时间，提高聚合转化率而设。目前我国顺丁橡胶装置聚合转化率一般在 80%左右。经过连续的 3 釜或 4 釜串联聚合后，在静态混合器前加入防老剂，送往凝聚的胶液贮罐。

在加成聚合反应中，1,3-丁二烯可以进行 1,2-加成反应，也可以进行 1,4-加成反应。1,3-丁二烯进行 1,4-加成聚合反应时，既可进行顺式聚合，也可进行反式聚合。在镍系催化剂作用下，引发 1,3-丁二烯进行 1,4-定向聚合，可以得到高顺式 1,4-聚丁二烯产品。因此聚合反应在串联的聚合釜中完成后，产品中顺式 1,4-结构含量在 96%以上，反式 1,4-结构、1,2-结构各占 2%左右。

5.3.4.2 凝聚单元

凝聚的顺丁橡胶聚合胶液是从聚合单元过来的胶液，为门尼黏度约45±4的无色透明黏稠状液体，含有大量溶剂和未反应的1,3-丁二烯和残留的催化剂，凝胶含量<0.2%，顺式1,4-结构含量约96%左右。由于顺丁橡胶聚合胶液中除了含有聚1,3-丁二烯以外，还含有溶剂和未反应的1,3-丁二烯，必须经凝聚、干燥才能得到顺丁橡胶产品。因此凝聚单元的任务是应用闪蒸法和水析法将胶液中的聚1,3-丁二烯与未反应的1,3-丁二烯和溶剂分离。

在镍系1,3-丁二烯溶液聚合过程中，末釜反应温度一般控制在95℃左右，聚合转化率可达85%左右。为了降低凝聚过程的蒸汽消耗（能耗）和溶剂消耗（物耗），国内顺丁橡胶生产装置对胶液罐普遍采用了保温措施和胶液闪蒸技术。胶液进入胶液罐后，大部分未反应的1,3-丁二烯被闪蒸从罐顶排出、回收，去凝聚的胶液可认为是聚1,3-丁二烯与溶剂的均相溶液，因此凝聚过程就是聚合物与溶剂的分离过程。凝聚单元是顺丁橡胶装置的能耗、物耗大户，以较低的蒸汽消耗和溶剂消耗产出干燥、性能良好的胶料是凝聚节能技术水平的标志。

（1）凝聚原理　水析法凝聚的过程是在机械搅拌下，使胶液呈液滴状分散于热水中，用低压蒸汽直接通入，靠部分蒸汽冷凝放出潜热来加热水，热量通过热水传递给胶粒。此时，液滴状胶液中的溶剂、1,3-丁二烯等受热部分汽化，这部分溶剂气体被水蒸气按一定比例带出，达到脱除溶剂的目的。溶剂蒸出后的橡胶呈颗粒状析出，分散于水中。由于橡胶颗粒和水的充分接触，可以把橡胶中所含的微量催化剂、终止剂等杂质洗去一部分，从而可以降低橡胶中灰分含量。

凝聚过程一般分两个阶段，在凝聚过程的初期存在着一个等速凝聚阶段（胶液中的溶剂汽化阶段），这是一个传热过程；在后期存在着一个减速凝聚阶段（胶粒中的溶剂从胶粒内部扩散到胶的表面而汽化，扩散阶段），这是一个传质过程。在等速阶段蒸出的溶剂占溶剂总量的95%，这一阶段时间较短（大约几分钟），气相组成不变。等速阶段凝聚速率与釜温、溶剂沸点、搅拌状态、胶液分散程度有关，而减速阶段与釜压、温度、停留时间、气相组成有关，也与胶粒的颗粒大小和膨松状态有关。

（2）凝聚工艺　我国顺丁橡胶凝聚工艺从单釜凝聚到双釜凝聚，双釜凝聚又经历了常压凝聚、保压凝聚及差压凝聚三个发展阶段。单釜凝聚采用较高的凝聚温度和较低的凝聚压力(接近常压)，故称为常压凝聚。采用常压凝聚，蒸汽消耗量大，能耗高。双釜凝聚中，两个釜均保持一定操作压力，故称为保压凝聚。因为凝聚温度一定时，蒸汽消耗量随操作压力的提高而下降，故能耗下降，但是物耗上升。在双釜凝聚工艺中，第1釜采用较高的操作压力，可以节能；第2釜采用较低的操作压力，可以降耗，故也称为差压凝聚。从单釜凝聚到双釜凝聚，延长了凝聚时间，提高了凝聚效果。从常压凝聚到保压凝聚，重在节能。差压凝聚的采用，缓解了凝聚能耗与物耗的矛盾。

三釜差压凝聚是在第2釜后串联一个不通蒸汽、常压操作的第3釜。采用三釜差压凝聚，在不增加能耗的条件下，通过延长凝聚时间，降低操作压力，不仅能回收后处理过程中的大部分挥发溶剂，而且有利于胶粒中溶剂的进一步扩散和汽化。

中国石化北京燕山分公司顺丁橡胶生产过程中采用差压式三釜凝聚工艺，采用水析凝聚法完成聚1,3-丁二烯与溶剂的分离。利用静态混合器作喷嘴获得较小的粒度，推进式及涡轮组合桨作搅拌，利用釜间泵从第一凝聚釜向第二凝聚釜输送热水及橡胶颗粒，既达到节能

的目的又提高凝聚的效果。

三釜差压凝聚工艺流程简图如图5-5所示。

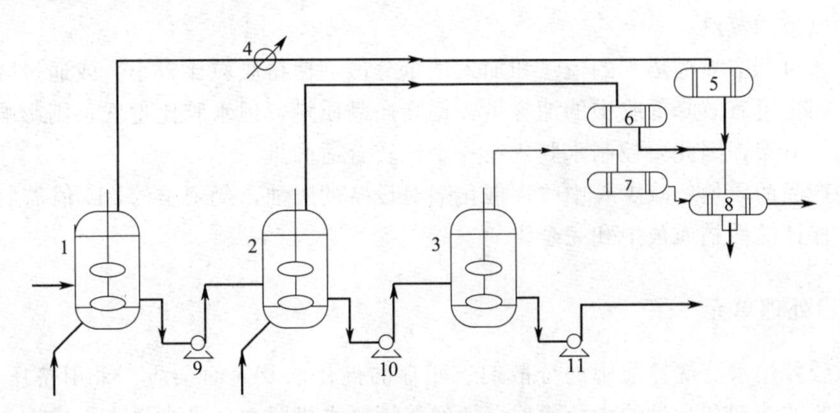

图5-5 三釜差压凝聚工艺流程简图

1—第一凝聚釜；2—第二凝聚釜；3—第三凝聚釜；4—空冷器；5～7—冷凝器；8—油水分离罐；9～11—颗粒泵

从聚合流程来的顺丁橡胶胶液在胶罐中储存、混胶，使胶液门尼黏度值合格后，由胶液泵经过滤器、流量计、喷嘴喷入凝聚釜内。胶罐中闪蒸出的1,3-丁二烯及溶剂油尾气经罐顶平衡管进入碱洗塔，在塔内填料作用下，与塔顶喷入的碱性循环热水充分接触，进行酸碱中和，洗去尾气中酸性物质。经碱洗后的胶罐尾气从塔顶出来，经气动调节阀后进入凝聚气相管线，经空冷器冷凝回收。塔内开车过程中冷凝的油液面通过油溢流管线，经调节阀及油冷却器冷却后经阀门进入分层罐或油罐。塔内油水界面通过调节阀控制补水泵向塔内补水量控制。塔底的水经泵后与来自加碱管线的碱液混合进入塔顶，经水分布器喷入塔内。

胶液凝聚采用差压式双釜或三釜串联水析凝聚工艺。胶液与从后处理来的循环热水一起经静态混合器从凝聚釜下部侧面喷入，此外用一台热水泵将后处理的一部分热水通过单独的管线输送到凝聚，这股热水经调节阀后从凝聚釜首釜的上部进入。釜底通入适量低压蒸汽，胶液借助热水、蒸汽和搅拌作用脱除溶剂及少量未反应的1,3-丁二烯，成为悬浮颗粒分散于热水中，由釜间泵将这些颗粒和热水送入第二凝聚釜，继续脱除胶粒中的溶剂。凝聚完全后胶粒随热水由颗粒泵送后处理工段，循环热水由后处理送回凝聚釜。

第一凝聚釜、第二凝聚釜气提汽各自进入不同的空冷器，通过变频调速风机控制两釜的压力。气提汽经空冷器冷凝后，进入水冷器冷却，至常温状态后进入油水分层罐进行油水分层分离，溶剂油从分层罐上部进入油罐，由返油泵送罐区。水相从分层罐底部经调节阀后进水中间罐，在水中间罐内进一步分离后，溶剂油经顶油泵打入油罐，罐内水补充凝聚热水循环和作后处理干燥机筒体降温用水以及清洁用水使用，其余的排入地沟。汽提剂根据生产需要在汽提剂配制罐中配制后经汽提剂泵送入凝聚釜中，以防止釜内的胶粒粘在一起和减少釜内挂胶。

(3) 凝聚影响因素 影响凝聚过程的因素有：胶粒大小、停留时间、胶液质量及分子量大小、釜温、喷嘴热水温度、搅拌速率、釜内蒸汽入口方向和分散剂的使用。在凝聚过程中，主要通过控制和调节凝聚釜温、釜压、胶粒大小及分散程度、停留时间来控制凝聚效果。

在凝聚过程中，釜温对凝聚效果有较大的影响。温度高，凝聚效果好，胶中油含量较低。反之，胶中油含量就会高，影响产品质量。生产过程中，根据胶液情况及凝聚后胶中含油情况及时调节凝聚釜的操作温度，胶中油含量高，温度就要高一些；油含量低，温度就可以低一些，以节约蒸汽。

另外，通过调节喷嘴热水的流量和加入适量分散剂使得胶粒比较小，或通过降低水胶比增加凝聚时间也可有效降低胶中的油含量，提高产品质量，但水胶比过低，则影响橡胶的分散，又不利于凝聚，因此要控制水胶比在一个比较合适的量。

为保证产品的质量，减少胶中酸性催化剂对设备的腐蚀，凝聚釜的pH值需要进行严格的控制，以保证酸性物质被中和完全。

5.3.4.3 后处理单元

凝聚后胶粒用水清洗掉其中的分散剂、残存的催化剂及表面杂质，采用挤压脱水-膨胀干燥法将残留的溶剂和大量的水分除掉，即经挤压脱水机脱水，进入膨胀干燥机，橡胶颗粒受螺杆和剪切螺钉挤压、摩擦生热，通过夹套低压蒸汽加热，获得高温、高压，过热状态的水和处于高温、高压状态的物料被挤出模头，因此来自凝聚单元的胶粒经洗胶、挤压脱水、膨胀干燥、称重、压块、包装等生产过程得到顺丁橡胶产品。后处理动设备多，严格细致的操作是生产量的保证。

后处理单元主要分为4个部分：洗胶部分，干燥部分，压块部分，包装部分。洗胶部分，是用水洗涤除去凝聚后的胶粒表面杂质，调节胶粒温度，控制胶粒密度和流量，也为挤压脱水机供料脱水。干燥部分，是将含水量40%～60%的胶粒投入挤压脱水机。经挤压脱水，切成含水量8%～13%的胶片料进入膨胀干燥机，橡胶在膨胀干燥机内升温、造压，达到必要的干燥目的。压块部分，是橡胶经过振动干燥流化床进一步干燥后，经称量后压块。包装部分，是由压块机送来的橡胶块经包装后成为成品橡胶。

凝聚后的胶粒和热水进入脱水振动筛。热水分离后进入热水罐，经热水过滤器和热水泵送入凝聚釜。分离后的胶粒进入洗胶罐，经洗涤水洗去其中的分散剂、残存的催化剂及表面杂质，然后经过另一个脱水振动筛分离，胶粒进入挤压机下料斗。洗涤水进入洗涤水罐，经洗涤水过滤器和洗涤水泵送回洗胶罐。

分离后的含水40%～60%的胶粒进入脱水挤压机脱水，含水8%～13%的胶片进入膨胀干燥机，橡胶受低压蒸汽加热和螺杆及剪切螺钉的挤压、摩擦而获得高温高压，从机头处闪蒸，挥发分降到2%以下，又经干燥箱的热风干燥，干燥后的胶粒进入冷风箱中的流化床，在流化床底部通入热空气（被低压蒸汽加热），使橡胶颗粒烘干、冷却，挥发分降至0.5%以下，之后胶粒被送往水平振动输送机。水平振动输送机接受来自冷风箱的合格胶粒后，给料至自动秤称重，进压块机压成25kg的胶块。胶块在薄膜包装机内进行薄膜包装，经金属检测器检测，缝袋机外包装成最终产品送仓库。

干燥箱尾气和冷风箱尾气直接由风机抽出排空或经排风机抽至室外。若经排风机抽至室外，约70℃的尾气经过过滤、冷却、加压后进入尾气回收装置，其中C_6成分被吸附到回收装置的活性碳纤维中，当吸附饱和后，用蒸汽进行解吸；解吸完成后，用干净的空气进行干燥。含有大量C_6气体的解吸气经过冷凝器，绝大部分解吸气会被冷凝成液体，不凝气返回吸附器处理后排空（成分主要为空气）。冷凝液进入分层器中，油水被分离，回收油品，排放冷凝水。尾气回收装置由三个吸附器组成，在某一时间内，三个吸附器分别从事吸附、解吸、干燥工作，各自完成后进行交换。

5.3.4.4 回收单元

由于聚合胶液中除了含有溶剂和聚1,3-丁二烯外，还含有未反应的1,3-丁二烯，因此回收装置的任务是将回收粗溶剂（1,3-丁二烯与溶剂的混合物）进行分离、精制，使回收溶剂和1,3-丁二烯符合聚合要求，返回聚合使用。此外，回收单元还对外购新鲜溶剂和1,3-丁二烯等进行精制，使其达到聚合级要求。精制的溶剂供聚合循环使用，或供催化剂配制使用；精制的1,3-丁二烯供聚合使用。

回收装置是顺丁橡胶生产过程最大的“排毒”（脱除水和轻、重组分杂质）系统。回收装置操作水平关系着聚合单元生产的稳定性和产品质量。回收装置的生产过程是一系列的精馏操作过程，利用混合物中各组分的挥发度不同，在一定温度、压力下在塔中进行气液接触，通过多次部分汽化和部分冷凝、传质传热，从而达到轻重组分分离的目的。回收单元操作包括：回收油脱水、1,3-丁二烯回收、回收油脱轻组分、回收油脱重组分、1,3-丁二烯脱水、1,3-丁二烯脱重、尾气回收、1,3-丁二烯水洗等过程。

影响分离的因素有进料组成、塔压、塔顶塔底温度、回流比、回流温度、塔顶塔底采出量等。在正常生产中主要控制塔的操作压力、操作温度和回流比来保证塔的稳定操作。

需要注意的是：高纯度的1,3-丁二烯易自聚，产生的自聚物能不断增长，可胀破管线、容器，因此为了防止自聚物生成，需要向1,3-丁二烯中加入阻聚剂。

5.3.5 关键设备

顺丁橡胶生产中的关键设备主要有聚合釜和凝聚釜。此外后处理单元中的脱水机和干燥机也是顺丁橡胶生产的主要设备。

5.3.5.1 聚合釜

聚合釜是聚合反应发生的主要场所。聚合釜一般由釜体、搅拌器、减速机及电动机组成，其中搅拌器的形状非常关键。例如中国石化北京燕山分公司生产顺丁橡胶的聚合釜采用双螺带式搅拌器，每段大螺带与小螺带旋向相反。虽然双螺带式搅拌器可使物料在轴向和径向都有较大的搅动，但是还是不能使釜内物料达到全混流要求，致使釜内各微元催化剂分布不均、配比不准，加上聚合反应热排除困难，不得不采用降低进料1,3-丁二烯浓度，增大溶剂用量的方法，以显热带出反应的热量；或用降低进料温度的方法来保证出口胶液温度不至于过高。

聚合釜体外有夹套，夹套中通冷冻盐水以便带走聚合反应热和搅拌热。聚合釜的材质和设计加工要有一定的要求，材质要求强度高、导热系数大，不易被沾污；设计加工中应避免死角，釜壁要求表面光滑，以减少或防止凝胶的沉积。

5.3.5.2 凝聚釜

凝聚釜是胶液凝聚发生的主要场所，也是凝胶单元中最主要的设备。除机械搅拌外，还有蒸汽搅拌，在釜底有管子通入一定压力蒸汽鼓泡，使得胶粒在凝聚釜内翻滚。通过胶粒在热水中不断运动，以迅速蒸去溶剂、单体，并不致使胶粒结块。另外釜壁上还焊有几块挡板，使按一个方向运动的液体受到阻力，避免形成漩涡，以增加搅拌效果。为了使蒸出的溶剂、单体和水蒸气不带出胶粒，以致造成冷凝系统的堵塞，在溶剂的出口管处也焊有挡板，防止胶粒被带走。此外还有若干视镜，便于观察釜内情况和液面。

5.3.6 顺丁橡胶质量指标及影响因素

顺丁橡胶产品的主要质量指标包括：门尼黏度、挥发分、灰分、重量及外观。

5.3.6.1 门尼黏度

门尼黏度是衡量橡胶产品软硬程度的一个物理量，是评价生胶加工性能的一个参考指标。门尼黏度用 $ML_{100℃}^{1+4}$ 表示，其中 M 表示门尼，L 表示用大转子，1 表示预热 1 分钟，4 表示试验 4 分钟，100℃表示试验温度为 100℃。门尼黏度低，生胶发软，加工性能优良，但平均分子量小，所以橡胶的弹性小，强度差。

胶液的门尼黏度一般控制在 42～48。由于胶液的门尼黏度有很好的加和性，对门尼黏度不合格的胶液，需进行掺混，也称配胶，即将门尼黏度高低不同的胶液进行混合，以得到中间门尼黏度的合格胶液。由于在后处理加工过程中存在门尼黏度升高的现象，所以控制胶液的门尼黏度略低于产品要求的门尼黏度，以控制产品门尼黏度符合要求。

成品胶的门尼黏度为 45±4。影响橡胶门尼黏度的因素是在干燥过程中，橡胶在被挤压、干燥时，由于经受到强烈的摩擦，由此引起温度升高，导致橡胶分子链的交联，从而表现出门尼黏度的升高。由于门尼黏度的升高不可避免，所以在配胶时应预作调整。另外，稳定操作条件，保持干燥机的平稳运转，将减小门尼黏度的波动，保证橡胶的质量。

5.3.6.2 挥发分

一般成品胶的挥发分≤0.5%（wt）。

影响挥发分的主要因素是胶中含油量、挤压机的脱水效果及干燥机的温度、压力等。胶中含油量（≤0.3%，wt）由凝聚的工艺条件决定。在干燥过程中，通过调节膨胀干燥机温度及模头孔大小、数量来保证脱水效果，通过调节干燥箱热风温度、流化床温度来控制挥发分含量。

5.3.6.3 灰分

影响橡胶灰分的因素是胶中凝胶含量以及机械杂质。为有效减少凝胶和杂质，在胶罐出口、喷胶管线、热水罐和洗涤水罐的出口安装过滤器。另外为减少黑点胶，在设备选材上尽量选用耐高温、耐腐蚀、耐磨的材料。

5.3.6.4 外观

合格胶块的外观应为无色或浅色，无机械杂质，不含焦化颗粒及油污，整齐无飞边。

思 考 题

1. 顺丁橡胶生产过程由几个工序组成？它们之间有什么内在联系？
2. 在原料配置、聚合、混胶、凝聚、干燥、包装工序中，各包含哪些单元操作与设备？

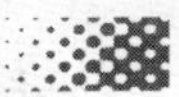

3. 各工序的工艺参数是通过什么手段进行调节控制的？

4. 如何用同一套生产装置生产出不同的产品？

5. 顺丁橡胶产品的质量好坏是由哪些因素决定的？

6. 顺丁橡胶产量由什么决定？调节产量大小可以采取哪些措施？

7. 聚合釜内温度如何控制？

8. 各个聚合釜的反应温度是否相同？确定其适宜温度的依据是什么？

9. 各个聚合釜的单体转化率是多少？其形成有何规律？其变化范围是多少？

10. 聚合过程中可能出现哪些不正常现象？如何处置？

11. 聚合工序的控制系统有何特点？其效果如何？全自动控制后是否还保留人工控制？

12. 聚合车间都有哪些安全保护措施？

13. 凝聚的影响因素有哪些？单釜凝聚与双釜凝聚相比有何优缺点？

14. 后处理车间有无三废？是如何处置的？

15. 胶粒是如何进行干燥的？干燥过程包含哪些主要设备？操作原理和控制方法是什么？

16. 后处理车间是如何保证产品质量的？

17. 进一步提高后处理车间的生产能力、降低生产成本，可以采取什么措施？

18. 凝聚得到的橡胶颗粒大的原因是什么？

19. 凝聚釜为什么要加安全阀？

20. 橡胶门尼黏度的高低对生产有何影响？

21. 胶罐压力高的原因是什么？如何处理？

22. 胶罐进胶前为什么要进行 N_2 置换？

23. 胶罐为什么要规定装料系数？

24. 热水量过小对凝聚有什么影响？

25. 为什么开车时釜液的升温要缓慢进行？

26. 汽（水）锤产生的原因是什么？防止方法有哪些？

27. 为什么根据节流装置前后压差可知管道中流体的流量？

参考文献

[1] 左晓兵，宁春花，朱亚辉．聚合物合成工艺学．北京：化学工业出版社，2014.

[2] 王久芬，杜拴丽．高聚物合成工艺．北京：国防工业出版社，2013.

[3] 张立新．高聚物生产技术．北京：化学工业出版社，2014.

[4] 侯文顺．高聚物生产技术．北京：高等教育出版社，2012.

[5] 李克友，张菊华，向福如．高分子合成原理及工艺学．北京：科学出版社，2001.

[6] 张洋，马榴强．聚合物制备工程．北京：中国轻工业出版社，2001.

[7] 赵德仁，张慰盛．高聚物合成工艺学．北京：化学工业出版社，2010.

第6章

溶聚丁苯橡胶

6.1 丁苯橡胶概述

丁苯橡胶（SBR），是由1,3-丁二烯和苯乙烯两种单体共聚而得到的弹性体，又称聚苯乙烯丁二烯共聚物。丁苯橡胶是一种综合性能较好的通用型合成橡胶，其物理性能、加工性能及制品的使用性能接近天然橡胶，有些性能如耐磨、耐热、耐老化及硫化速率比天然橡胶更为优良，可与天然橡胶及多种合成橡胶并用。但是丁苯橡胶也存在弹性较低，耐屈挠、撕裂性能较差；加工性能差，特别是自黏性差、生胶强度低。丁苯橡胶广泛用于轮胎、胶带、胶管、电线电缆、医疗器具及各种橡胶制品的生产等领域，是最大的通用合成橡胶品种（约占整个合成橡胶产量的60%），也是最早实现工业化生产的橡胶品种之一。

根据聚合方法的不同，丁苯橡胶可分为溶聚丁苯橡胶（SSBR）和乳聚丁苯橡胶（ESBR）。与溶聚丁苯橡胶工艺相比，乳聚丁苯橡胶工艺在节约成本方面更占优势，全球丁苯橡胶装置约有75%的产能是以乳聚丁苯橡胶工艺为基础的。乳聚丁苯橡胶采用的是自由基聚合，自工业化生产以来，目前已过其鼎盛时期，生产技术成熟，产品质量稳定，品种牌号齐全。溶聚丁苯橡胶采用阴离子活性聚合，具有分子量分布窄、顺式含量高、耐磨性能优异、滚动阻力小，是轮胎胎面胶理想的材料，解决了顺丁橡胶在轮胎胶中存在的抗湿滑性不好的问题，目前其发展正处于稳步上升阶段。

中国石化北京燕山分公司橡胶厂的丁苯橡胶装置主要生产溶聚丁苯橡胶，因此本章主要介绍阴离子溶液聚合生产丁苯橡胶。

6.1.1 溶聚丁苯橡胶的结构及类别

溶聚丁苯橡胶，由1,3-丁二烯、苯乙烯为主要单体，在烃类溶剂中，采用有机锂化合物作为引发剂，引发阴离子聚合制得聚合物胶液，再加入抗氧剂等助剂后，胶液经凝聚、干燥等工序而生产出产品胶。

溶聚丁苯橡胶按照聚合物链分子结构的不同，可分为无规溶聚丁苯橡胶（SSBR）和嵌段溶聚丁苯橡胶（SBS）两大类。

无规溶聚丁苯橡胶（SSBR）的反应方程式如下。

 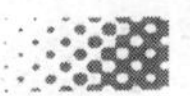

$$nCH_2=CH-CH=CH_2 + mCH=CH_2(C_6H_5) \xrightarrow{LiC_4H_9} +CH_2-CH=CH-CH_2+_n+CH_2-CH(C_6H_5)+_m$$

SSBR

嵌段溶聚丁苯橡胶（SBS），也称“热塑性丁苯橡胶”，是一种热塑性弹性体。嵌段溶聚丁苯橡胶SBS的反应方程式如下。

$$nCH_2=CH(C_6H_5) \xrightarrow{LiC_4H_9} C_4H_9+CH_2-CH(C_6H_5)+_{n-1}CH_2-\bar{C}H(C_6H_5) \xrightarrow[(2)yCH_2=CH(C_6H_5)]{(1)mCH_2=CH-CH=CH_2}$$

$$+CH_2-CH(C_6H_5)+_n+CH_2-CH=CH-CH_2+_m+CH_2-CH(C_6H_5)+_y$$

SBS

如上合成的是线型SBS产品。如果想得到星型SBS产品，则在最后一步加苯乙烯单体反应时，加入偶联剂进行偶联反应，可制得星型SBS产品。

用四氯化锡或四氯化硅等偶联剂可以制备星型丁苯橡胶。用四氯化锡偶联剂偶联制备溶聚丁苯橡胶的反应式如下。

$$4\sim\sim C^- Li^+ + SnCl_4 \longrightarrow \sim\sim Sn \sim\sim + 4LiCl$$

6.1.2 无规溶聚丁苯橡胶的性质及应用

无规溶聚丁苯橡胶（SSBR）由于采用阴离子聚合，其中苯乙烯含量为23.5%左右，橡胶内不含凝胶。虽然其结构为无规结构，但是橡胶中丁二烯链节的顺1,4-含量较高，而且分子量分布窄，使它具有优异的性能。如果橡胶低分子量级组分少，做成轮胎后滚动阻力小，耐磨性提高；聚合物链的高线型结构，可使它在填充大量的工业炭黑和油以后，其物理机械性能仍不发生明显变化，且胶料硫化时收缩率很小；若聚合物链端与偶联剂偶联后形成具有一定支化度的橡胶，则用于轮胎时表现出滚动阻力小、抗湿滑性高、耐磨性高等特点。

此外，溶聚丁苯橡胶为非污染性白色橡胶，其非橡胶成分含量很低，一般为1%～2%，灰分含量为0.05%～0.1%，这些性质使得它在硫化时达到最佳性能所需要的硫黄和促进剂的量少，而且硫化速度快。溶聚丁苯橡胶作为通用橡胶，80%用于制造轮胎，20%用于制造胶鞋、胶管以及防震制品等。溶聚丁苯橡胶也可以与其他橡胶并用。

6.1.3 嵌段溶聚丁苯橡胶的性质及应用

嵌段溶聚丁苯橡胶（SBS）是由聚苯乙烯链段-聚丁二烯链段-聚苯乙烯链段相互连接的线型嵌段共聚物，其中聚苯乙烯链段是硬段，聚丁二烯链段是软段。这种热塑性弹性体在常温下显示橡胶的弹性，高温下又能够塑化成型。高分子链中聚丁二烯软链段提供弹性，聚苯乙烯硬链段作为约束相，分散在与之不相容的柔软的橡胶连续相之中，起到交联键作用。当温度升高时，这些约束成分在热的作用下丧失其能力，聚合物熔化成熔融状而呈现塑性，便于成型加工；冷却以后约束相又起到物理交联作用，使热塑性弹性体无需化学交联便可使用，省去了传统的橡胶加工过程中的硫化工艺，而且可以多次成型。

从聚合物的聚集态结构看，由于在室温下聚苯乙烯和聚丁二烯之间热力学不相容，从而形成两相结构。随二者组成比率不同，其两相结构发生变化，聚合物的性能也发生变化。共聚物分子量一定时，若聚苯乙烯硬链段长度增加，则材料物理交联区域变大，橡胶段变短失去弹性变形能力。为了获得具有良好的力学性能和加工性能的产物，硬段聚苯乙烯和软段聚丁二烯有一个最佳长度或分子量范围，一般聚苯乙烯的分子量为10000～30000，聚丁二烯链段的分子量为50000～100000。当温度超过聚苯乙烯玻璃化温度时，则物理交联区中的聚苯乙烯链段软化，发生相互滑移，并在外力的作用下发生流动，因此材料可像热塑性塑料那样成型加工，冷却后又恢复到物理交联区中。这种过程可以多次重复。

SBS热塑性弹性体主要用以制成橡胶制品、改性塑料和制作胶黏剂等。用SBS改性塑料，可以改进塑料的耐寒性、冲击韧性、屈挠性和撕裂性等，同时提高其伸长率，并在某些场合下降低成本。将SBS与聚丙烯共混改性，既可改善材料的抗冲击性能，又可提高其低温性能。用SBS制作黏合剂，通过添加不同的添加剂可制得通用型、压敏型和接触型胶黏剂。

为了降低成本、改进性能，SBS常填充无机填料及多种树脂、塑料和橡胶。填充无机填料，如细颗粒的二氧化硅、炭黑和硬质黏土，可提高其耐磨性、模量和硬度；填充二氧化钛、氧化锌等，可以改善其抗紫外辐射性能；填充塑料（如聚苯乙烯），可提高抗撕裂强度、耐磨性、疲劳寿命；填充氯丁橡胶、丁腈橡胶，则可以改善其耐油、耐汽油和黏着力等。

以SBS热塑性弹性体或以它为基料制成的复合材料，可以制成各种模塑制品，如胶鞋、薄板、运动用品及弹性包箱等。

6.2 嵌段溶聚丁苯共聚物SBS的生产

热塑性弹性体SBS是以丁二烯和苯乙烯为单体，在锂系引发剂作用下，通过阴离子溶液聚合，制备得到的聚苯乙烯-聚丁二烯-聚苯乙烯三嵌段共聚物。SBS热塑性弹性体最早是由飞利浦公司于1963年生产，国内自20世纪70年代中期，由燕化研究院、兰化研究院相继开展SBS的研究工作。1993年燕化公司橡胶厂利用自行开发的年产1.5万吨成套工艺技术，生产出了广泛应用于制鞋、黏合剂、塑料及沥青改性等领域的第三代合成橡胶，即丁苯热塑性弹性体SBS，并成功转让给西方发达国家，改写了中国石化技术只引进不输出的历史。1998年扩量改造为年产3万吨的生产装置。该装置不仅可以生产通用型橡胶（如SBS 1401、4402、4452），也可以生产专用型橡胶（如SBS1401-1、1301、4303）。SBS4303是一种性能优良的道路沥青改性料，在长安街，首都机场，北京市二环路、五环路、六环路改造中，均选用燕化公司生产的SBS道路沥青改性剂。用添加过SBS产品的沥青铺路，路面抗高低温性能好，道路使用寿命长。

6.2.1 聚合基本原理

丁二烯和苯乙烯在锂系引发剂（例如丁基锂）作用下发生的阴离子聚合，作为连锁聚合反应，也包括链引发、链增长和链终止等基元反应，同时伴随着链转移反应。首先丁基锂引发苯乙烯生成苯乙烯阴离子，一经产生的阴离子活性中心迅速与苯乙烯分子发生链增长反应，形成分子量不断增加的、且可进一步引发链增长的阴离子活性大分子。当加入第二种聚合单体丁二烯后，继续进行链增长，形成聚苯乙烯-聚丁二烯基阴离子，接着再引发并聚合第三步加入的苯乙烯单体，形成聚苯乙烯-聚丁二烯-聚苯乙烯基三嵌段聚合物阴离子，最后加入水终止反应，得到目标产物 SBS。在这个多步聚合过程中，会发生颜色的变化。第一步聚合反应因生成的碳阴离子与苯环共轭，溶液颜色呈金黄色或橙红色；第二步加入丁二烯聚合后，颜色基本消失；第三步再加苯乙烯聚合后，聚合物溶液又会恢复金黄色或橙红色。

SBS 经三步链增长后进行链终止的反应方程式如下。

$$RLi+nCH_2{=}\underset{C_6H_5}{\underset{|}{CH}} \longrightarrow R\!\left(CH_2-\underset{C_6H_5}{\underset{|}{CH}}\right)_{n-1}CH_2-\underset{C_6H_5}{\underset{|}{CH^-}}\ Li^+ \xrightarrow{+mCH_2=CH-CH=CH_2}$$

$$R\!\left(CH_2-\underset{C_6H_5}{\underset{|}{CH}}\right)_n\left(CH_2CH{=}CHCH_2\right)_{m-1}CH_2CH{=}CHCH_2^-\ Li^+ \xrightarrow{+pCH_2=\underset{C_6H_5}{\underset{|}{CH}}}$$

$$R\!\left(CH_2-\underset{C_6H_5}{\underset{|}{CH}}\right)_n\left(CH_2CH{=}CHCH_2\right)_m\left(CH_2-\underset{C_6H_5}{\underset{|}{CH}}\right)_{p-1}CH_2-\underset{C_6H_5}{\underset{|}{CH^-}}\ Li^+ \xrightarrow{+H_2O}$$

$$R\!\left(CH_2-\underset{C_6H_5}{\underset{|}{CH}}\right)_n\left(CH_2CH{=}CHCH_2\right)_m\left(CH_2-\underset{C_6H_5}{\underset{|}{CH}}\right)_{p-1}CH_2-\underset{C_6H_5}{\underset{|}{CH_2}}$$

阴离子聚合的终止反应是单分子反应，较难发生。一般导致动力学链中断的原因认为是发生了链转移反应。当增长活性中心由链转移反应被转变成更为稳定的阴离子时，这一条活性链就会被终止，而更为稳定的阴离子若没有足够的能力继续引发单体进行反应，则可导致动力学链的中断。当体系中存在少量的水、酸、醇等能够释放出质子的物质或氧气、二氧化碳、卤化物等时，就会发生这种终止反应。活性链在水、酸、醇、氧等存在下的链转移反应或链终止反应的方程式如下。

$$\sim\!\sim CH_2-\underset{\phi}{\underset{|}{\overset{\ominus}{C}H}}\overset{\oplus}{Li}+H_2O \longrightarrow \sim\!\sim CH_2-\underset{\phi}{\underset{|}{CH_2}}+LiOH$$

$$\sim\!\sim CH_2-\underset{\phi}{\underset{|}{\overset{\ominus}{C}H}}\overset{\oplus}{Li}+RCOOH \longrightarrow \sim\!\sim CH_2-\underset{\phi}{\underset{|}{CH_2}}+RCOOLi$$

$$\sim\!\sim CH_2-\underset{\phi}{\underset{|}{\overset{\ominus}{C}H}}\overset{\oplus}{Li}+ROH \longrightarrow \sim\!\sim CH_2-\underset{\phi}{\underset{|}{CH_2}}+ROLi$$

$$\sim\!\sim CH_2-\underset{\phi}{\underset{|}{\overset{\ominus}{C}H}}\overset{\oplus}{Li}+CH_3I \longrightarrow \sim\!\sim CH_2-\underset{\phi}{\underset{|}{CH}}-CH_3+LiI$$

$$\sim\!\sim CH_2-\underset{\phi}{\underset{|}{\overset{\ominus}{C}H}}\overset{\oplus}{Li}+O_2 \longrightarrow \sim\!\sim CH_2-\underset{\phi}{\underset{|}{CH}}OOLi$$

6.2.2　原料规格

中国石化北京燕山分公司 SBS 是以丁二烯、苯乙烯为单体，环己烷和正己烷为混合溶剂，丁基锂为引发剂，四氢呋喃为活化剂，四氯化硅为偶联剂，经阴离子聚合反应而生成的。由于阴离子聚合反应对杂质敏感，因此对原料质量要求很高。聚合过程中首先要避免水、醇、胺、空气和微量氧等杂质，要求其含量最多不超过 0.05%。单体和溶剂中的杂质主要来源于它们的生产过程，如苯乙烯中的乙苯和二乙烯基苯、丁二烯中的过氧化物、环己烷中的苯，因此需要严格除去上述杂质。纯化单体和溶剂，一般可采取精馏或其他净化方法，如采用硅胶、活性碳、γ-氧化铝和分子筛来除去杂质和水。经过纯化的溶剂和单体用有机锂溶液滴定来判断。单体和溶剂原料规格如表6-1所示。

表6-1 原料规格

组分	规格	杂质	规格/($\times10^{-6}$)
苯乙烯/%	≥99.6	乙腈	<5
1,3-丁二烯/%	≥98.5	水	<20
丁基锂(外观)	无色或淡黄色,无机械杂质	炔类杂质	<10
溶剂/%	环己烷≥70	二乙烯基苯	<50
		乙苯	<2000
		丁烷	<5
		甲乙苯	<30
		苯	<3000

原料质量指标的变化，对SBS产品质量有较大的影响。下面简述苯乙烯、丁二烯、溶剂、四氢呋喃、丁基锂、四氯化硅原料的质量指标要求，以及指标不符合要求将导致的后果。

(1) 苯乙烯　苯乙烯作为一种反应单体，要求纯度≥99.6%，水值≤20×10^{-6}。如果水值偏高，将导致SBS熔融指数偏低。如果苯乙烯纯度偏低，则将导致SBS熔融指数偏高。

(2) 1,3-丁二烯　1,3-丁二烯作为另一种反应单体，要求纯度≥98.5%，水值≤20×10^{-6}。如果水值偏高，将导致SBS物性偏低。如果1,3-丁二烯纯度偏低，则将导致SBS熔融指数偏高。

(3) 溶剂　混合溶剂是由环已烷和正已烷组成的。加正已烷的目的，是为了降低环已烷的凝固点，以满足冬季正常生产的需要。该混合溶剂是一种无色透明液体，要求环已烷≥70%，碳四含量≤200×10^{-6}，水值≤20×10^{-6}。如果溶剂中水值偏高，将导致SBS熔融指数偏低。如果溶剂中碳四含量偏高，将导致SBS熔融指数为零，物性不合格。

(4) 四氢呋喃　四氢呋喃作为SBS生产的活化剂，对引发剂丁基锂的反应活性及SBS产品微观结构都具有较大的影响，因此要求所用的四氢呋喃的纯度≥99%，水值≤300×10^{-6}。

(5) 丁基锂　丁基锂是聚合反应的引发剂，是所有助剂中对反应过程和产品质量影响最大、最关键的助剂。丁基锂质量水平的好坏主要体现在其杂质含量、配制浓度及自身反应活性等方面。SBS聚合反应对丁基锂的质量指标有着严格的要求，若丁基锂自身质量出现问题，会严重影响聚合反应过程的进行和聚合胶液的质量。SBS生产所用的丁基锂浓度要求为0.6～0.8mol/L，杂质含量≤5%(wt)。

(6) 四氯化硅　四氯化硅作为反应的偶联剂，是生产星型SBS产品的重要助剂。聚合反应使用的偶联剂是经过溶剂稀释后的，将直接影响产品的分子量分布、偶联效率及偶合度等，因此必须确保偶联剂原料的质量标准。要求SBS生产所用的四氯化硅的纯度>99%，铁<0.001%，游离氯<50×10^{-6}。

6.2.3 典型配方及工艺条件

生产SBS的主要原料有苯乙烯、1,3-丁二烯、溶剂等。助剂有丁基锂、偶联剂、活化剂、防板结剂等。表6-2是制备SBS的典型配方及其聚合工艺条件。

表 6-2　典型配方及其聚合工艺条件

聚合配方		聚合条件	
组分	用量/%(wt)		
1,3-丁二烯	70	聚合温度/℃	50～98
苯乙烯	30	反应时间/h	2～4
溶剂	500～800		
丁基锂	0.1～0.3		
防板结剂	1～2		
其他助剂	0.5～1.5		

聚合过程中，各组分加料量的变化及聚合条件的变化，将对聚合物的性能或聚合体系产生较大的影响。

① 如果反应原料苯乙烯加料量偏多，会导致聚合物硬度增加；相反，苯乙烯加料量偏少，会导致聚合物硬度降低。

② 如果反应原料 1,3-丁二烯加料量偏多，会导致聚合物拉伸强度降低；1,3-丁二烯加料量偏少，会导致聚合物伸长率降低。

③ 如果引发剂丁基锂加料量偏多，会导致聚合物熔融指数偏高；相反，丁基锂加料量偏少，会导致聚合物熔融指数偏低。

④ 如果偶联剂四氯化硅加料量偏多，会导致聚合物熔融指数偏低；相反，偶联剂加料量偏少，会导致聚合物熔融指数偏高。

⑤ 如果溶剂加料量偏多，会导致体系黏度偏低；相反，溶剂加料量偏少，会导致体系黏度偏高。

⑥ 如果活化剂四氢呋喃加料量偏多，会导致聚合物 1,2-结构偏高；相反，活化剂加料量偏少，会导致聚合物 1,2-结构偏低，反应速率变慢。

⑦ 如果防老剂加料量偏多，会导致聚合物熔融指数偏高；相反；防老剂加料量偏少，会导致聚合物熔融指数偏低。

⑧ 如果聚合引发温度偏高，会导致聚合物物性降低；相反，引发温度偏低，会导致生产周期加长。

6.2.4　SBS 生产工艺过程

中国石化北京燕山分公司 SBS 的生产是采用阴离子溶液聚合工艺，包括苯乙烯精制、单体聚合、胶液凝聚、溶剂回收、胶粒干燥脱水等单元，最终生产出合格的胶粒并进行产品包装。一般生产工艺过程如下。

先向聚合釜内加入一定量的溶剂和精制苯乙烯单体，然后加入配制好的有机锂引发剂溶液，引发苯乙烯进行阴离子溶液聚合反应，使单体苯乙烯全部转化为聚合物；然后加入1,3-丁二烯单体继续反应，当反应温度达到最高温后，向聚合釜加入一定量的苯乙烯单体继续反应，或加入偶联剂进行偶联反应，之后进入浓缩釜进行终止，加入防老剂。聚合结束后，将聚合胶液送至胶罐内进行混配，然后送至凝聚釜。根据水蒸气蒸馏、湿法脱气的原理，采用三釜水析凝聚技术，把溶剂和胶分离。溶剂经过脱水、脱重和脱轻后回收使用；胶粒水送至后处理单元，将含水 50%～75%的胶粒经脱水挤压机脱水处理，再落入膨胀干燥机，在主轴的剪切摩擦及机体夹套中蒸汽的加热作用下，不断升温升压，当被挤出模板时，物料从高温高压突然降至常温常压，发生强大的闪蒸，物料中的水等挥发性物质挥发，同时模头处的切刀将胶料切成粒状。喷洒防板结剂后，再通过长网或振动流化床的热空气干燥，使挥发分降至1.0%以下，最后称重包装。

中国石化北京燕山分公司SBS生产工艺流程简图如图6-1所示。

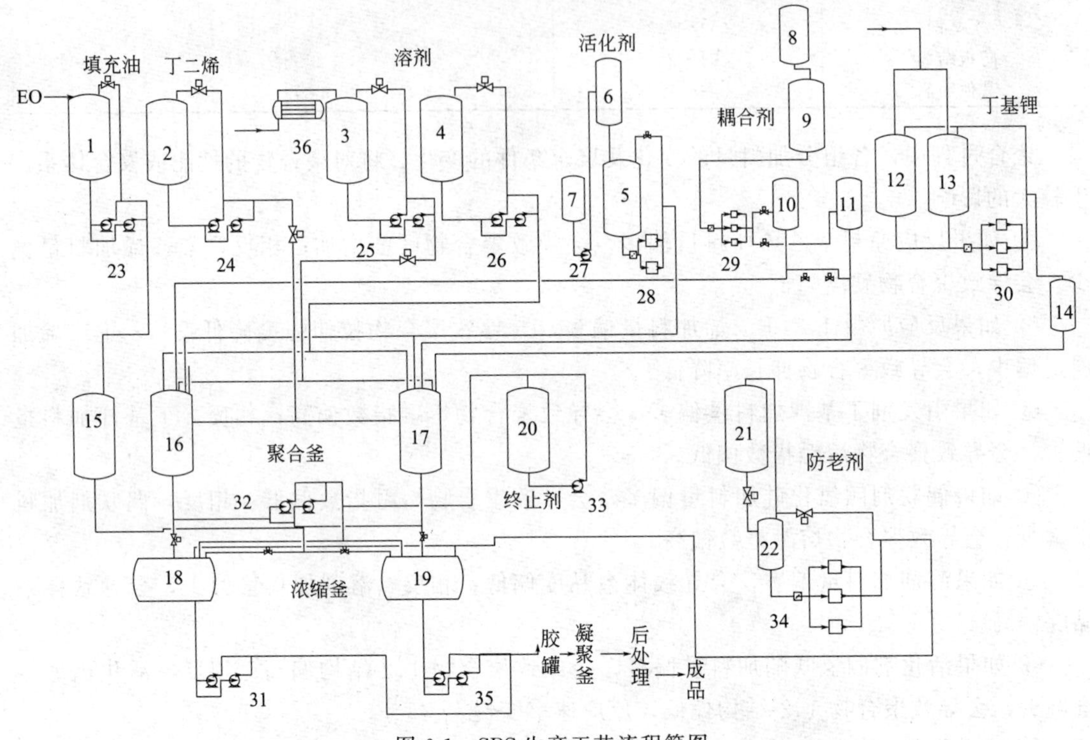

图6-1　SBS生产工艺流程简图

1～4，20—中间储罐；5，9，12，13，21—配制罐；6～8—原料罐；

10，11，14，15，22—计量罐；16，17—聚合釜；18，19—浓缩釜；23～35—泵；36—换热器

下面将按照苯乙烯精制、单体聚合、后处理、溶剂回收等单元，具体介绍SBS的生产工艺过程。

6.2.4.1　苯乙烯精制

由于苯乙烯原料的水含量和阻聚剂含量达不到聚合反应的要求，因此在聚合前需要对苯乙烯进行精制。苯乙烯的质量对聚合反应的影响很大，聚合生产的稳定性、产品的物性、加工行为和内在质量都与精制苯乙烯的质量密切相关。

苯乙烯的精制过程是物理变化过程。一般苯乙烯的精制系统是先用减压精馏塔脱水、脱阻聚剂，然后利用吸附剂γ-Al_2O_3对不同分子具有不同的吸附能力及选择性的特性，脱除苯乙烯中的微量水及阻聚剂等微量杂质，从而达到提纯目的。如果苯乙烯中水值和阻聚剂含量较低，可以不用先期的减压精馏脱水和脱阻聚剂，直接用吸附剂脱除苯乙烯中的微量水及阻聚剂即可。中国石化北京燕山分公司橡胶厂丁苯装置的苯乙烯精制系统，是采用装有不同规格γ-Al_2O_3的吸附器，通过物理吸附的方法，除去其中的水分及阻聚剂，使其达到聚合使用要求。

由于利用吸附剂γ-Al_2O_3对水和阻聚剂的吸附，会使吸附剂逐渐达到饱和吸附。如果不

对吸附剂进行再生，只是一次性使用，会造成生产成本增加，而且拆装有吸附剂的吸附器费时、费力又污染环境。另外，吸附剂在使用一段时间后，吸附能力会逐渐下降，会造成苯乙烯单体中水值偏高。而在阴离子聚合反应中，水是要极力避免的杂质，因为它将消耗部分引发剂。如果苯乙烯中水值升高，聚合部分就必须调整引发剂的用量。当苯乙烯中水值接近或高于20×10^{-6}时，就需要切换吸附器，并将用过的吸附剂进行再生，以便重复使用。对吸附剂再生可以采用高温氮气处理，将被吸附的水和阻聚剂脱附出来。

经过精制的苯乙烯，要求纯度≥99.6%；水≤20×10^{-6}；阻聚剂≤10×10^{-6}。

6.2.4.2 单体聚合

聚合装置是SBS生产线的核心部分，它的作用是接收合格的溶剂、苯乙烯、1,3-丁二烯、丁基锂，配制合格的活化剂、偶联剂、防老剂，按照规定的工艺条件，生产出合格的SBS胶液。燕山石化SBS聚合装置是采用北京燕化研究院提供的SBS快速聚合技术，由北京寰球设计院设计，北京燕化建筑安装工程公司承担建设，于1993年8月竣工，并于同年9月25日正式投料生产。截止到目前，该装置已经历了多次技术改造，生产能力得到了很大的提高。

SBS的生产工艺与一般间歇式溶液聚合工艺相似，燕山石化SBS聚合装置采用单锂引发剂的三步加料法和偶联法，生产线型SBS和星型SBS。SBS聚合装置采用单釜间歇式聚合，聚合速率快，单体转化率高（几乎达100%），而且聚合体系适应性强，易于实现生产装置的多功能化，但是对杂质敏感，对原材料质量要求高，生产控制要求较为严格。可喜的是整个生产过程基本无三废污染。由于SBS聚合反应是放热反应，及时将反应热撤除是保证聚合过程顺利进行以及产品质量合格的关键步骤，因此聚合釜采用夹套和内冷双重撤热工艺，以去离子水作为冷却介质，通过不断的循环流动将反应热带走，以平衡反应所释放的热量，而冷却介质自身的温度则依靠冷却器循环降温来维持。

将引发剂、偶联剂配制合格后，分别提料至相应计量罐。先向聚合釜内加入一定量的溶剂，之后按配方加入苯乙烯，然后加入计量好的有机锂引发剂溶液，第一段苯乙烯聚合在50℃左右进行，维持反应0.5h，使单体苯乙烯全部转化为聚合物。第二段加入1,3-丁二烯，加入丁二烯后确保釜温不超过60℃，二段聚合温度维持在50～95℃的范围，出现二段最高温后，再加入一定量的苯乙烯进行三段反应，如果要制得星型SBS，在第三步反应中加入偶联剂$SiCl_4$进行偶联反应。反应完成后的胶液转入浓缩釜，加入终止剂及防老剂后，送入凝聚后处理得到成品。因为嵌段共聚反应的嵌段序列和嵌段链的分子量分布受到加料顺序的控制和反应温度的影响，所以聚合反应应严格控制加料顺序和聚合反应温度。

6.2.4.3 后处理

后处理阶段是SBS生产的最终部分，它的作用是接受聚合单元生产的胶液，并根据相关的质量规定进行调配、混兑，然后先脱除胶液中的溶剂油及杂质，再进行干燥脱水，最终生产出合格的胶粒并进行产品包装。因此要从胶液中分离出聚合物，凝聚、脱水、干燥等后处理工序必不可少。

聚合物胶液在凝聚前，需要先进行混兑。由于各批次生产的胶液熔融指数不同，为了减少产品熔融指数的波动，在胶液凝聚前，需要先采用胶液混兑工艺处理，即将熔融指数在可混兑范围内的胶液按体积比例进行掺混，从而保证成品熔融指数合格。因此，聚合反应结束后的聚合物胶液要先进入几组胶液罐，各胶液罐之间有气相连通管线，以保证各罐的压力平衡。胶液罐中的胶液经配胶泵在各组的各罐之间进行调配、混合，经分析合格后由配胶泵经胶液过滤器进入凝聚釜进行凝聚。需要注意的是，如果熔融指数相差太大，胶液不宜掺混，否则混配后的胶液熔融指数虽然达到了控制指标，但胶的其他物理性质并不能达到要求。

胶液的凝聚采用的是水蒸气蒸馏湿法脱汽的原理。胶液进入凝聚釜，遇到高温的热水升温，低沸点的溶剂油迅速汽化被蒸汽带走，不溶于水的胶析出，在搅拌的作用下形成胶粒。一般在凝聚釜的底部喷入低压蒸汽，在机械搅拌和蒸汽的共同作用下，胶液在热水中分散为直径约 10～20mm 的胶粒；胶液中的溶剂由凝聚釜顶部蒸出，水蒸气和溶剂气经冷却器冷凝冷却后进入油水分层罐，分层后的溶剂送去溶剂回收装置进行回收；分层的水通过换热器换热后，进入凝聚釜作为喷淋水；不凝气经冷凝器冷却后，凝液进入油水分层罐，少量不凝气引入装置尾气压缩机，通过压缩机回收技术进行回收，消除装置外排气相现象，减少现场溶剂气相的放空和散逸。凝聚好的胶粒和热水一起由胶粒水泵送入后续工艺处理。

胶粒水是胶粒和水的混合物，因此要得到聚合物，就需要将胶粒和水分开。由凝聚来的胶粒水经缓冲罐、脱水筛进入洗胶罐，再经脱水筛进入挤压脱水机；或者凝聚来的胶粒水直接进入挤压脱水机，经挤压脱水后，胶粒进入膨胀干燥机，或由压缩空气送入旋风分离器，分离出空气和挥发分，胶粒落入摆动加料机，将胶粒均匀地分布到长网干燥机上。热水则进入热水罐送到凝聚单元。

湿的胶粒中还有一定的水分以及少量溶剂等挥发组分，因此在加热干燥前还需要除去这些挥发分。挥发分的脱除是通过膨胀闪蒸的工艺实现的。湿胶粒进入膨胀干燥机，在螺杆的剪切摩擦和机体夹套蒸汽加热作用下，不断升温升压。当从模板挤出时，由于压力迅速降低而发生闪蒸，物料中的水等挥发组分挥发，同时模头处的切刀将胶切成粒状。胶粒在重力作用下落进流化干燥床；或胶粒由压缩空气送入旋风分离器，分离出空气和挥发分，胶粒落入摆动加料机，将胶粒均匀分布到长网干燥机上。

胶粒最后还需要热风干燥。胶粒在长网干燥机内的加热段或热风箱及流化床，经由蒸汽加热了的空气进行加热干燥，在冷却段被冷风冷却后或在振动筛上自然冷却后，挥发分降至1.0%以内。

干燥好的胶粒经分料、称重、套袋、装袋和封口后，经金属探测器、重量检测器和喷墨打印机打印批号后，入库码垛。

6.2.4.4 溶剂回收

由于 SBS 的生产采用的是以环己烷和正己烷为混合溶剂的阴离子溶液聚合反应，反应完成后需要回收溶剂重复使用。由于凝聚过程回收的溶剂中含有饱和水，以及各种在聚合以及凝聚过程中带入溶剂系统的轻、重组分杂质，所以必须进行脱除。根据物料的特性和聚合对溶剂的质量要求，通过非均相共沸精馏脱除溶剂中的微量水；通过多组分普通精馏，脱轻组分和脱重组分杂质。

溶剂脱水过程为非均相共沸过程，即在一定的温度、压力下，溶剂与水形成二元共沸物，和一些轻组分杂质一起从塔顶馏出，冷凝后水与溶剂在回流罐中静置分层，然后水被排掉，并从塔釜得到水值合格的溶剂。

溶剂脱轻和脱重过程，均为多组分普通精馏过程，即利用混合物中各组分的挥发度不

同，在一定温度和压力下，混合物在塔内进行汽液传质、传热，使液相多次部分汽化，汽相多次部分冷凝，最终在塔顶得到较纯的轻组分，从而达到分离的目的。

一般可以通过采用两塔流程进行溶剂的回收。从脱水、脱重塔侧线得到成品，从塔釜排掉重组分杂质；脱轻塔则是塔釜得到成品，从塔顶排掉轻组分杂质。目前国外一些公司回收系统也采用单塔流程，利用变径塔和侧线处理相结合的办法，实现脱水和脱轻、脱重。单塔和两塔相比，单塔设备投资少，操作简便，而且物耗和能耗低。

影响分离的主要因素有进料温度、塔压、塔内温度、回流比、回流温度等工艺条件；还有进料中水值、轻重组分杂质含量、轻重组分杂质排出系统的量，以及设备仪表平稳运转情况和操作人员的操作水平等因素。

通过控制脱水脱重塔顶馏出量、侧线采出量、塔底重组分杂质采出量与进料量的比例，以及塔顶、塔底温度，控制脱水脱重塔侧线产品的水值和重组分含量。通过控制脱轻塔组分杂质排放量和塔釜温度，控制塔底成品轻组分含量及水值。如果凝聚回收溶剂中碳四含量过高，若不及时调整工艺条件，则会造成溶剂成品中碳四含量偏高，从而严重影响聚合反应及产品质量。如果凝聚回收溶剂中苯乙烯含量过高，若不及时调整工艺条件，不仅会造成溶剂成品中苯乙烯含量高，从而影响聚合用各种助剂的配制，而且苯乙烯在脱重塔釜累积易在高温下发生自聚，从而堵塞再沸器。

经过上述处理的回收溶剂，达到以下指标后可以重新作为聚合反应的溶剂：水值$\leqslant 20\times 10^{-6}$；环己烷含量$\geqslant 70\%$；碳四含量$\leqslant 200\times 10^{-6}$。

SBS生产过程中溶剂回收单元的工艺流程简图如图6-2所示。

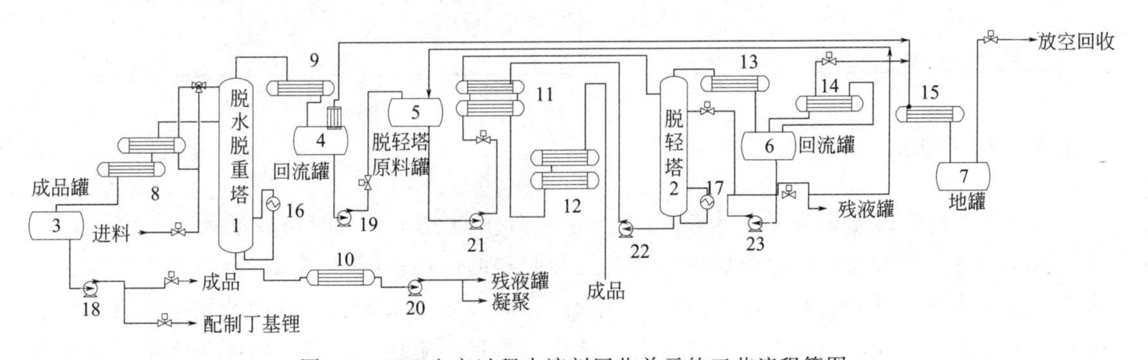

图6-2　SBS生产过程中溶剂回收单元的工艺流程简图

1—脱水脱重塔；2—脱轻塔；3，5—中间罐；4，6，7—脱水回流罐；8～15—换热器；16，17—再沸器；18～23—泵

6.3　无规溶聚丁苯橡胶的生产

中国石化北京燕山分公司研究院与大连理工大学合作开发成功SSBR合成技术，于1990年完成中试试验，1992年在燕化合成橡胶事业部的$13m^3$釜上进行了千吨级工业试生产，产品性能指标接近国际水平。1996年燕化合成橡胶事业部采用当时世界上先进的丁苯共聚锡偶联工艺以及独特的混合脂肪烃溶剂工艺开始生产溶聚丁苯，年产1.5万吨，可生产通用SSBR 2305和专用的SSBR 2304两大牌号。当前为更好地适应世界轮胎工业的发展，改变我国SSBR装置牌号单一、产品自给率低的现状，加强高乙烯基SSBR相关牌号的开发力度，提高SSBR生产技术水平和国产SSBR胶种在汽车工业中的应用能力，开发性能优异的高乙烯含量的充油

SSBR 新牌号成为当务之急。燕化公司联合中石化北京化工研究院燕山分院共同开发的高乙烯基充油 SSBR 2636 橡胶已完成工业化生产，成为燕山橡胶的又一新生力量。

中国石化北京燕山分公司无规溶聚丁苯橡胶的制备是以正丁基锂为引发剂，添加四氢呋喃类化合物为无规剂，1,3-丁二烯和苯乙烯在一定温度下进行无规共聚，然后加入锡偶联剂或硅偶联剂，使线型共聚分子链转化成支化结构的聚合物。这是因为溶聚丁苯分子量分布窄，且是无支化的结构，虽然赋予它一些优良的性能，但也造成其加工困难。通过加入带有多官能团的偶联剂到活性聚合物体系中，让它与活性锂封端的聚合物相联结，便可使分子链的分子量倍增，从而加宽分子量分布或提高分子链的支化度，使其加工性能和冷流性能得到改善。

无规溶聚丁苯橡胶的生产是锂系引发剂存在下的阴离子聚合，因此对原料纯度要求很高。原料有 1,3-丁二烯单体、苯乙烯单体、环己烷溶剂、丁基锂引发剂、四氢呋喃无规剂、偶联剂等，上述原料都必须符合聚合要求。由于无规溶聚丁苯橡胶的生产和 SBS 的生产，聚合原理相同，聚合方法相同，因此原料规格可以参考 6.2.1 中 SBS 生产原料规格。

生产无规溶聚丁苯橡胶的典型生产配方及工艺条件如表 6-3 所示。

表 6-3　无规溶聚丁苯橡胶的典型生产配方及工艺条件

聚合配方		聚合条件	
组分	用量/%(wt)		
1,3-丁二烯	75	反应温度/℃	40～95
苯乙烯	25	反应压力/MPa	2.94～9.8
环己烷	500	反应时间/h	1～3
正丁基锂	0.064	转化率/%	～100
四氢呋喃	1.6	聚合物浓度/%(质量)	11～16
四氯化锡	0.039		

6.3.1　聚合特点

间歇工艺合成的无规溶聚丁苯橡胶（SSBR）分子量分布窄，胶料冷流现象严重，且加工性能较差。为缓解胶料的冷流现象，同时提升胶料的使用性能，一般采取对 SSBR 自由末端进行改性处理。通过端基官能团改性，一方面提高大分子末端与补强剂的相互作用，增加补强剂的分散稳定性，另一方面将减少自由链末端数量，实现降低滞后损失和生热，达到降低轮胎滚动阻力的目的。目前，端基改性剂种类很多，大都是含硅、氮、锡化合物，中国石化北京燕山分公司橡胶厂使用的偶联剂为锡偶联剂或硅偶联剂。

由于利用锂系引发剂，当 1,3-丁二烯和苯乙烯发生均聚反应时，苯乙烯的聚合反应速率要比 1,3-丁二烯大得多。然而当两种单体共聚时，它们的聚合活性却发生了变化，如在 50℃下，苯乙烯和 1,3-丁二烯无论是何种比率，在正丁基锂和环己烷存在下，首先是大量丁二烯和极少量苯乙烯共聚，当 1,3-丁二烯被消耗掉以后，剩下的苯乙烯才开始聚合，此时聚合反应基本上以苯乙烯的均聚速率进行。因为苯乙烯均聚速率比 1,3-丁二烯大，当由 1,3-丁二烯转向苯乙烯聚合时出现自加速现象。

在这种条件下，1,3-丁二烯和苯乙烯共聚基本上只能生成嵌段结构的共聚物，但是作为一种通用橡胶，丁二烯苯乙烯共聚物中苯乙烯在大分子链上的分布必须是无规的。若苯乙烯以嵌段的方式进入聚合物分子中，则会降低硫化效果，使硫化网络不均匀，硫化不完全，从而导致硫化胶的强度、弹性和耐磨性降低，生热增加。因此为制得无规溶聚丁苯橡胶，必须

对溶聚丁苯的聚合体系进行某些改变。获得无规溶聚丁苯橡胶的方法主要有：添加无规试剂法、控制加料速度法、控制单体浓度比率恒定法、高温聚合法。

综合比较上述四种方法，控制加料法和控制单体浓度比率恒定法均在生产控制上比较麻烦，难以操作，而高温下阴离子聚合活性种又不稳定，因此上述三种方法在无规溶聚丁苯工业生产中很少采用。制备无规溶聚丁苯橡胶最简便和最重要的方法，是通过加入无规试剂改变活性种的性质来调节单体竞聚率。

常用的无规试剂为给电子试剂和碱金属烷氧基化合物两大类。给电子试剂有醚类、胺类、含磷化合物类、混合吡啶类等。碱金属烷氧基化合物有叔丁氧基钾、叔丁氧基钠等。

高乙烯基 SSBR 开发的系列产品关键在于对结构调节剂的选择，早期采用 GSA 结构调节剂（主要成分为乙二醇二甲醚和添加剂）较好地解决了传统极性调节剂在高温活性种失活以及乙烯基含量与偶联效率方面的矛盾，但所用结构调节体系的溶解、配制过程复杂，经溶剂精制不易被脱除，对同套装置其他锂系牌号生产存在不利影响。燕化溶聚丁苯橡胶的制备是添加四氢呋喃为无规剂。四氢呋喃为极性物质，它可与活性增长中心的离子对络合，从而改变 1,3-丁二烯和苯乙烯两种单体聚合时的相对活性，使苯乙烯聚合活性提高，在反应初期就能与 1,3-丁二烯共聚得到无规共聚物，并使反应速度加快。但是无规剂的加入也能使聚丁二烯立构规整性下降，1,4-结构含量减少，1,2-结构含量增加。

6.3.2　生产工艺过程

溶聚丁苯橡胶生产工艺流程简图如图 6-3 所示。

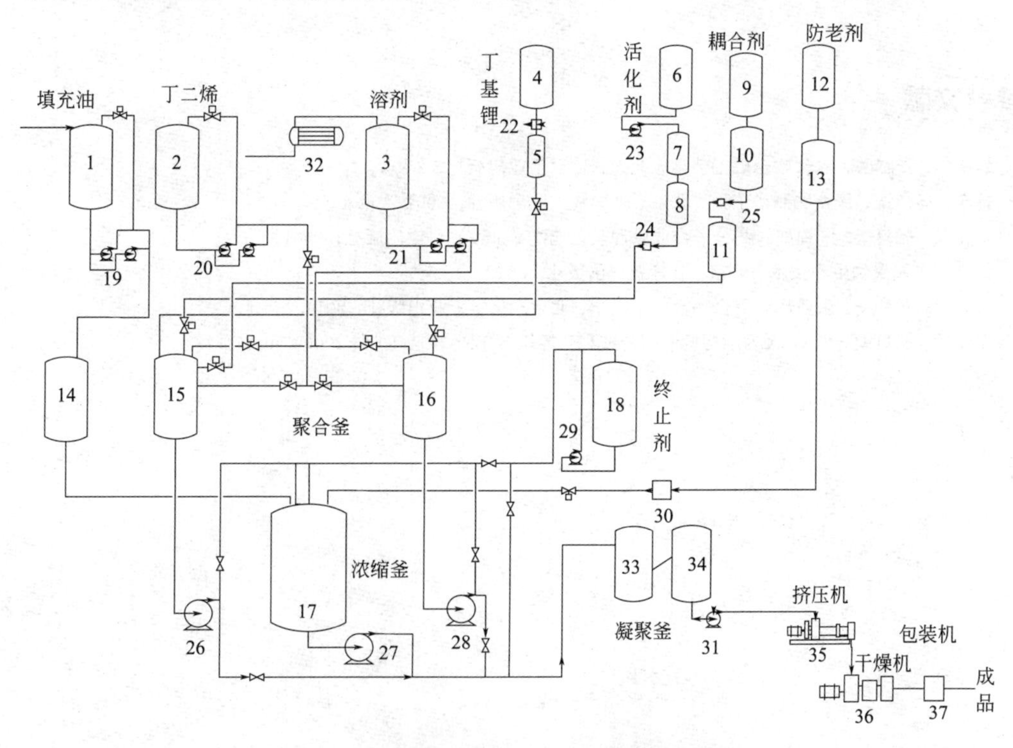

图 6-3　溶聚丁苯橡胶生产工艺流程简图

1～3，18—中间储罐；4，8，10，12—配制罐；5，7，11，13，14—计量罐；6，9—原料罐；15，16—聚合釜；17—浓缩釜；19～31—泵；32—换热器；33，34—凝聚釜；35—挤压脱水机；36—膨胀干燥机；37—包装机

按工业配方将溶剂、苯乙烯、活化剂和丁二烯加入到聚合釜中，再加入计量好的引发剂在聚合釜内进行聚合，之后加入偶联剂进行偶联反应。由于反应放热，且聚合过程中黏度急剧上升，因此聚合反应的关键是控制传热和搅拌。调节引发剂用量和配比，可以控制聚合物门尼黏度和单体转化率。

离开聚合釜的胶液进入浓缩釜，在浓缩釜中进行终止，之后加入防老剂送入胶罐，如生产溶聚丁苯牌号为充油溶聚丁苯，须在浓缩釜中加入填充油，再送入胶罐。如门尼黏度不合适，可通过胶罐进行混兑，以获得适合的门尼黏度。

掺混好的胶液进入凝聚釜，在热水中同时进行凝聚和脱除溶剂。回收溶剂经分层罐除去大量的水后，返回溶剂精制工序。

凝聚后的胶粒进入振动筛除去水分，并经机械干燥机除去余下的水分。干燥后的胶粒经提升机提升到达压块机，经称重，压块后由自动线送去包装即得成品。

思考题

1. 溶聚丁苯橡胶的聚合机理是哪种？
2. 溶聚丁苯橡胶生产工艺中，生产控制因素有哪些？
3. 原料中含有杂质会引起哪些副反应？
4. 溶聚丁苯 SBS 生产工艺流程中可分为几个工序？
5. 聚合反应的终止如何实现？
6. 这套装置还可生产哪些改性的溶聚丁苯？
7. 要得到不同牌号的产品是如何实现的？

参考文献

[1] 赵德仁，张慰盛．高聚物合成工艺学．北京：化学工业出版社，2010.
[2] 张洋，马榴强．聚合物制备工程．北京：中国轻工业出版社，2001.
[3] 李克友，张菊华，向福如．高分子合成原理及工艺学．北京：科学出版社，2001.
[4] 侯文顺．高聚物生产技术．北京：高等教育出版社，2012
[5] 左晓兵，宁春花，朱亚辉．聚合物合成工艺学，北京：化学工业出版社，2014.
[6] 梁爱民，王世朝．以 GSA 为结构调节剂合成高乙烯基 SSBR. 橡胶工业，2003，50:470-472.

第7章

石油化工仿真培训技术

随着我国改革开放和现代化建设的飞速发展，石油化工企业的规模迅速扩大，大量先进的生产装置投入生产，这些新投产的装置具有很高的自动化和信息化水平。现代的石油化工企业以巨大复杂的设备和高度密集的联合体为基础，从过程控制转向了分散型系统（DCS）控制，使得产品的生产效率和质量均得到大幅度提升。可以说，现代化的石化企业生产的操作控制都集中在中央控制室内完成，装置作业面上正常生产情况下是无人的。与之相对的，是扩招带来的大学生规模不断增加，传统的生产实习模式（实际生产现场装置的学习）出现了种种弊端，如危险性大，灵活性差，占用时间多，易造成生产事故等。因此，为了保证生产安全稳定、长周期、最优化地运行，大多数石油化工企业对本科生的生产实习进行了限制，不允许学生动手操作，致使生产实习沦为“参观”学习，效果大打折扣。

由此可见，当前石化企业接待生产实习的方法已不能满足对当前对高校学生的培训要求，必须寻求一种直观有效且能让学生动手操作的模拟手段改变实习方式。基于计算机的模仿工厂操作实际的仿真培训系统（Operator Training Simulator，OTS）应运而生，并成为了必然的发展趋势。发达国家的经验表明运用仿真技术进行石油化工技能培训是最有效地方法。

7.1 石油化工仿真培训技术

7.1.1 石油化工仿真软件

仿真（Simulation）是通过建立实际系统模型并利用所建模型对实际系统进行实验研究的过程。最初，仿真技术主要用于航空、航天、原子反应堆等价格昂贵、周期长、危险性大、实际系统试验难以实现的少数领域，后来逐步发展到电力、石油、化工、冶金、机械等一些主要工业部门。特别是石油化工过程的模拟（Simulation）技术随着计算机技术的飞速发展，应用的范围越来越广。

计算机技术的迅猛发展使得石油化工仿真（流程模拟）技术日新月异，仿真软件是仿真技术的最终应用模式，主要由数学模型、数据库、输入和输出系统组成。大型软件还包括专家系统和其他辅助系统。

仿真技术的应用领域已由工程设计拓展到生产过程之中。如可利用仿真进行工艺技术分析、指导装置开停工、发现并分析装置生产“瓶颈”等，能够改进装置操作条件、降低操作费用、提高产品产量和质量、降低物耗和能耗、缩短开停工周期、节省开停工费用。此外，仿真软件能与数据处理软件结合，进而实现装置离线优化和进行职员的岗前培训等任务。

仿真软件从使用范围角度有通用软件和专用软件之分；从模拟方式有稳态和动态之分；从内部结构上有固定流程和动态组合之分；从用户角度有工程设计和仿真培训之分。

作为石化装置工程设计和监控优化过程操作有力工具的仿真技术，目前在仿真软件方面已达到自成体系且系列化、标准化程度很高的境地。据统计，近年国内外已有多家软件公司推出石化流程专用仿真软件，如表 7-1 所示为其中有代表性的部分软件。

表 7-1　石油化工专用仿真软件汇总

序号	公司	仿真软件	特色及应用
1	美国 AspenTech	Aspen plus	智能型仿真软件,数据库数据全,适用范围广,多用于化工领域的仿真模拟,具有 OTS 开发模块
2	美国 SimSci-Esscor	PRO/II	用于炼油工业,贴近工业实际,数据库中具有经验数据,具有 OTS 开发模块
3	美国 Honeywell	Unisim	主要用于炼油,动态模拟是其优势。在油气工程领域就有着极高的精度和准确性,具有 OTS 开发模块
4	美国 Chemstations	ChemCAD	规模小,价格低廉,具有网络版,适合学校教学,具有 OTS 开发模块
5	英国 PSE	gPROMS	新一代通用过程模拟模块
6	美国 WinSim Inc	Design II	化学过程模拟软件,是在 Windows 环境下开发的第一款过程模拟软件
7	加拿大 Vritual Materials Group	VMGSim	计算准确,功能强大以及高性价比的稳态流程模拟软件
8	英国 Invensys	OTS	拥有 SimSci 的 DYNSI 平台
9	日本 Yokogawa	OTS	具有 CENTUM DCS 平台
10	中国东方仿真	OTS	专业从事 OTS 开发
11	中国坤天自动化	OTS	

如表 7-1 所示，国内外多数公司都非常重视 OTS 系统的开发，在仿真软件中设有 OTS 开发模块，或者设计专门的 OTS 系统软件。

自 1987 年我国第一套仿真培训系统开发成功后，国内约有 60 多个炼油、化工和石油化工企业已经开始使用国产仿真培训系统，总计 100 多套 OTS 仿真器投入使用。参加仿真培训的学员约 10 万人次。国产化仿真培训系统已有部分软件与硬件达到国际同类系统的先进水平，目前国产化石油化工仿真培训系统几乎完全取代了进口系统。同时，采用仿真技术解决生产实习难题的化工类院校也迅速增多，也有许多工程类的高校针对各自的专业特点自主建设了校内仿真培训基地，除保证生产实习效果外，对全方面培养学生工程实践能力亦有重要作用。

7.1.2　OTS 的基本要求及功能

采用 OTS 培训系统，就是运用实物、半实物或全数字化动态模型，用仿真机运行数学模型建造一个与真实系统相似的操作控制系统（如仿 DCS 操作站等），模拟真实的生产装置，再现真实生产过程（或装置）的实时动态特性，使学员可以得到非常逼真的操作环境，进而取得非常好的操作技能训练效果。OTS 系统能逼真地模拟工厂开车、停车、正常运行和各种事故状态的现象。它没有危险性，能节省培训费用，为受训人员提供安全、经济的离线培训条件，已经越来越受到重视，并在全世界许多国家得到普及。

对于石油化工 OTS 软件，一方面要求有精确反映和表达实际过程的模型，这是 OTS 的核心。另一方面要求有能保持真实感受实际运行操作的人机接口（Human Machine Interface，HMI）。只有与实际 DCS 具有相同画面和人机接口，才能有真实感。日渐完善的 OTS 的基本功能如图 7-1 所示。

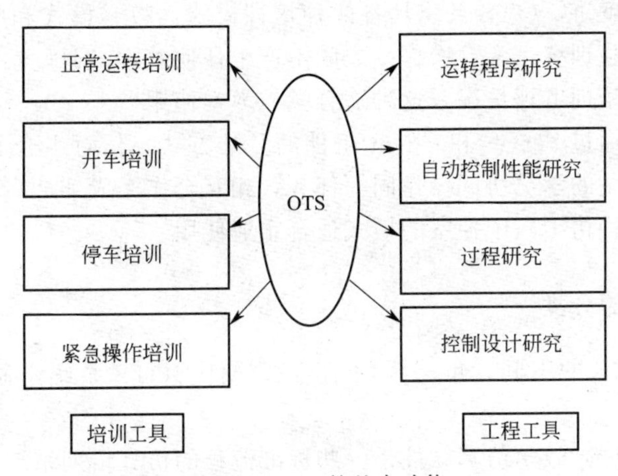

图 7-1　OTS 的基本功能

作为培训工具，OTS 系统包括如下四种功能。

(1) 正常运转培训　把握因正常运转时过程干扰引起的设备性能变化和各控制回路特性，掌握运转模式的变更操作等。

(2) 开车培训　开车培训是指从停车状态到运转正常的运转操作体验。操作者根据正确的操作步骤，通过鼠标操作 OTS 系统界面中的阀门或仪表等设备，完成仿真的全部过程。

(3) 停车培训　与开车相反，是从运转正常状态到停车的运转操作。

(4) 紧急操作培训　OTS 系统可设置事故，进行针对事故处理的紧急操作培训。

除此之外，OTS 系统还应具有仿真操作成绩评估、提示信息系统、报警系统等辅助功能。仿真成绩评估包括仿真操作步骤、安全情况和正常工况三部分成绩，可考察操作者对开车步骤、安全操作和正常工况的掌握情况。提示信息系统是指操作者在使用仿真软件过程中，在相应的设备和仪表处可通过点击或鼠标停留出现该设备和仪表的信息，帮助操作者在进行仿真操作前熟悉设备及工艺流程。报警系统则是在操作者操作过程有误或偏离正常工况时通过消息对话框给出警示。

7.1.3　OTS 系统的组成及分类

7.1.3.1　OTS 的组成

OTS 的核心是仿真模拟技术，即在计算机上仿真模拟真实生产过程，建立对应的“虚拟工厂”，包含其生产过程及其控制逻辑。在此基础上，实现对工厂过程和控制逻辑的模拟、调整和培训。OTS操作员培训系统有三方参与者：教师、虚拟工厂（仿真服务器）、操作员（操作员站）。教师可以监控每位操作员的情况。而仿真服务器作用是运行作为“虚拟工厂”的仿真模型，仿真模型是在建模平台上建立的基于严格机理的动态模型，能高精度地模拟工厂的生产流程，并模拟开车、停车、各种故障处理过程。仿真服务器能够自动运行仿真模型，最终用户不需要关心任何建模的过程和形式。

关于操作员站，一般为客户提供两类产品选择：一类是真实的DCS操作员站软件，另一类是仿DCS的HMI组态软件。前者的优势是操作员站能够真实再现工厂中控室的情形，让学员有身临其境的真实感觉。后者一般需要符合工业标准OPC协议。

从培训模式的角度讲，OTS系统具备两种培训模式：教室模式和中控室模式。教室模式下，每台操作站单独训练，多台操作站之间不产生任何关联。通过教师大厅查看和控制每台学员在操作站上的培训考评情况，这种适合学校教学使用。

中控室模式下，通过Server和Client组件的登陆方式，任意组合某几台操作站形成局域网，使这几台操作站的学员协同操作同一任务，相互合作完成某个诸如开车、停车或故障处理的培训任务。这种仿工厂中控室的模式适合企业使用。

7.1.3.2 OTS系统的分类

OTS系统根据需求的不同，可分为教学仿真软件、OTS系统定制和半实物仿真系统三类。

（1）教学仿真软件　教学仿真软件是一些标准流程的仿真培训系统，用于各级院校石油化工专业学生熟悉工艺过程，为教学服务。如北京化工大学自20世纪90年代开始在国内首先提出并倡导采用全数字仿真技术解决本科生的工程实践教学，20年来研发完成高水平的系列化的“化工过程及系统控制仿真实习软件”，将石油化工生产过程中典型的单元操作：输送、热交换、压缩、间歇反应、连续反应、加热、吸收、精馏等设计成可独立运行的软件。目前已在全国一百多所高校得到应用，涉及工业工程自动化、化学工程、应用化学、材料科学与工程、环境工程、生物工程、热能与动力工程等多个专业。如图7-2所示为该套石油化工仿真实习教学软件部分流程图界面。

（2）OTS系统定制　OTS系统定制就是面对企业实际的生产过程定制OTS系统。按照用户指定装置的工艺、设备、控制系统（DCS、SIS、CCS等）、过程机理、质量及能量平衡、机械设备工作原理等进行完全的客户化针对性开发OTS系统。通过高精度的仿真模拟构建出与真实工厂非常接近的虚拟生产装置和生产过程，能够逼真地模拟工厂的开车、停车、正常运行和各种事故过程的现象和操作，为使用者（操作员等）提供一种近乎实际的仿真生产和操作环境，以及相同的操作体会和感受，从而获得相应的技能和经验积累。相比其他的培训手段，仿真培训能够大幅提升技能培训效果、节省培训费用，缩短培训时间，在数周之内取得现场二至三年的操作技能和经验积累。定制OTS系统的主要应用包括工艺操作技能培训及经验传承；工艺操作技能考核、鉴定与技能竞赛；仿真安全分析试验与事故处理培训；虚拟现实应急演练及预案校验；工艺系统、控制系统设计检验与生产操作指导等。

国内的东方仿真公司已为国内100多家大型石化企业定制开发了超过500套装置级仿真培训系统和和提供了上千套各类型培训软件产品，仿真业绩覆盖油气工程、石油化工、煤基化工、水处理等流程工业领域的60多种生产装置、30余种DCS等控制系统，并在中石化、中石油等下属多个企业中定制了与实际生产DCS系统一致的仿真实训软件。

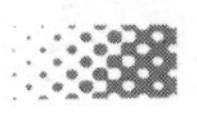

图 7-2 石油化工仿真实习教学软件部分流程图界面

(3) 半实物仿真系统 半实物仿真系统中半实物的意思是一半是实物，一半是仿真软件。这里的实物是将工厂实际流程装置按比例缩小建造，里面不走任何物料或仅走水；而仿真软件就是针对工艺流程的仿真模型和组件；并且，实物装置和仿真软件实时通讯，实物装置上的仪表实时显示的所有数据均来自仿真软件，而实物装置上的手操阀的开度信息也都能实时传递到仿真软件上对仿真计算结果产生影响。这种 OTS 系统不但能够模拟控制室内的计算机控制系统（DCS）的操作，还可模拟现场装置的实际动手操作，解决了操作人员对现场装置的几何空间概念的把握和对操作设备与部件的操作力度、动态时机的把握。其中还包括了控制室操作人员与现场操作人员的团队配合及协调行动。这些训练内容对于复杂系统的开停车、非正常工况的处理、尤其是在发生事故的紧急状态时特别重要。

1992 年，由北京化工大学仿真中心、北京东方仿真控制技术有限公司与北京燕山石化公司合作并由中国石化集团公司立项投资的我国第一个半实物仿真工厂开发成功。该系统采用实际规模的静设备、控制系统和动设备，不用真实物料，采用水和低压氮气（用于隔离空气中的氧气，防止设备腐蚀）模拟流量、物位和压力，用仿真模型校正。其中反应动力学、传质与传热采用仿真模型模拟。借助于复杂的附加控制系统和流程系统实现多种物理化学现象和事故现象。2014 年，北京化工大学建成了“全生命周期工程实训基地”，包括了一套全流程级别的基于真实的丙烯酸甲酯合成与精制工艺过程，包含反应、精馏、萃取、分离等多种典型工艺的半实物仿真系统，将我国石化仿真技术发展到一个新的水平。装置吸取了国内外相关系统的优点，将缩小型（10∶1）半实物流程装置、真实 DCS 控制系统与数字仿真技术结合，实现了多种先进技术的集成创新，即定量动态建模与仿真技术；具有工业级尺寸、工业级增益和时间常数、高精度动态模型；半实物仿真平台技术，具有真实的三维空间位置，真实的操作力度等。研发成功的现代化工仿真工厂，实现了集多种教学和实训功能于一身、全工况可操作、真实感强、一机多用、无须物料、没有产物和副产物、维修简单、节能、安全、环保、投资省、见效快等理想培训系统的要求，是工业实训技术的一个新的飞跃。

7.1.4 OTS系统的发展趋势

当代化工与石油化工控制系统已经达到大型化、复杂化、网络实时化、软件集成化、管控一体化的先进水平，要求提供解决自动控制、生产管理、调度、执行、安全与环保等信息系统的全集成解决方案，而不再是PLC或DCS的自动化孤岛和信息孤岛的陈旧模式，也就是说仿真培训和仿真教学系统又面临新一轮训练内容和系统研发的创新机遇。

新一代OTS系统应该是一种实时网络化、远程化、虚拟化、标准化的集成环境，结合各种主流国际学习标准（IEEE，ADL-SCORM，IMS等）和国家信息技术标准化技术委员会教育技术分技术委员会（China E-Learning Technology Standardization Committee，CELTSC）学习标准（CELTS），高层体系结构标准（HLA）和运行支撑环境（RTI）标准等，重点解决网络远程教学训练、教学资源共享，学习的可自动化监控和智能化自解释学习等通用技术的实用化课题，研发新一代仿真训练与自动教学系统。其发展方向应该包括如下几方面。

（1）共享服务中心式OTS　构建集中型仿真培训共享服务中心。可以循序渐进的覆盖所有生产装置类型，通过网络让所有学员使用，实现集中投资，统一标准，集中建设，集中管理，广泛受益。

（2）多装置并行OTS　采用通用的仿真软件平台，开发多套生产装置动态模型，构成多套生产装置同时仿真的OTS网络系统。采用实时多任务技术，允许多用户同时操作。

（3）三维虚拟现实模拟系统　利用三维虚拟现实技术（Virtual Reality）与仿真培训系统集成为一个统一平台，提供相应的三维虚拟现场操作模块。用户可以通过PC机操作一个三维可视化的与实际逼真的虚拟工厂，增加亲临其境之感。可以进行手动开关阀门，在“现场”读数，查看设备运行情况，与控制室进行通信。

7.2 仿真实习技术

仿真实习技术是以仿真机作为工具，用实时运行的动态数学模型代替真实工程进行实习的一门技术。仿真机是基于电子计算机、网络或多媒体部件，由人工建造的，模拟工厂操作与控制或工业过程的设备，同时也是动态数学模拟实时运行的环境。动态数学模型是仿真系统的核心，是依据工业过程的数据源由人工建立的数学描述。这种数学描述能够产生与工业过程相似的行为数据，一般由微分方程组成。用于仿真实习的动态数学模型应当满足数值求解的实时性、全量程随机可操作性、逼真性和高度可靠性。

7.2.1 仿真实习的特点

与传统的工厂实习相比，仿真实习具有如下优点：

7.2.1.1　直观及可操作性

仿真能够模拟真实的生产装置，再现生产过程的实际动态特性，通过模拟开车、停车、正常运行以及事故时各项数据的变化，直观地看到生产过程中涉及的参数及其变化，明白正常状态、事故现象以及事故处理，进而了解实际生产装置。同时学生可以亲自动手，反复操作，直到操作技能达到要求，这在实验室及实际工厂中是难于实现的。

7.2.1.2　理论与实践相联系

仿真会把各种设备的外观、结构以及运行模式直观地显示在计算机屏幕上，学生们可以按照每个设备的操作规程进行操作。如果操作错误，仿真系统会做出提示或者终止操作，而且会把操作错误的原因一一列出，并且让学生按照提示将操作正确进行下去。这样学生就会对书本上有关设备操作理论知识有一个深刻的理解，进而更容易掌握它，真正做到理论知识与实践紧密的联系。

7.2.1.3　软件具有可调节性

仿真软件提供参数设定等多项特殊功能，便于教师实施各种新的教学与培训方法，学生也可以根据自己的具体情况有选择地学习，自行设计、试验不同的开、停车方案，优化操作方案等。例如，软件可设定各种故障、极限运行状态等，以锻炼学生处理复杂问题的能力和识别事故、排除事故、解决事故的能力。可反复进行开车、停车训练，可观察和解读生产过程中发生的一些变化，能强化知识的理解和弥补课堂教学的不足，能形象生动展现实验原理、工艺流程、设备结构等。

7.2.1.4　安全、节约、环保

学生在仿真系统中进行事故训练不会发生人身危险、不会造成设备破坏和环境污染。因此，仿真实习是一种最安全的实习方法。采用仿真实习技术解决实习教学，可以节省购买设备、设备运行、原料费等大量开支。采用仿真软件不会生产出实际的化工产品，更不会排放三废，因而是最环保的实习方法。

石油化工仿真技术的应用，在改善实验实训环境、优化教学过程、提高学生的实际动手能力方面有着得天独厚的优势。尽管仿真实习优点非常明显，但也存在局限性，不能完全取代下厂实习。其局限性主要表现如下。

（1）设计简单化　仿真培训软件的设备设计、管路安装、工艺流程以及操作步骤都比较简单，和实际生产现场以及操作相差较远。如操作步骤，其过程仅涉及开阀、关阀、控制温度、压力、流量等参数。学生往往会机械地按步骤进行开阀、关阀、调节温度等，而忽视了其中涉及的原理，更不可能和工厂实际相结合。如果没有实际生产现场的结合，仿真实习仍然只是纸上谈兵。因此，仿真实习必须与下工厂相结合，让学生先进工厂了解实际的生产工艺、设备装置，再进行仿真操作，加深对工艺和设备的理解，从而达到理论与实践相结合。

（2）操作游戏化　仿真实习在电脑上进行，只需操作鼠标和键盘即可进行。大多数软件还具备一键还原功能。这使学生在操作过程中出现问题往往一键还原，不太关注操作过程中出现的各种失误、故障的解决方法，而这些失误和故障在实际生产过程可能会造成极大的安

全事故。这会造成学生的安全生产观不足，不利于增强学生安全生产的高度责任感、紧迫感。因此，要让学生真正掌握化工生产操作技能，了解化工生产安全问题的重要性，提高分析判断和处理的问题的能力，还必须结合下厂实习。

7.2.2 仿真实习教学规律及化工过程操作要点

7.2.2.1 仿真实习教学规律

仿真实习的教学规律是一个认识、实践、再认识与再实践的过程，主要有如下五个循序渐进的步骤。

(1) 进厂参观实习　为了加强仿真实习的效果，尤其对于从未见过真实化工过程的学生而言，仿真实习前先到工厂进行短期参观实习是十分必要的。通过参观实习，可以了解各种化工单元设备的结构特点、空间几何形状、工艺过程的组成、控制系统的组成、管道走向、阀门的大小和位置等，使学生建立起一个完整的、真实的化工过程的概念。

(2) 熟悉工艺流程、控制系统及开车规程　在实际工厂的参观实习的基础上，还需采用授课的方式使学生对将要仿真实习的工艺流程，包括设备位号、检测控制点位号、正常工况的工艺参数范围、控制系统的原理、阀门及操作点的作用以及开车规程等知识具有详细的了解。必要时，可采取书面流程图填空的方法进行测验，以便了解学生对工艺流程的掌握情况。如果不进行以上内容就直接开始仿真培训，学生会无从下手，教师会面临学生的众多提问而忙乱不堪。

(3) 仿真操作训练　在实际工厂参观实习、熟悉流程和开停车规程的基础上，可以进入仿真实习阶段。为了达到较好的仿真实习效果，应本着由常见的典型单元操作（离心泵、换热器）开始，经过工段级（精馏塔等）的操作实习，最后进行大型复杂工业过程（如锅炉、催化裂化反应）的仿真开、停车及事故实习。越复杂的流程系统，操作过程中可能出现的非正常工况越多，必须训练出对动态过程的综合分析能力，各变量之间的协调控制（包括手动和自控）能力，掌握时机、利用时机的能力，以及对将要产生的操作和控制后果的预测能力等，才能自如地驾驭整个工艺过程。这种综合能力（素质），只有通过反复多次训练才能获得。为了促进这种能力的获取，仿真实习系统数学模型的时间常数一般比真实系统小，因此，学生必须投入更大的注意力和反应速度，这也是仿真实习在教学中的优势所在。对于复杂的工艺过程，尤其是首次仿真开车，学生难免出现顾此失彼的局面。教师可以实施“同步教学法”，即由教师统一指挥，全体学生跟踪老师的指挥，同时把各自的工艺过程开至正常工况。这种全过程由教师引导的“同步教学法”，可以增强学生的自信心，激发学生的学习兴趣，体会教师所策划的开车技巧，提高仿真实习效率。

(4) 分析和讨论　分析和讨论是仿真培训的重要环节。仿真过程中碰到的各种现象及问题，通过讨论可以提高到理论进而加以认识。通过仿真培训，启发学生联系相关课程所学内容，如化工原理、物理化学、化学反应工程等，以及相关聚合物生产、腐蚀与防护等专业课程。

(5) 安全教育　安全教育是必须进行的实习内容。仿真培训可以通过事故排除训练使安全教育具体化、实用化。通过仿真培训，学生可以了解事故产生的原因、危险如何扩散、会

造成什么后果、如何排除以及最佳排除方案是什么。

7.2.2.2　化工过程操作要点

仿真实习可以使学生在短时期内积累较多的化工过程操作经验，即石油化工自动化生产过程操作要点。这些要点即使在真实的生产过程中依旧适用。

（1）熟悉工艺流程、熟悉操作设备，熟悉控制系统，熟悉开车规程　“四熟悉”是运行复杂化工过程之前必须牢记的原则，仿真实习尽管不是真实系统，依旧要求开车之前达到这一要求。

熟悉工艺流程要求读懂带指示仪表和控制点的工艺流程图。目前现行的仿真软件的流程图画面一般都是仿照实际生产过程DCS控制系统的工艺流程图进行设计的。除能看懂工艺流程图外，还应牢记正常工况下各重要参数的范围。如压力、流量、液位和温度等。此外，若有条件了解真实生产系统，应对照流程图确认设备的空间位置、管路走向、阀门位置等。

操作设备是开车时所涉及的所有控制室和现场的手动、自动执行机构，如控制室的各类阀门操作器、电开关等。仿真开车要频繁使用这些操作设备，必须熟悉有关操作设备的位号，在流程中的位置、功能和所起的作用。

自动控制系统在化工过程中已成为重要的组成部分，必须熟悉控制系统的作用原理及使用方法。

开车规程通常是在总结大量实践经验的基础上，综合考虑了生产安全、节能、环保等多方面的因素提出的规范。仿真开车规程与真实系统开车规程基本一致。

（2）首先进行开车前的准备工作，再进行开车　仿真实习系统无法全面模拟各类开车前的准备工作，往往是将这类工作整合在若干阀门开关和调节器上。但开车前的准备工作对系统平稳运行具有重要意义。因此在进行仿真实训前，要求学生掌握系统开车前的各项准备工作。

开车前的准备工作包括：①管道和设备探伤及试压；②管道和设备吹扫；③拆盲板；④仪表校验、调零；⑤公共工程投用；⑥气、液排放和干燥。

对于有特殊要求的装置，根据要求进行开车前的各项准备工作。此处不再展开列举。

（3）高点排气、低点排液　根据气体往高处走，液体往低处流的原则，化工设备和管路都在高点设置排气阀，在低点设置排液阀。通常开车时需要高点排气，停车时要低点排液。如离心泵开车时必须进行高点排气，防止气缚现象；停车后进行低点排液，防止设备锈蚀。

蒸汽管线在停车后管内的蒸汽几乎都冷凝为水，必须排凝后才能再次送入蒸汽。如果不排凝，冷凝水在管内蒸汽推动下达到很高的速率，会冲击弯头和设备，影响寿命。

（4）跟着流程走　进行仿真实习时，最忌讳学生按照操作说明步骤进行，不动脑，照本宣科。这会使仿真实习的效果大打折扣。正确的学习方法是先熟悉流程，考虑每个开车步骤是强顺序性还是非顺序性步骤。对于复杂的装置，必须搞清楚物料流的走向及来龙去脉，在了解工艺原理的基础上“跟着流程走”，才能准确完成开车，掌握生产工艺。

（5）低负荷开车，正常工况后缓慢提升负荷　无论是静设备还是动设备，先低负荷开车，正常工况后缓慢提升负荷都是开车的基本安全规则。一般说来，容器或设备的承压过程是渐进过程，应力不均衡会造成损伤。负荷提升过快，也对造成设备局部过热或过冷，会因热膨胀系数不一致而损坏设备。

仿真培训软件根据实际生产要求进行模拟，也强调低负荷开车，正常工况后缓慢提升负荷的原则。如离心泵单元必须在出口阀关闭前提下低负荷启动，防止电机瞬间电流过大烧毁设备。

（6）操作时切忌大起大落，注意粗调和细调分寸　大型石油化工装置无论是流量、液位、压力、温度或组成的变化，都呈现较大的惯性和滞后特征。初学者往往当被调变量偏离期望值后大幅度调整阀门开度，由于系统的滞后，调整无法立刻看出效果，因而继续大幅度调整，造成系统工况大起大落，很难将系统稳定在期望值上。为了解决这一问题，最佳途径是掌握粗调和细调的分寸。在被调变量距离期望值较大时采用粗调，即大幅度开或关阀门。当被调变量接近期望值时采用细调，即小幅度开或关阀门。每进行一次阀门操作，应适当等待一段时间，直至达到平衡，权衡被调变量与期望值的差距再决定使用粗调或者细调。这种操作方法看似缓慢，但实际上是保证稳定工况的最快途径。

（7）热态停车及事故解决方法　热态停车不是把系统停至开车前状态，而是系统中的大部分系统设备仍处于开车状态或者低负荷状态，这是某些事故状态下的合理处理方法，即许多事故状态不一定要将全系统停下来，可以局部停车，将事故排除后能尽快恢复正常。热态停车的原则是处理事故所消耗的能力及原料最少，对产品的影响最小，恢复正常生产的时间最短。在满足事故处理的前提下，局部停车的部位越少越好。

解决事故的最基本途径是找准事故源。如果不找到事故根源，采用权宜方法处理，似乎能解决一时之困，但问题依然存在，往往会付出更多的能耗代价。如反应釜加热量过大，造成温度升高，压力增大。采用放空措施可以短时解决压力和温度过高这一问题，一旦放空阀关闭问题依旧出现，而且放空会造成空气污染，也不是可取之策。因此，必须从加热量过大的根源上解决才能彻底排除故障。对于复杂流程找准事故源需要对工艺流程非常熟悉，有丰富的经验，而仿真实习软件恰恰给学生提供了练习和对比的机会。

（8）优化开车步骤　大型复杂装置的优化开车是非常值得探索的课题。其基本原则是以最少的能耗、最少的原料及环境代价，最短时间内安全平稳的达到正常工况指标。仿真实习软件的操作也几乎都集中在开车问题上，学生可根据对工艺的了解，思考开车步骤的优化，举一反三。

（9）自动控制系统　现代大中型企业生产均已实现自动化控制，目前采用最多的控制系统为DCS（Distributed Control System）控制系统，国内一般习惯称为集散控制系统。该控制系统是一个由过程控制级和过程监控级组成的通信网络为纽带的多级计算机系统，综合了计算机、通信、显示和控制等技术，其基本思想是分散控制、集中操作、分级管理、配置灵活、组态方便。该控制系统可以对工艺过程进行自动控制，当系统受到扰动时，自动控制系统可以进行自动调节，保证工况稳定。

仿真培训软件模拟企业的自动化控制系统，采用PID调节器对流程进行控制，当手动将某一变量调到设定值后，可立即切换到自动控制。利用自动控制系统协助开车，工况达标投自动后由自动控制系统进行调节，避免了全手动操作中操作员顾及不到出现的波动。

当生产过程出现异常后立即切换为手动是仿真实习过程中必备的练习，学生必须具备手动开车达到设计负荷的能力，否则会在事故面前不知所措。

7.3　国内石油化工仿真实习软件

7.3.1　过程工业仿真实习软件

过程工业仿真实习软件为北京化工大学吴重光教授设计开发的实时软件平台，将复杂的工业过程包括控制系统的动态数学模型在微机中运行，并通过彩色图形化操作画面，以直观、方便的操作方式进行仿真教学。软件仿真内容具有实际工业背景，并经过石化企业的长期应用验证。仿真软件能够深层次揭示过程系统随时间动态变化的规律，具有全工况可操作性，可以进行开车、停车、正常运行、非正常工况操作和多种控制系统操作实训。

仿真软件包括过程工业中典型的单元操作，即离心泵、热交换器、压缩、间歇反应、连续反应、加热炉、吸收、精馏等可独立运行的软件，还包括锅炉、大型合成氨转化、常压减压蒸馏及催化裂化反应再生等流程级仿真软件。该软件重点模拟的内容如下。

① 离心泵与液位。模拟了离心泵动态特性，同时模拟了液位和流量控制。

② 热交换系统。准确地模拟了热交换器温度变化的大“惯性”，可以进行传热系数（设计标准）核算。

③ 透平（涡轮）及往复压缩系统。选用国际通用的节能动力结构，包括了汽轮机和往复压缩机两种常用的转动设备。操作点和操作步骤与工业实际完全一致。

④ 间歇反应系统。精确描述了间歇反应过程中最为复杂的一种，即具有主副反应的竞争、放热剧烈、压力随温度急剧变化等特性，是当前工艺全实物实验根本无法进行的高危险性实验。此外，全实物实验还面临物料消耗、能量消耗、反应产物的处理、废气废液的处理和环境污染问题。

⑤ 连续反应系统。与间歇反应相同，连续反应系统是当前工艺全实物实验根本无法进行的高危险性实验，又是非常需要的反应动力学实验内容。模拟的连续反应过程是工业常见的典型的带搅拌的釜式反应器（CSTR）系统，同时又是高分子聚合反应。

⑥ 加热炉系统。属于当前全实物实习根本无法进行的高能耗、危险性较大的实验。也是目前教科书中缺乏的内容。本加热炉系统结构和操作符合国际标准规范。

⑦ 吸收系统。充分描述了吸收系统的生产负荷与塔压和塔温密切相关、进料流量与塔压密切相关等重要原理。同时考虑了与吸收塔操作相关的解吸塔部分流程。

⑧ 精馏系统。描述了工业化、大型精馏塔的细致开车、停车过程，可以进行多种非正常工况的试验，可以实现物料平衡控制、产品质量控制、超驰控制和串级控制等复杂控制实习。

⑨ 65 吨/时锅炉系统。锅炉的主要静态和动态特性与实际工业系统有较高的模拟精度，可以进行真实工业锅炉的操作优化试验。由于该型号锅炉在国内数十个石化企业都是标准配置，因此在国内大型石油化工企业得到大量应用。

⑩ 转化工段。准确模拟了丹麦托普索专利技术大型合成氨转化工艺过程及全部控制系统的动态特性。软件模拟了紧急停车系统的所有功能。模型的各项指标都达到企业验收要求，得到企业高度评价。

⑪ 催化裂化系统。是大型炼油厂的关键装置，准确描述了催化裂化反应再生系统的各关键变量间的动态关系，开车过程复杂，控制系统特殊，控制系统具有事故联锁功能。描述

催化裂化过程的动态趋势和响应时间符合工业实际，因此，可以进行安全评价和故障诊断试验。

⑫ 常压减压蒸馏系统。也是大型炼油厂的关键装置，涉及重要过程变量200余个，控制系统60个，其中包括20个复杂控制回路。软件模型准确描述了常压减压系统的各关键变量间的动态关系，模型描述的常压减压蒸馏过程的趋势、响应时间和多种故障符合实际情况。

仿真软件采用类似于DCS组画面的模式，即流程图画面、控制组画面、趋势画面、报警画面等，用通用键盘和鼠标完成所有操作与控制。软件部分画面如图7-2所示。仿真软件提供了快门设定、工况冻结、时标设定、成绩评定、趋势记录、报警记录、参数设定等特殊功能，便于教师实施各种新的教学与培训方法。仿真软件还可以设定各种事故和极限运行状态，以便提高学生分析能力和在复杂情况下的决策能力。

7.3.2 北京化工大学“全生命周期校内工程实训基地”

为了适应现代工业发展趋势对工程人才的能力需求，北京化工大学在2014年建设了全生命周期校内工程实训基地。基地以多用途半实物仿真工厂为依托，采用典型的“丙烯酸甲酯合成与精制”化工流程，包括丙烯酸和甲醇的酯化反应、丙烯酸的分离回收、甲醇的分离回收以及丙烯酸甲酯的分离和精制等工艺过程。

(1) 仿真工厂概况　仿真工厂安放了丙烯酸甲酯生产流程所涉及的设备、管路、阀门、仪表等，包括酯化反应、精馏、萃取、分离等多种典型工艺，其流程的复杂度与实际工厂一致，其排布情况如图7-3所示。整条工艺可分成10个框架，每个框架中含有一个主体设备（反应器、塔、薄膜蒸发器等）及与之相匹配的附属设备（换热器、机泵等）。设备的外观、功能、安装方式等与真实的生产设备一致。仪表模拟真实工业现场仪表的测量、变送、显示功能，并能模拟各类仪表故障，以满足仪表选型、安装、调试和排故的教学与实训要求。

(a) 装置下层

(b) 装置上层

(c) 中控区

图7-3　仿真工厂排布情况

仿真系统承担模拟工艺原理的任务。根据丙烯酸甲酯生产流程的工艺原理建立高精度的计算机仿真模型，仿真系统中的仿真引擎根据半实物执行器、半实物手操设备的操作数据和

上一时刻的过程变量值，运行计算机仿真模型，将计算出的过程数据输出到半实物仪表，并将工况数据和操作数据输出到实训管理系统。

实训管理系统用于对仿真工厂的运行状态、学生的实验进行管理，运行在专门配置的教师站上。实训管理系统支持的功能主要包括：

① 对实验项目的管理；

② 对实验过程及结果的评分、成绩汇总和管理；

③ 单元设备单独实验和全流程实验的管理；

④ 教师对实验项目加入干扰（故障），训练学生的排除故障能力。

能够同时满足工艺、设备及控制专业的30～50名学生进行教学与实训活动。

（2）学生学习方式　学生在石油化工企业参观实习，了解了化工基本流程和设备的基础上，即可进入仿真工厂进行实践训练。为达到更好的实习效果，应首先掌握丙烯酸甲酯的生产工艺流程、主要设备，并对DCS控制软件和仿真平台的操作进行学习。

① 学习工艺流程。丙烯酸甲酯仿真工厂基于真实的丙烯酸甲酯合成与精制过程，以丙烯酸与甲醇为原料，以磺酸型离子交换树脂为催化剂，经过酯化反应生成丙烯酸甲酯，其酯化反应如下：

$$CH_2{=}CHCOOH + CH_3OH \longrightarrow CH_2{=}CHCOOCH_3 + H_2O$$

该反应为可逆反应，伴随轻微放热。

丙烯酸甲酯的生产过程可以分为酯化反应、丙烯酸分离回收、甲醇分离回收和产品丙烯酸甲酯分离精制4个生产工序，对应10台主体设备。学生可在教师指导下进入装置区通过“走流程，摸设备”打通整个生产工艺流程，了解各个主体设备，如反应器、精馏塔等设备中进出口物料走向，未反应物料的回收流程等等。真正意义上去认识生产过程中的“三传一反”，即流体的动量传递、热量传递和质量传递，以及生产过程的化学反应。

② 学习设备结构、功能。仿真工厂共包含10台主体设备，其中反应器1座、塔7座、薄膜蒸发器1座、产品罐1座。还有40余台附属设备，如换热器、输送泵、储罐、液槽等。学生可以认识各类典型的化工单元设备，掌握设备的关键结构及其功能。能够从直观上对各种设备的工作机理、作用进行判断，进而能够深度参与到生产的各个环节。

③ 学习各设备开、停车操作。仿真工厂利用真实了工业DCS系统和仿真系统，保证了学生可以在电脑上模拟控制生产的进程，包括开、停车操作和故障排除等，还可以利用仿真系统进行反应过程、分离过程的实训，进行典型单元的基本技能操作训练，熟悉化工工艺操作过程和仪表设备的维护使用能够全面培养学生的工程实施能力和生产操作能力。

丙烯酸甲酯仿真工厂依据真实的合成与精制工艺过程设计，其生产工艺流程含酯化反应、精馏、萃取、分离等多种典型工艺，且采用真实的集散控制系统和安全仪表控制系统，具有优良的通用性，适用于工科学生开展化工工艺认识、设备认识、开车操作、异常工况处理等多种实训活动。特别是可以进行多个框架同时操作运行，学生之间相互配合，进行丙烯酸甲酯生产装置的整体模拟开车操作训练，这对工科学生了解现代化石油化工企业的生产操作具有重要的意义。

7.3.3　东方仿真实习软件

东方仿真软件技术有限公司专门从事计算机仿真应用领域高科技产品研究开发，形成了基于“流程工业仿真平台（PISP）”和“企业 E-learning 网络培训平台 TRMS”两大核心平台基础的多系列自有知识产权仿真培训软件系统，涵盖油气工程、石油加工、化工、水处理、生物制药、食品等多个流程工业领域。公司将多年来为大型工业企业开发仿真模拟培训系统的经验和目前的计算机技术、网络技术等有机整合，形成了独立的一套系统：具有行业背景、专业知识的职业教学/培训用 CBT（Computer Based Training），开发出了一系列满足不同专业要求的仿真软件。东方仿真软件技术有限公司石油化工仿真实习软件汇总如表 7-2 所示。

表 7-2　东方仿真软件技术有限公司石油化工仿真实习软件汇总

产品名称	仿真内容及特色
化工单元实习仿真软件 CSTS	反应器、动力设备、传热、塔设备、罐区等 15 种单元设备的仿真
乙醛氧化制醋酸工艺仿真软件	乙醛装置的配套工程，起始原料为乙烯，乙烯氧化生成乙醛，再由乙醛为原料氧化生成醋酸
丙烯酸甲酯工艺仿真软件	丙烯酸甲酯生产工艺。包括酯化反应器、分馏塔、薄膜蒸发器、醇萃取塔、醇回收塔、醇拔头塔、酯提纯塔
聚丙烯聚合工段仿真软件	通过催化剂的引发，在一定温度和压力下单体聚合成聚合物
聚氯乙烯工艺仿真软件	悬浮聚合制备 PVC 生产工艺
常减压炼油工段仿真软件	包括电脱盐、常压蒸馏、减压蒸馏、减压气提
乙烯工艺—热区分离仿真软件	乙烯裂解工艺，包括脱丁烷、脱丙烷、加氢、丙烯精馏等系统
催化裂化工艺仿真软件（反再部分）	原料油转化工艺
工业尾气催化燃烧工艺仿真软件	尾气中有机物催化焚烧分解工艺
废弃物热力氧化焚烧工艺仿真软件	热力氧化焚烧工艺处理来自上游装置产生的废水、废油、塔顶和储罐顶的废气

7.3.4　杭州坤天仿真实习软件

杭州坤天自动化系统有限公司是一家专业提供自动控制领域先进解决方案的高科技企业，致力于为工业企业提供高品质的产品、解决方案与技术服务。公司积累了在过程先进控制、过程先进优化及其仿真领域的多年经验，应用范围涵盖化工、炼油、石化、油气加工、电力以及制浆造纸等行业。

该公司旗下的教学仿真软件主要包括常减压工艺仿真、聚氯乙烯工艺仿真、单元设备仿真（包括离心泵、换热器、罐区、液位控制等）、水处理仿真、冶金仿真、食品仿真和制作产品仿真等。

国内目前从事石油化工教育教学仿真软件的公司有几十家，本书不再逐一介绍。通过近 20 年在国内各大专院校、高职等已经推广应用石油化工仿真培训技术，表明仿真训练对于学生了解化工过程的工艺和控制系统的动态特性、提高对工艺过程的运行和控制能力具有特殊效果。与传统的下厂实习相比，仿真实习的优点在于：可以为学生提供充分动手的机会，可在仿真机上反复进行开车、停车训练，这在真实工厂中是难于实现的；高质量的仿真器具有较强的交互性能，使学生在仿真实习过程中能够发挥主动性，实习效果突出；仿真软件提供的快门设定、工况冻结、时标设定、成绩评定、趋势记录、报警记录、参数设定等特殊功能，便于教师实施各种新的教学与培训方法；仿真软件可以设定各种事故和极限运行状态，便于提高学生分析能力和在复杂情况下的决策能力，真实工厂根本不允许进行；在仿真培训中学生变成学习的主体，学生可以根据自己的具体情况有选择地学习，真实工厂考虑到生产安全及正常生产计划，决不允许这样做；仿真软件具有自动评价功能，对学生掌握知识的水平随时进行测评，在下厂实习中，一位教师无法同时跟踪众多学生进行测评；学生在仿真器

上进行事故训练不会发生人身危险、不会造成设备破坏和环境污染等经济损失，因此，仿真培训是一种最安全的实习方法；采用仿真培训技术解决实习教学可以节省设备运行费、物料能量损耗费、实习人员下厂经费等大量开支。

思考题

1. 石油化工仿真培训技术（OTS）的基本功能有哪些？说明其组成和分类。
2. 什么是仿真实习中的“四熟悉”？
3. 为什么要进行“高点排气，低点排液”？
4. 离心泵的汽蚀现象是如何发生的？如何避免？
5. 列管式换热器的管程和壳程应如何确定流体？
6. 试述丙烯酸甲酯合成工艺。
7. 试述塔板式精馏塔的工作原理。

参考文献

[1] 吴重光，纳永良，夏迎春等．我国石油化工仿真技术20年成就与发展．系统仿真学报，2009，21(21)：6689-6696.
[2] 吴重光，纳永良，夏迎春等．过程与控制计算机仿真实习软件及应用．系统仿真学报，2009，21(21)：6760-6764.
[3] 钱伯章．石油与天然气化工专用流程模拟仿真软件及其应用．石油与天然气化工，1996，25(3)：146-152.
[4] 吴重光．化工仿真实习指南．北京：化学工业出版社，2001.
[5] 吴重光，沈承林．石油化工仿真系统的研制．系统仿真学报，1993，5(1)：31-39.
[6] 赵文辉，刘晓东，夏万东，王海超．化工仿真训练系统在石油化工类专业实习中的应用．河北化工，2009(3)：75-77.
[7] 曹柏林．石油化工过程仿真系统的研究及开发．江西石油化工，2005，(4)：19-23.
[8] 王雪．高职石油化工系统仿真教学探索．黑龙江科技信息，2010，(36)：216.
[9] 张志檩．操作员培训仿真系统(OTS)应用进展．自动化博览，2010，(5)：80-86.
[10] 高晓新，马江权，徐淑玲．3D化工仿真在生产实习中的应用．实验室科学，2013，16(4)：168-170.
[11] 夏迎春，吴重光，张贝克，许重华．现代化工仿真训练工厂．系统仿真学报，2010，22(2)：370-375.
[12] 李士雨．化工仿真实习教学改革的研究与实践．化工高等教育，2003，20(2)：49-52.
[13] 程忠玲，刘涛．《化工仿真实训》教学模式的改革与实践．承德石油高等专科学校学报，2013，15(1)：36-38.
[14] 郑秀玉，李琼．化工仿真实习教学的改革与实践．当代化工，2013，42(8)：1105-1108.
[15] 马祥麟．石油化工装置仿真实训．北京：中国石化出版社，2007.
[16] 刘天霞，姬鸿斌．仿真实习在化学工程专业教育中的应用．石油化工应用，2007，27(2)：88-90.

附录 1

主要原材料物性及注意事项

1. 乙烯

【中文名】乙烯

【英文名称】Ethylene

【分子式】C_2H_4

【结构简式】 $CH_2{=}CH_2$

【分子量】28.06

【CAS 号】74-85-1

【外观与性状】无色气体，略具烃类特有的臭味；少量乙烯具有淡淡的甜味。

【溶解性】不溶于水，微溶于乙醇、酮、苯，溶于醚。溶于四氯化碳等有机溶剂。

【熔点】－169.4℃

【沸点】－103.9℃

【闪点】31℃

【相对密度】0.61（水＝1）

【相对蒸气密度】0.99（空气＝1）

【饱和蒸气压】4083.40kPa（0℃）

【燃烧热】1411.0kJ/mol

【引燃温度】425℃

【临界温度】9.2℃

【临界压力】5.04MPa

【爆炸上限】34（体积分数，%）

【爆炸下限】1.7（体积分数，%）

【危险性】

侵入途径：吸入。

健康危害：具有较强的麻醉作用。

急性中毒：吸入高浓度乙烯可立即引起意识丧失，无明显的兴奋期，但吸入新鲜空气后，可很快苏醒。对眼及呼吸道黏膜有轻微刺激性。液态乙烯可致皮肤冻伤。

慢性影响：长期接触，可引起头昏、全身不适、乏力、思维不集中。个别人有胃肠道功能紊乱。

环境危害：对环境有危害，对水体、土壤和大气可造成污染。

燃爆危险：易燃。

【急救措施】

皮肤接触：发生冻伤不要涂擦，不要使用热水。使用清洁、干燥的敷料包扎，就医治疗。

眼睛接触：立即提起眼睑，用大量流动清水或生理盐水彻底冲洗至少 30 分钟。就医。

吸入：迅速脱离现场至空气新鲜处。保持呼吸道通畅。如呼吸困难，给输氧。如呼吸停止，立即进行人工呼吸。就医。

食入：饮足量温水，催吐。就医。

【消防措施】

危险特性：易燃，与空气混合能形成爆炸性混合物。遇明火、高热或与氧化剂接触，有引起燃烧爆炸的危险。与氟、氯等接触会发生剧烈的化学反应。

有害燃烧产物：一氧化碳、二氧化碳。

灭火方法：切断气源。若不能切断气源，则不允许熄灭泄漏处的火焰。喷水冷却容器，可能的话将容器从火场移至空旷处。

灭火剂：泡沫、二氧化碳、干粉。

【泄漏应急处理】

迅速撤离泄漏污染区人员至上风处，并进行隔离，严格限制出入。切断火源。建议应急处理人员戴自给正压式呼吸器，穿防静电工作服。尽可能切断泄漏源。合理通风，加速扩散。喷雾状水稀释。如有可能，将漏出气用排风机送至空旷地方或装设适当喷头烧掉。漏气容器要妥善处理，修复、检验后再用。

【操作注意事项】

密闭操作，全面通风。操作人员必须经过专门培训，严格遵守操作规程。建议操作人员穿防静电工作服。远离火种、热源，工作场所严禁吸烟。使用防爆型的通风系统和设备。防止气体泄漏到工作场所空气中。避免与氧化剂、卤素接触。在传送过程中，钢瓶和容器必须接地和跨接，防止产生静电。搬运时轻装轻卸，防止钢瓶及附件破损。配备相应品种和数量的消防器材及泄漏应急处理设备。

【储存注意事项】

储存于阴凉、通风的库房。远离火种、热源。库温不宜超过 30℃。应与氧化剂、卤素分开存放，切忌混储。采用防爆型照明、通风设施。禁止使用易产生火花的机械设备和工具。储区应备有泄漏应急处理设备。

2. 丙烯

【中文名】丙烯

【英文名称】Propylene

【分子式】C_3H_6

【结构简式】 $CH_2{=}CH{-}CH_3$

【分子量】42.08

【CAS 号】115-07-1

【熔点】－185.2℃

【沸点】－47.4℃

【闪点】－108℃

【密度】0.5139g/cm^3 (20/4℃)

【爆炸上限】15（体积分数,%）

【爆炸下限】1.0（体积分数,%）

【外观与性状】无色、无臭、有甜味的气体。

【危险性】

燃爆危险：易燃，与空气混合能形成爆炸性化合物。遇热源和明火有燃烧爆炸的危险。与二氧化氮、四氧化二氮、氧化二氮等激烈化合，与其他氧化剂接触剧烈反应。气体比空气重，能在较低处扩散到相当远的地方，遇火源会着火回燃。

健康危害：丙烯为单纯窒息剂及轻度麻醉剂。

急性中毒：人吸入丙烯可引起意识丧失，当浓度为 15%时，需 30 分钟；24%时，需 3 分钟；35%～40%时，需 20 秒钟；40%以上时，仅需 6 秒钟，并引起呕吐。

慢性影响：长期接触可引起头昏、乏力、全身不适、思维不集中。个别人胃肠道功能发生紊乱。

环境危害：对环境有危害，对水体、土壤和大气可造成污染。

【急救措施】

皮肤接触：如果发生冻伤，将患部浸泡于38～42℃的温水中。不要涂擦。不要使用热水或辐射热。使用清洁、干燥的敷料包扎。就医。

眼睛接触：提起眼睑，用流动清水或生理盐水冲洗。就医。

吸入：迅速脱离现场至空气新鲜处。保持呼吸道通畅。如呼吸困难，给输氧。呼吸、心跳停止，立即进行心肺复苏术。就医。

【消防措施】

灭火方法：切断气源。若不能切断气源，则不允许熄灭泄漏处的火焰。喷水冷却容器，可能的话将容器从火场移至空旷处。

灭火剂：雾状水、泡沫、二氧化碳、干粉。

【泄露应急处理】

迅速撤离泄漏污染区人员至上风处，并进行隔离，严格限制出入。切断火源。建议应急处理人员戴自给正压式呼吸器，穿防静电工作服。尽可能切断泄漏源。用工业覆盖层或吸附/吸收剂盖住泄漏点附近的下水道等地方，防止气体进入。合理通风，加速扩散。喷雾状水稀释、溶解。构筑围堤或挖坑收容产生的大量废水。如有可能，将漏出气用排风机送至空旷地方或装设适当喷头烧掉。漏气容器要妥善处理，修复、检验后再用。

【操作注意事项】

密闭操作，全面通风。操作人员必须经过专门培训，严格遵守操作规程。远离火种、热源，工作场所严禁吸烟。使用防爆型的通风系统和设备。防止气体泄漏到工作场所空气中。避免与氧化剂、酸类接触。在传送过程中，钢瓶和容器必须接地和跨接，防止产生静电。搬运时轻装轻卸，防止钢瓶及附件破损。配备相应品种和数量的消防器材及泄露应急处理设备。

【储存注意事项】

储存于阴凉、通风的库房。远离火种、热源。库温不宜超过30℃。应与氧化剂、酸类分开存放，切忌混储。采用防爆型照明、通风设施。禁止使用易产生火花的机械设备和工具。储区应备有泄漏应急处理设备。

3. 1,3-丁二烯

【中文名】1，3-丁二烯

【别称】丁二烯；二乙烯；丁间二烯；乙烯基乙烯

【英文名称】1，3-Butadiene

【分子式】C_4H_6

【结构简式】 $CH_2=CH-CH=CH_2$

【分子量】54.09

【CAS号】106-99-0

【外观与性状】无色微弱芳香气味气体。

【溶解性】稍溶于水，溶于乙醇、甲醇，易溶于丙酮、乙醚、氯仿、苯、乙酸、酯等多数有机溶剂。

【熔点】－108.9℃

【沸点】－4.5℃

【相对密度】0.62（水＝1）

【相对蒸气密度】1.84（空气＝1）

【饱和蒸气压】245.27kPa（21℃）

【燃烧热】2541.0kJ/mol

【临界温度】152.0℃

【临界压力】4.33MPa

【爆炸上限】16.3%（体积分数,%）

【爆炸下限】1.4%（体积分数,%）

【引燃温度】415℃

【危险性】

健康危害：该品具有麻醉和刺激作用。

急性中毒：轻者有头痛、头晕、恶心、咽痛、耳鸣、全身乏力、嗜睡等。重者出现酒醉状态、呼吸困难、脉速等，后转入意识丧失和抽搐，有时也可有烦躁不安、到处乱跑等精神症状。脱离接触后，迅速恢复。头痛和嗜睡有时可持续一段时间。皮肤直接接触丁二烯可发生灼伤或冻伤。

慢性影响：长期接触一定浓度的丁二烯可出现头痛、头晕、全身乏力、失眠、多梦、记忆力减退、恶心、心悸等症状。偶见皮炎和多发性神经炎。

环境危害：对环境有危害，对水体、土壤和大气可造成污染。

燃爆危险：该品易燃，具刺激性。

【急救措施】

皮肤接触：立即脱去污染的衣着，用大量流动清水冲洗至少15分钟。就医。

眼睛接触：提起眼睑，用流动清水或生理盐水冲洗。就医。

吸入：迅速脱离现场至空气新鲜处。保持呼吸道通畅。如呼吸困难，给输氧。如呼吸停止，立即进行人工呼吸。就医。

【消防措施】

危险特性：易燃，与空气混合能形成爆炸性混合物。接触热、火星、火焰或氧化剂易燃烧爆炸。若遇高热，可发生聚合反应，放出大量热量而引起容器破裂和爆炸事故。气体比空气重，能在较低处扩散到相当远的地方，遇火源会着火回燃。

有害燃烧产物：一氧化碳、二氧化碳。

灭火方法：切断气源。若不能切断气源，则不允许熄灭泄漏处的火焰。喷水冷却容器，可能的话将容器从火场移至空旷处。

灭火剂：雾状水、泡沫、二氧化碳、干粉。

4. 异丁烯

【中文名】异丁烯

【别称】2-甲基丙烯；2-甲基-1-丙烯；1，1-二甲基乙烯

【英文名称】Isobutene

【英文别称】2-methylpropene；Isobutylene；2-methylprop-1-ene

【分子式】C_4H_8

【结构简式】$CH_2{=}C(CH_3)_2$

【分子量】56.11

【CAS号】115-11-7

【外观与性状】常温下为无色透明气体，加压后可成透明液体。

【溶解性】不溶于水，易溶于多数有机溶剂。

【熔点】−140.3℃

【沸点】−6.9℃

【闪点】−77℃

【引燃温度】465℃

【临界温度】144.75℃

【临界压力】4.00MPa

【相对密度】0.5879（水=1）

【相对蒸气密度】2.0（空气=1）

【饱和蒸气压】131.52kPa（0℃）

【燃烧热】2705.3kJ/mol

【爆炸上限】8.8（体积分数，%）　　【爆炸下限】1.7（体积分数，%）

【危险性】

健康危害：主要作用是窒息、弱麻醉和弱刺激。

急性中毒：出现黏膜刺激症状、嗜睡、血压稍升高，有时脉速。高浓度中毒可引起昏迷。

慢性影响：长期接触异丁烯，会引起头痛、头晕、嗜睡或失眠、易兴奋、易疲倦、全身乏力、记忆力减退。

环境危害：对环境有危害，对水体、土壤和大气可造成污染。

燃爆危险：该品易燃，具窒息性。

【急救措施】

吸入：迅速脱离现场至空气新鲜处。保持呼吸道通畅。如呼吸困难，给输氧。如呼吸停止，立即进行人工呼吸。就医。

【消防措施】

危险特性：与空气混合能形成爆炸性混合物。遇热源和明火有燃烧爆炸的危险。受热可能发生剧烈的聚合反应。与氧化剂接触猛烈反应。气体比空气重，能在较低处扩散到相当远的地方，遇火源会着火回燃。

有害燃烧产物：一氧化碳、二氧化碳。

灭火方法：切断气源。若不能切断气源，则不允许熄灭泄漏处的火焰。喷水冷却容器，可能的话将容器从火场移至空旷处。

灭火剂：雾状水、泡沫、二氧化碳、干粉。

【泄露应急处理】

迅速撤离泄漏污染区人员至上风处，并进行隔离，严格限制出入。切断火源。建议应急处理人员戴自给正压式呼吸器，穿防静电工作服。尽可能切断泄漏源。用工业覆盖层或吸附/吸收剂盖住泄漏点附近的下水道等地方，防止气体进入。合理通风，加速扩散。喷雾状水稀释。如有可能，将漏出气用排风机送至空旷地方或装设适当喷头烧掉。漏气容器要妥善处理，修复、检验后再用。

【操作注意事项】

密闭操作，全面通风。操作人员必须经过专门培训，严格遵守操作规程。建议操作人员穿防静电工作服。远离火种、热源，工作场所严禁吸烟。使用防爆型的通风系统和设备。防止气体泄漏到工作场所空气中。避免与氧化剂接触。在传送过程中，钢瓶和容器必须接地和跨接，防止产生静电。搬运时轻装轻卸，防止钢瓶及附件破损。配备相应品种和数量的消防器材及泄漏应急处理设备。

【储存注意事项】

储存于阴凉、通风的库房。远离火种、热源。库温不宜超过30℃。应与氧化剂分开存放，切忌混储。采用防爆型照明、通风设施。禁止使用易产生火花的机械设备和工具。储区应备有泄漏应急处理设备。

5. 苯乙烯

【中文名】苯乙烯　　【英文名称】Styrene

【别称】乙烯基苯　　【分子式】C_8H_8

【结构简式】 $CH_2=CH-C_6H_6$

【分子量】104.15

【CAS 号】100-42-5

【外观与性状】无色透明油状液体。

【溶解性】不溶于水，溶于乙醇及乙醚。

【熔点】−30.6℃

【沸点】146℃

【闪点】31℃

【相对密度】0.62（水=1）

【相对蒸气密度】0.909（空气=1）

【饱和蒸气压】1.33kPa（30.8℃）

【燃烧热】4376.9kJ/mol

【自燃温度】490℃

【临界温度】369℃

【临界压力】3.81MPa

【爆炸上限】6.1（体积分数,%）

【爆炸下限】1.1（体积分数,%）

【危险性】

健康危害：对眼和上呼吸道黏膜有刺激和麻醉作用。

急性中毒：高浓度时，立即引起眼及上呼吸道黏膜的刺激，出现眼痛、流泪、流涕、喷嚏、咽痛、咳嗽等，继之头痛、头晕、恶心、呕吐、全身乏力等；严重者可有眩晕、步态蹒跚。眼部受苯乙烯液体污染时，可致灼伤。

慢性影响：常见神经衰弱综合症，有头痛、乏力、恶心、食欲减退、腹胀、忧郁、健忘、指颤等。对呼吸道有刺激作用，长期接触有时引起阻塞性肺部病变。皮肤粗糙、皲裂和增厚。

环境危害：对环境有严重危害，对水体、土壤和大气可造成污染。

燃爆危险：本品易燃，为可疑致癌物，具刺激性。

【急救措施】

皮肤接触：脱去污染的衣着，用肥皂水和清水彻底冲洗皮肤。

眼睛接触：立即提起眼睑，用大量流动清水或生理盐水彻底冲洗至少 15 分钟。就医。

吸入：迅速脱离现场至空气新鲜处。保持呼吸道通畅。如呼吸困难，给输氧。如呼吸停止，立即进行人工呼吸。就医。

食入：饮足量温水，催吐。就医。

【消防措施】

危险特性：其蒸气与空气可形成爆炸性混合物，遇明火、高热或与氧化剂接触，有引起燃烧爆炸的危险。遇酸性催化剂如路易斯催化剂、齐格勒催化剂、硫酸、氯化铁、氯化铝等都能产生猛烈聚合，放出大量热量。其蒸气比空气重，能在较低处扩散到相当远的地方，遇火源会着火回燃。

有害燃烧产物：一氧化碳、二氧化碳。

灭火方法：尽可能将容器从火场移至空旷处。喷水保持火场容器冷却，直至灭火结束。

灭火剂：泡沫、干粉、二氧化碳、砂土。用水灭火无效。遇大火，消防人员须在有防护掩蔽处操作。

【泄露应急处理】

应急处理：迅速撤离泄漏污染区人员至安全区，并进行隔离，严格限制出入。切断火源。建议应急处理人员戴自给正压式呼吸器，穿防毒服。尽可能切断泄漏源。防止流入下水道、排洪沟等限制性空间。

小量泄漏：用活性炭或其他惰性材料吸收。也可以用不燃性分散剂制成的乳液刷洗，洗液稀释后放入废水系统。

大量泄漏：构筑围堤或挖坑收容。用泡沫覆盖，降低蒸气灾害。用防爆泵转移至槽车或专用收集器内，回收或运至废物处理场所处置。

【操作注意事项】

密闭操作，加强通风。操作人员必须经过专门培训，严格遵守操作规程。建议操作人员佩戴过滤式防毒面具（半面罩），戴化学安全防护眼镜，穿防毒物渗透工作服，戴橡胶耐油手套。远离火种、热源，工作场所严禁吸烟。使用防爆型的通风系统和设备。防止蒸气泄漏到工作场所空气中。避免与氧化剂、酸类接触。灌装时应控制流速，且有接地装置，防止静电积聚。搬运时要轻装轻卸，防止包装及容器损坏。配备相应品种和数量的消防器材及泄漏应急处理设备。倒空的容器可能残留有害物。

【储存注意事项】

通常商品加有阻聚剂。储存于阴凉、通风的库房。远离火种、热源。库温不宜超过30℃。包装要求密封，不可与空气接触。应与氧化剂、酸类分开存放，切忌混储。不宜大量储存或久存。采用防爆型照明、通风设施。禁止使用易产生火花的机械设备和工具。储区应备有泄漏应急处理设备和合适的收容材料。

6. 四氯化钛

【中文名】四氯化钛

【别名】氯化钛

【英文名称】Titanium tetrachloride

【分子式】$TiCl_4$

【分子量】189.71

【CAS 号】7550-45-0

【外观与性状】无色或微黄色液体，有刺激性酸味。在空气中发烟。

【溶解性】溶于冷水、乙醇、稀盐酸。

【熔点】－25℃

【沸点】136.4℃

【闪点】－108℃

【密度】1.73（水＝1）

【饱和蒸汽压】1.33kPa（21.3℃）

【危险性】

健康危害：吸入该品烟雾，引起上呼吸道黏膜强烈刺激症状。轻度中毒有喘息性支气管炎症状；严重者出现呼吸困难，呼吸脉搏加快，体温升高，咳嗽，咯痰等，可发展成肺水肿。皮肤直接接触其液体，可引起严重灼伤，治愈后可见有黄色色素沉着。

燃爆危险：该品不燃，高毒，具强腐蚀性、强刺激性，可致人体灼伤。

【急救措施】

皮肤接触：立即脱去污染的衣着，立即用清洁棉花或布等吸去液体。用大量流动清水冲洗。就医。

眼睛接触：立即提起眼睑，用大量流动清水或生理盐水彻底冲洗至少 15 分钟。就医。

吸入：迅速脱离现场至空气新鲜处。保持呼吸道通畅。如呼吸困难，给输氧。如呼吸停止，立即进行人工呼吸。就医。

食入：用水漱口，给饮牛奶或蛋清。就医。

【消防措施】

有害燃烧产物：氯化物、氧化钛。

灭火方法：消防人员必须穿全身耐酸碱消防服。

灭火剂：干燥砂土。禁止用水。

【泄露应急处理】

应急处理：迅速撤离泄漏污染区人员至安全区，并立即隔离 150m，严格限制出入。建议应急处理人员戴自给正压式呼吸器，穿防酸碱工作服。从上风处进入现场。尽可能切断泄漏源。

小量泄漏：将地面洒上苏打灰，然后用大量水冲洗，洗水稀释后放入废水系统。

大量泄漏：构筑围堤或挖坑收容。喷雾状水冷却和稀释蒸气，保护现场人员，但不要对泄漏点直接喷水。在专家指导下清除。

【操作注意事项】

密闭操作，局部排风。操作人员必须经过专门培训，严格遵守操作规程。建议操作人员佩戴自吸过滤式防毒面具（全面罩），穿橡胶耐酸碱服，戴橡胶耐酸碱手套。避免产生烟雾。防止烟雾和蒸气释放到工作场所空气中。避免与氧化剂、碱类接触。尤其要注意避免与水接触。搬运时要轻装轻卸，防止包装及容器损坏。配备泄漏应急处理设备。倒空的容器可能残留有害物。

【储存注意事项】

储存于阴凉、干燥、通风良好的库房。远离火种、热源。相对湿度保持在 75%以下。包装必须密封，切勿受潮。应与氧化剂、碱类、食用化学品分开存放，切忌混储。储区应备有泄漏应急处理设备和合适的收容材料。应严格执行极毒物品“五双”管理制度。

7. 三乙基铝

【中文名】三乙基铝

【英文名称】Triethyl aluminium

【分子式】$C_6H_{15}Al$

【结构简式】$(CH_3CH_2)_3Al$

【分子量】114.16

【CAS 号】97-93-8

【外观与性状】无色透明液体，具有强烈的霉烂气味。

【溶解性】溶于苯。

【熔点】－52.5℃

【沸点】194℃

【相对密度】0.84（水＝1）

【饱和蒸气压】0.53kPa（83℃）

【危险性】

健康危害：具有强烈刺激和腐蚀作用，主要损害呼吸道和眼结膜，高浓度吸入可引起肺水肿。吸入其烟雾可致烟雾热。皮肤接触可致灼伤，产生充血水肿和起水疱，疼痛剧烈。

燃爆危险：本品极度易燃，具强腐蚀性、强刺激性，可致人体灼伤，故应避免受热或接触空气。

禁配物：强氧化剂、酸类、水、空气、氧、醇类。

【急救措施】

皮肤接触：立即脱去污染的衣着，用大量流动清水冲洗至少 15 分钟。就医。

眼睛接触：立即提起眼睑，用大量流动清水或生理盐水彻底冲洗至少 15 分钟。就医。

吸入：迅速脱离现场至空气新鲜处。保持呼吸道通畅。如呼吸困难，给输氧。如呼吸停止，立即进行人工呼吸。就医。

食入：用水漱口，给饮牛奶或蛋清。就医。

【消防措施】

危险特性：化学反应活性很高，接触空气会冒烟自燃。对微量的氧及水分反应极其灵敏，易引起燃烧爆炸。与酸、卤素、醇、胺类接触发生剧烈反应。遇水强烈分解，放出易燃的烷烃气体。

有害燃烧产物：一氧化碳、二氧化碳、氧化铝。

灭火方法：采用干粉、干砂灭火。禁止用水和泡沫灭火。

【泄露应急处理】

迅速撤离泄漏污染区人员至安全区，并进行隔离，严格限制出入。切断火源。建议应急处理人员戴自给正压式呼吸器，穿防毒服。不要直接接触泄漏物。尽可能切断泄漏源。小量泄漏：用砂土或其他不燃材料吸附或吸收。大量泄漏：构筑围堤或挖坑收容。用防爆泵转移至槽车或专用收集器内，回收或运至废物处理场所处置。

【操作注意事项】

严加密闭，提供充分的局部排风和全面通风。操作人员必须经过专门培训，严格遵守操作规程。建议操作人员佩戴自吸过滤式防毒面具（全面罩），穿胶布防毒衣，戴橡胶手套。远离火种、热源，工作场所严禁吸烟。使用防爆型的通风系统和设备。防止蒸气泄漏到工作场所空气中。避免与氧化剂、酸类、醇类接触。尤其要注意避免与水接触。搬运时要轻装轻卸，防止包装及容器损坏。配备相应品种和数量的消防器材及泄漏应急处理设备。倒空的容器可能残留有害物。

【储存注意事项】

储存时必须用充有惰性气体或特定的容器包装。储存于阴凉、通风的库房。远离火种、热源。库温不超过25℃，相对湿度不超过75%。包装要求密封，不可与空气接触。应与氧化剂、酸类、醇类等分开存放，切忌混储。采用防爆型照明、通风设施。禁止使用易产生火花的机械设备和工具。储区应备有泄漏应急处理设备和合适的收容材料。

8. 正丁基锂

【中文名】正丁基锂

【别称】丁基锂

【英文名称】Butyllithium；n-butyllithium

【分子式】C_4H_9Li

【结构简式】$CH_3(CH_2)_3Li$

【分子量】64.06

【CAS号】109-72-8

【外观与性状】纯品为白色粉末，有极强的还原性，遇水、氧化剂均极易发热燃烧。商品为溶于己烷、环己烷、苯等饱和烃的溶液，多为淡棕色液体。

【溶解性】与水反应。

【熔点】－95℃

【沸点】80℃

【闪点】－12℃

【相对密度】0.78（环己烷溶液），0.68（己烷溶液）（水＝1）

【危险性】

燃爆危险：化学反应活性很高，与空气接触会着火。与水、酸类、卤素类、醇类和胺类接触，会发生剧烈反应。

燃烧（分解）产物：一氧化碳、二氧化碳、氧化锂。

健康危害：吸入、口服或经皮肤吸收对身体有害。对眼睛、皮肤、黏膜和上呼吸道有强

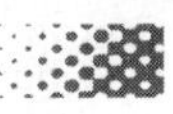

烈刺激作用。可引起化学灼伤。吸入后，可因喉及支气管的痉挛、炎症、水肿，化学性肺炎或肺水肿而致死。中毒表现有烧灼感、咳嗽、喘息、喉炎、气短、头痛、恶心和呕吐，可引起神经系统的紊乱。

【防护措施】

呼吸系统防护：可能接触毒物时，建议佩戴自吸过滤式防毒面具（全面罩）。紧急事态抢救或撤离时，建议佩戴空气呼吸器。

眼睛防护：呼吸系统防护中已作防护。

身体防护：穿胶布防毒衣。

手防护：戴橡胶手套。

其他：工作现场严禁吸烟。工作毕，淋浴更衣。

【泄露应急处理】

应急处理：迅速撤离泄漏污染区人员至安全区，并进行隔离，严格限制出入。切断火源。建议应急处理人员戴自给正压式呼吸器，穿防毒服。不要直接接触泄漏物。尽可能切断泄漏源。

小量泄漏：用砂土、蛭石或其他惰性材料吸收。

大量泄漏：构筑围堤或挖坑收容。用防爆泵转移至槽车或专用收集器内，回收或运至废物处理场所处置。

【储存注意事项】

用特制不锈钢容器密闭储存，且储存温度<20℃。

9. 环己烷

【中文名】环己烷

【别称】六氢化苯

【英文名称】cyclohexane; hexahydrobenzene

【化学式】C_6H_{12}

【分子量】84.16

【CAS 号】110-82-7

【外观与性状】微有刺激性气味的无色液体。

【溶解性】不溶于水，溶于乙醇、乙醚、苯、丙酮等多数有机溶剂。

【冰点】6.5℃

【引燃温度】245℃

【临界温度】280.4℃

【临界压力】4.05MPa

【相对密度】0.78（水=1）

【相对蒸气密度】2.90（空气=1）

【爆炸上限】8.3（体积分数,%）

【爆炸下限】1.2（体积分数,%）

【危险性】

极易燃，其蒸气与空气可形成爆炸性混合物，遇明火、高热极易燃烧爆炸。与氧化剂接触发生强烈反应，甚至引起燃烧。在火场中，受热的容器有爆炸危险。其蒸气比空气重，能在较低处扩散到相当远的地方，遇火源会着火回燃。

【健康危害】

对眼和上呼吸道有轻度刺激作用。持续吸入可引起头晕、恶心、嗜睡和其他一些麻醉症状。液体污染皮肤可引起痒感。

【急救措施】

皮肤接触：脱去污染的衣着，用肥皂水和清水彻底冲洗皮肤。

眼睛接触：提起眼睑，用流动清水或生理盐水冲洗。就医。

吸入：迅速脱离现场至空气新鲜处。保持呼吸道通畅。如呼吸困难，给输氧。如呼吸停止，立即进行人工呼吸。就医。

食入：饮足量温水，催吐。就医。

【消防措施】

有害燃烧产物：一氧化碳、二氧化碳。

灭火方法：喷水冷却容器，可能的话将容器从火场移至空旷处。处在火场中的容器若已变色或从安全泄压装置中产生声音，必须马上撤离。

灭火剂：泡沫、二氧化碳、干粉、砂土。用水灭火无效。

【泄露应急处理】

应急处理：迅速撤离泄漏污染区人员至安全区，并进行隔离，严格限制出入。切断火源。建议应急处理人员戴自给正压式呼吸器，穿防静电工作服。尽可能切断泄漏源。防止流入下水道、排洪沟等限制性空间。

小量泄漏：用活性炭或其他惰性材料吸收。也可以用不燃性分散剂制成的乳液刷洗，洗液稀释后放入废水系统。

大量泄漏：构筑围堤或挖坑收容。用泡沫覆盖，降低蒸气灾害。用防爆泵转移至槽车或专用收集器内，回收或运至废物处理场所处置。

【操作注意事项】

密闭操作，全面通风。操作人员必须经过专门培训，严格遵守操作规程。建议操作人员佩戴自吸过滤式防毒面具（半面罩），戴安全防护眼镜，穿防静电工作服，戴橡胶耐油手套。远离火种、热源，工作场所严禁吸烟。使用防爆型的通风系统和设备。防止蒸气泄漏到工作场所空气中。避免与氧化剂接触。灌装时应控制流速，且有接地装置，防止静电积聚。搬运时要轻装轻卸，防止包装及容器损坏。配备相应品种和数量的消防器材及泄漏应急处理设备。倒空的容器可能残留有害物。

【储存注意事项】

储存于阴凉、通风的库房。远离火种、热源。库温不宜超过 30℃。保持容器密封。应与氧化剂分开存放，切忌混储。采用防爆型照明、通风设施。禁止使用易产生火花的机械设备和工具。储区应备有泄漏应急处理设备和合适的收容材料。

10. 正己烷

【中文名】正己烷

【别称】二丙基、己烷

【英文名称】*n*-Hexane

【分子式】C_6H_{14}

【结构简式】$CH_3(CH_2)_4CH_3$

【分子量】86.18

【CAS 号】110-54-3

【外观与性状】有微弱的特殊气味的无色挥发性液体。

【溶解性】不溶于水，可与乙醚、氯仿混溶，溶于丙酮，与甲醇不互溶。

【熔点】−95.3℃

【沸点】68℃

【闪点】−23℃

【相对密度】0.6594（水=1）

【爆炸上限】7.3（体积分数，%）

【爆炸下限】1.2（体积分数，%）

【消防措施】

危险特性：极易挥发着火。

灭火方法：喷水冷却容器，可能的话将容器从火场移至空旷处。处在火场中的容器若已变色或从安全泄压装置中产生声音，必须马上撤离。

灭火剂：泡沫、干粉、二氧化碳、砂土。用水灭火无效。

【危险性】

侵入途径：吸入、食入、经皮吸收。

健康危害：本品有麻醉和刺激作用。长期接触可致周围神经炎。

急性中毒：吸入高浓度本品出现头痛、头晕、恶心、共济失调等，重者引起神志丧失甚至死亡。对眼和上呼吸道有刺激性。

慢性中毒：长期接触出现头痛、头晕、乏力、胃纳减退；其后四肢远端逐渐发展成感觉异常，麻木，触、痛、震动和位置等感觉减退，尤以下肢为甚，上肢较少受累。进一步发展为下肢无力，肌肉疼痛，肌肉萎缩及运动障碍。神经-肌电图检查示感神经及运动神经传导速度减慢。

【防护措施】

呼吸系统防护：空气中浓度超标时，佩戴自吸过滤式防毒面具（半面罩）。

眼睛防护：必要时，戴化学安全防护眼镜。

身体防护：穿防静电工作服。皮肤污染后应立即用清水冲洗干净，饭前要注意洗手。

手防护：戴玻璃纤维手套、防苯耐油手套。

其他：操作时应带防毒口罩，工作现场严禁吸烟。避免长期反复接触。

为预防正已烷中毒，正已烷作业车间应安装有效通风装置。若使用含正已烷的溶剂，应尽量保持密闭，以减少其蒸气逸出，确保车间正已烷空气浓度不超过 100mg/m^3 为宜。积极进行工艺改革，尽可能以无毒或微毒溶剂代替正已烷。

【急救措施】

皮肤接触：脱去被污染的衣着，用肥皂水和清水彻底冲洗皮肤。

眼睛接触：提起眼睑，用流动清水或生理盐水冲洗。就医。

吸入：迅速脱离现场至空气新鲜处。保持呼吸道通畅。如呼吸困难，给输氧。如呼吸停止，立即进行人工呼吸。就医。

食入：饮足量温水，催吐，就医。

【操作注意事项】

密闭操作，全面通风。操作人员必须经过专门培训，严格遵守操作规程。建议操作人员佩戴自吸过滤式防毒面具（半面罩），戴化学安全防护眼镜，穿防静电工作服，戴橡胶耐油手套。远离火种、热源，工作场所严禁吸烟。使用防爆型的通风系统和设备。防止蒸气泄漏到工作场所空气中。避免与氧化剂接触。灌装时应控制流速，且有接地装置，防止静电积聚。搬运时要轻装轻卸，防止包装及容器损坏。配备相应品种和数量的消防器材及泄漏应急处理设备。倒空的容器可能残留有害物。

【储存注意事项】

储存于阴凉、通风的库房。远离火种、热源。库温不宜超过 30℃。保持容器密封。应与氧化剂分开存放，切忌混储。采用防爆型照明、通风设施。禁止使用易产生火花的机械设备和工具。储区应备有泄漏应急处理设备和合适的收容材料。

【运输注意事项】

运输时运输车辆应配备相应品种和数量的消防器材及泄漏应急处理设备。夏季最好早晚运输。运输时所用的槽（罐）车应有接地链，槽内可设孔隔板以减少震荡产生静电。严禁与氧化剂、食用化学品等混装混运。运输途中应防曝晒、雨淋，防高温。中途停留时应远离火种、热源、高温区。装运该物品的车辆排气管必须配备阻火装置，禁止使用易产生火花的机械设备和工具装卸。公路运输时要按规定路线行驶，勿在居民区和人口稠密区停留。铁路运输时要禁止溜放。严禁用木船、水泥船散装运输。

【泄露应急处理】

应急处理：迅速撤离泄漏污染区人员至安全区，并进行隔离，严格限制出入。切断火源。建议应急处理人员戴自给正压式呼吸器，穿消防防护服。尽可能切断泄漏源。防止进入下水道、排洪沟等限制性空间。

小量泄漏：用砂土或其他不燃材料吸附或吸收。也可以用不燃性分散剂制成的乳液刷洗，洗液稀释后放入废水系统。

大量泄漏：构筑围堤或挖坑收容；用泡沫覆盖，降低蒸气灾害。用防爆泵转移至槽车或专用收集器内，回收或运至废物处理场所处置。

11. 乙腈

【中文名称】乙腈

【别名】氰代甲烷；甲基氰

【英文名称】Acetonitrile；Methyl cyanide

【CAS】75-05-8

【分子式】C_2H_3N

【结构简式】CH_3CN

【分子量】41.05

【外观与性状】无色液体，有刺激性气味。

【熔点】－45.7℃

【沸点】81.1℃

【闪点】2℃

【引燃温度】524℃

【相对密度】0.79（水＝1）

【相对蒸气密度】1.42（空气＝1）

【蒸气压】13.33kPa（27℃）

【燃烧热】1264.0kJ/mol

【爆炸上限】16（体积分数，%）

【爆炸下限】4.4（体积分数，%）

【溶解性】与水混溶，溶于醇等多数有机溶剂。

【禁配物】酸类、碱类、强氧化剂、强还原剂、碱金属。

【危险性】

侵入途径：吸入、食入、经皮肤吸收。

健康危害：乙腈急性中毒发病较氢氰酸慢，可有数小时潜伏期。主要症状为衰弱、无力、面色灰白、恶心、呕吐、腹痛、腹泻、胸闷、胸痛；严重者呼吸及循环系统紊乱，呼吸浅、慢而不规则，血压下降，脉搏细而慢，体温下降，阵发性抽搐，昏迷。可有尿频、蛋白尿等。

【急救措施】

皮肤接触：脱去污染的衣着，用肥皂水和清水彻底冲洗皮肤。

眼睛接触：提起眼睑，用流动清水或生理盐水冲洗。就医。

吸入：迅速脱离现场至空气新鲜处。保持呼吸道通畅。如呼吸困难，给输氧。如呼吸停

止，立即进行人工呼吸。就医。

食入：饮足量温水，催吐。用1∶5000高锰酸钾或5%硫代硫酸钠溶液洗胃。就医。

【消防措施】

稳定性和反应活性：稳定。

危险特性：易燃，其蒸气与空气可形成爆炸性混合物，遇明火、高热或与氧化剂接触，有引起燃烧爆炸的危险。与氧化剂能发生强烈反应。燃烧时有发光火焰。与硫酸、发烟硫酸、氯酸盐、过氯酸盐等反应剧烈。

有害燃烧产物：一氧化碳、二氧化碳、氧化氮、氰化氢。

灭火方法：喷水冷却容器，可能的话将容器从火场移至空旷处。

灭火剂：抗溶性泡沫、干粉、二氧化碳、砂土。用水灭火无效。

【泄漏应急处理】

应急处理：迅速撤离泄漏污染区人员至安全区，并进行隔离，严格限制出入。切断火源。建议应急处理人员戴自给正压式呼吸器，穿防毒服。不要直接接触泄漏物。尽可能切断泄漏源。防止流入下水道、排洪沟等限制性空间。

小量泄漏：用活性炭或其他惰性材料吸收。也可以用大量水冲洗，洗水稀释后放入废水系统。

大量泄漏：构筑围堤或挖坑收容。喷雾状水冷却和稀释蒸气、保护现场人员、把泄漏物稀释成不燃物。用防爆泵转移至槽车或专用收集器内，回收或运至废物处理场所处置。

【操作注意事项】

严加密闭，提供充分的局部排风和全面通风。操作尽可能机械化、自动化。操作人员必须经过专门培训，严格遵守操作规程。建议操作人员佩戴过滤式防毒面具（全面罩）、自给式呼吸器或通风式呼吸器，穿胶布防毒衣，戴橡胶耐油手套。远离火种、热源，工作场所严禁吸烟。使用防爆型的通风系统和设备。远离易燃、可燃物。防止蒸气泄漏到工作场所空气中。避免与氧化剂、还原剂、酸类、碱类接触。搬运时要轻装轻卸，防止包装及容器损坏。配备相应品种和数量的消防器材及泄漏应急处理设备。倒空的容器可能残留有害物。

【储存注意事项】

储存于阴凉、通风的库房。远离火种、热源。库温不宜超过30℃。保持容器密封。应与氧化剂、还原剂、酸类、碱类、易（可）燃物、食用化学品分开存放，切忌混储。采用防爆型照明、通风设施。禁止使用易产生火花的机械设备和工具。储区应备有泄漏应急处理设备和合适的收容材料。

12. 二甲基甲酰胺

【中文名】*N*，*N*-二甲基甲酰胺

【英文名称】N，N-Dimethylformamide

【分子式】C_3H_7NO

【结构简式】$HCON(CH_3)_2$

【分子量】73.10

【CAS号】68-12-2

【外观及性状】无色、淡的氨气味的液体。

【溶解性】能和水及大部分有机溶剂互溶，与石油醚混合分层。

【熔点】－61℃

【沸点】152.8℃

【闪点】57.78℃

【自燃点】445℃

【相对密度】0.9445（水=1）

【相对蒸气密度】2.51（空气=1）

【蒸气压】0.49kPa（3.7mmHg，25℃）

【爆炸上限】15.2（体积分数，%）

【爆炸下限】2.2（体积分数，%）

【爆炸性】蒸气与空气混合达到爆炸极限会爆炸；遇明火、高热可引起燃烧爆炸；能与浓硫酸、发烟硝酸剧烈反应甚至发生爆炸。

【危险性】

侵入途径：吸入、食入、经皮吸收。

急性中毒：主要有眼和上呼吸道刺激症状、头痛、焦虑、恶心、呕吐、腹痛、便秘等。肝损害一般在中毒数日后出现，肝脏肿大，肝区痛，可出现黄疸。经皮肤吸收中毒者，皮肤出现水泡、水肿、黏糙，局部麻木、瘙痒、灼痛。

慢性影响：有皮肤、黏膜刺激，神经衰弱综合征，血压偏低。尚有恶心、呕吐、胸闷、食欲不振、胃痛、便秘及肝功能变化。

【防护措施】

呼吸系统防护：空气中浓度超标时，佩戴过滤式防毒面具（半面罩）。

眼睛防护：戴化学安全防护眼镜。

身体防护：穿化学防护服。

手防护：戴橡胶手套。

其他：工作现场严禁吸烟。工作毕，淋浴更衣。

【急救措施】

皮肤接触：脱去被污染的衣着，用大量流动清水冲洗，至少15分钟。就医。

眼睛接触：立即提起眼睑，用大量流动清水或生理盐水彻底冲洗至少15分钟。就医。

吸入：迅速脱离现场至空气新鲜处（上风处）。保持呼吸道通畅。如呼吸困难，给输氧。如呼吸停止，立即进行人工呼吸。就医。

食入：饮足量温水，催吐，就医。

【消防措施】

灭火方法：尽可能将容器从火场移至空旷处。喷水保持火场容器冷却，直至灭火结束。

灭火剂：雾状水、抗溶性泡沫、干粉、二氧化碳、砂土。

【泄漏应急处理】

应急处理：消除所有点火源。根据液体流动和蒸气扩散的影响区域划定警戒区，无关人员从侧风、上风向撤离至安全区。建议应急处理人员戴正压自给式呼吸器，穿防静电服。作业时使用的所有设备应接地。禁止接触或跨越泄漏物。尽可能切断泄漏源。防止泄漏物进入水体、下水道、地下室或密闭性空间。

小量泄漏：用砂土或其他不燃材料吸收。使用洁净的无火花工具收集吸收材料。

大量泄漏：构筑围堤或挖坑收容。用飞尘或石灰粉吸收大量液体。用抗溶性泡沫覆盖，减少蒸发。喷水雾能减少蒸发，但不能降低泄漏物在受限制空间内的易燃性。用防爆泵转移至槽车或专用收集器内。

【操作注意事项】

密闭操作，全面通风。操作人员必须经过专门培训，严格遵守操作规程。建议操作人员佩戴过滤式防毒面具（半面罩），戴化学安全防护眼镜，穿化学防护服，戴橡胶手套。远离火种、热源，工作场所严禁吸烟。使用防爆型的通风系统和设备。防止蒸气泄漏到工作场所空气中。避免与氧化剂、还原剂、卤素接触。充装要控制流速，防止静电积聚。搬运时要轻装轻卸，防止包装及容器损坏。配备相应品种和数量的消防器材及泄漏应急处理设备。倒空的容器可能残留有害物。

【储存注意事项】

储存于阴凉、通风的库房。库温不宜超过37℃，远离火种、热源。保持容器密封。应与氧化剂、还原剂、卤素等分开存放，切忌混储。采用防爆型照明、通风设施。禁止使用易产生火花的机械设备和工具。储区应备有泄漏应急处理设备和合适的收容材料。

13. 环烷酸镍

【中文名称】环烷酸镍

【英文名称】Nickel naphthenate

【英文别名】Nickel（Ⅱ）naphthenate；nickelous naphthalene-2-carboxylate

【分子式】$C_{22}H_{14}NiO_4$

【分子量】401.04

【CAS】61788-71-4

【性状】绿色透明黏稠液体。

【溶解性】不溶于水。溶于乙醇、乙醚、苯、甲苯、松节油等，在汽油中溶解度较大。

【性质与稳定性】正常条件下稳定。

【健康危害】应尽量避免同皮肤接触。

【储存注意事项】

存放在密封容器内，并放在阴凉，干燥处。储存的地方必须上锁，钥匙必须交给技术专家和他们的助手保管。储存的地方必须远离氧化剂。

按有毒易燃物品规定储运。

14. 三氟化硼乙醚溶液

【中文名称】三氟化硼乙醚溶液

【中文别名】三氟化硼乙醚络合物；三氟化硼-乙醚络合物；三氟化硼乙醚溶液；醚合三氟化硼；三氟化硼醚配合物；氟化硼醚；二氟化硼乙醚

【英文名称】Boron trifluoride diethyl etherate

【英文别名】

Borane，trifluoro-，compd. with1，1'-oxybis [ethane]；Boron trifluoride diethyl etherate complex；Boronfluoride-diethylethercompound；Ethane，1，1'-oxybis-，compd. withtrifluoroborane；Trifluoroborane diethyl etherate；Boron trifluoride-ethyl ether complex；Boron trifluoride etherate；Canagliflozin/Dapagliflozin Intermediate

【CAS】109-63-7

【分子式】$C_4H_{10}BF_3O$

【分子量】141.92

【化学成分】三氟化硼47%，乙醚53%。

【性状】常温常压下为淡黄色或者无色透明发烟液体，有刺激味。

【相对密度】1.125（水=1）

【相对蒸气密度】1.45（空气=1）

【熔点】−48℃

【沸点】124.5～126℃

【闪点】66.7℃

【引燃温度】445℃

【燃烧热】490.2kJ/mol

【折射率】1.4447

【蒸气压】4.2mmHg（20℃）

【水溶性】溶于酒精、醚以及其他有机溶剂；溶于水，与水反应，遇水或置于潮湿空气中时立即分解，产生剧毒的氟化氢烟雾。

【爆炸上限】11.1（体积分数，%）

【爆炸下限】2（体积分数，%）

在光照时会变色。

【其他】遇空气产生白烟；有腐蚀性；

【危险性】

侵入途径：吸入，经皮肤吸附。

健康危害：本品由呼吸道和消化道进入人体内，并对黏膜有强腐蚀性。吸入高浓度蒸气能产生肺水肿，严重者致死。其中毒症状为刺激感、咳嗽、呼吸困难、咽喉疼痛、腹痛、腹泻、呕吐，眼睛有充血、疼痛和视力模糊等。在三氟化硼浓度超过3mg/m^3时，皮肤暴露部位瘙痒，牙齿变脆，刺激呼吸道，又使皮肤灼伤。

燃爆危险：本产品易燃。蒸气与空气能形成爆炸性混合物。遇热源、火源有着火、爆炸危险。在空气中与氧长期接触或玻璃瓶内受日光直射能生成不稳定的过氧化物，受热能自行着火、爆炸。有时也会由于静电而引起火灾。能与氧化剂激烈反应。能腐蚀织物。燃烧、遇热会分解产生有毒气体。与水或潮湿空气剧烈反应可形成可燃性、有毒及有腐蚀性的烟雾。

【禁忌物】氧化剂、硝酸、水、潮湿空气。

【急救方法】

皮肤接触：用水冲洗，如有灼伤须就医诊治。

眼睛接触：眼睛受刺激时用大量水冲洗，如溅入眼内立即送医院诊治。

吸入：应使吸入蒸气的患者脱离污染区，安置休息并保暖。就医。

食入：误服立即漱口、饮水，送医院救治。

【灭火方法】

消防人员必须穿戴氧气防毒面具与全身防护服；用干粉、二氧化碳灭火，用水灭火可能无效；须用水保持火场容器冷却，但不能与水直接接触；并用水喷淋保护去堵漏的人员。

【泄漏应急处理】

首先切断一切火源；戴好防毒面具与手套；用干砂土或蛭石吸收，送至空旷地方掩埋；受污染地面用洗涤剂或肥皂刷洗，经稀释的污水放入废水系统。

【储运条件】

储存于阴凉、干燥、通风的仓间内，远离热源、火源，避免阳光直射；与氧化剂、硝酸隔离储运；搬运时轻装轻卸，防止包装受损；分装时应注意流速，且有接地装置，防止静电积聚。

15. 四氯化硅

【中文名】四氯化硅

【别称】四氯化矽，氯化硅

【英文名称】Silicon tetrachloride

【化学式】$SiCl_4$

【分子量】169.90

【CAS号】10026-04-7

【外观与性状】无色或淡黄色发烟液体，有刺激性气味，易潮解。

【溶解性】可混溶于苯、氯仿、石油醚等多数有机溶剂。

【熔点】−70℃

【沸点】57.6℃

【相对密度】1.48（水=1）

【相对蒸气密度】5.86（空气=1）

【饱和蒸气压】55.99kPa（37.8℃）

【燃烧热】2541.0kJ/mol

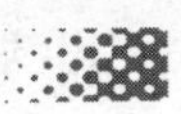

【危险性】

受热或遇水分解放热，放出腐蚀性烟气。对很多金属尤其是潮湿空气存在下有腐蚀性。

【健康危害】

对眼睛及上呼吸道有强烈刺激作用。高浓度可引起角膜混浊，呼吸道炎症。眼直接接触可致角膜及眼睑灼伤。皮肤接触后可引起组织坏死。

【急救措施】

皮肤接触：立即脱去污染的衣着，用大量流动清水冲洗至少15分钟。就医。

眼睛接触：立即提起眼睑，用大量流动清水或生理盐水彻底冲洗至少15分钟。就医。

吸入：迅速脱离现场至上风空气新鲜处。保持呼吸道通畅。如呼吸困难，给输氧，或就医。

食入：用水漱口，给饮牛奶或蛋清。就医。

【消防措施】

有害燃烧产物：氯化氢。

灭火方法：消防人员必须穿全身耐酸碱消防服。在上风向灭火。尽可能将容器从火场移至空旷处。

灭火剂：干粉、干燥砂土。禁止用水。

【泄露应急处理】

应急处理：迅速撤离泄漏污染区人员至安全区，并进行隔离，严格限制出入。建议应急处理人员戴自给正压式呼吸器，穿防酸碱工作服。从上风处进入现场。尽可能切断泄漏源。

小量泄漏：将地面洒上石灰，然后用大量水冲洗，洗水稀释后放入废水系统。

大量泄漏：构筑围堤或挖坑收容。在专家指导下清除。

【操作注意事项】

密闭操作，注意通风。操作尽可能机械化、自动化。操作人员必须经过专门培训，严格遵守操作规程。建议操作人员佩戴自吸过滤式防毒面具（全面罩），穿橡胶耐酸碱服，戴橡胶耐酸碱手套。防止蒸气泄漏到工作场所空气中。避免与氧化剂、碱类、醇类接触。尤其要注意避免与水接触。搬运时要轻装轻卸，防止包装及容器损坏。配备泄漏应急处理设备。倒空的容器可能残留有害物。

【储存注意事项】

储存于阴凉、干燥、通风良好的库房。远离火种、热源。包装必须密封，切勿受潮。应与氧化剂、碱类、醇类等分开存放，切忌混储。储区应备有泄漏应急处理方案和适当高度砖土围挡。

附录 2

中国石化北京燕山分公司

中国石化北京燕山分公司（简称燕山石化）隶属于中国石化集团公司，成立于1970年，目前年原油加工能力1000万吨以上，乙烯生产能力超过80万吨，是我国最大的合成橡胶、合成树脂、苯酚、丙酮和高品质成品油生产基地之一。截至2014年底，燕山石化累计加工原油3.02亿吨，生产乙烯1828万吨，累计实现销售收入10538亿元，上缴利税1126亿元，为我国石化工业发展和首都经济社会做出了重要贡献。

作为地处首都的石化企业，燕山石化不仅为北京乃至全国提供清洁能源和各种化工产品，还在人才培养方面做出了巨大的贡献。燕山石化作为大型国有企业，是国家的经济支柱，肩负着神圣的政治责任、经济责任和社会责任，在推进技术进步、增强国家实力、维护社会稳定、实现和谐发展中起着中流砥柱的作用。燕山石化正是本着这种高度的责任感，积极为各企事业单位工作人员和大专院校的学生提供实习或培训的机会，每年接待培训的人数以万计，为国家培养了一大批具有工程实践能力的高级人才。

1. 公司概况

中国石化北京燕山分公司位于北京房山区。1967年动工兴建，1969年第一期炼油装置建成投产。后相继建成一批利用炼油厂中副产品的化工装置，成为石油化工联合企业。现拥有4个控股公司，40多个全资子公司、参股公司和关联公司，公司总资产达203亿元。有石油化工生产装置88套，辅助装置71套，可生产120种494个牌号的石油化工产品，原油加工能力为1000万吨/年，乙烯生产能力达80万吨/年，高压聚乙烯、聚丙烯、聚苯乙烯、聚酯和顺丁橡胶等有机合成材料的生产能力为65万吨/年，乙烯、丙烯、丁二烯、苯酚、丙酮、乙二醇、间甲酚和烷基苯等有机化工原料的生产能力为140多万吨/年。

燕山石化有333项科技成果通过部市级以上鉴定，147项技术在国内外获得专利权，科研成果的工业化应用率达到60%，拥有了一批达到国内外先进水平的自有技术。公司已有13个企业通过了ISO 9000国际标准的认证，三分之一以上的产品获部级以上优质产品，二分之一产品达到国际先进水平。为了满足首都的环保要求，燕山石化在率先全面生产无铅汽油后，又加快了清洁燃料的科研开发力度，积极开发、生产出清洁汽油、清洁柴油和车用液化气等清洁燃料。

多年来，燕山石化在石油化工的生产和应用方面积累了丰富的经验，有一支实力强大的

技术服务专门队伍，建立了“产、销、研”三位一体联手开发市场的机制。为客户提供全方位服务，尤其是售前、售中、售后技术服务，是燕化一贯恪守的经营宗旨。

2. 公司 HSE

HSE 是指健康（Health）、安全（Safety）与环境（Environment）三位一体的管理体系。石油化工是高风险行业，个人的丝毫麻痹大意都有可能给自己和他人带来伤害。因此进入燕山石化公司，必须掌握公司 HSE 管理规定和相关知识与技能，了解应对突发事件的知识，并严格按照 HSE 规定和要求约束自己的行为，做到“三不伤害”（不伤害自己、不伤害他人、不被他人伤害），保护环境。

① HSE 方针　安全第一，预防为主；全员动手，综合治理；改善环境，保护健康；科学管理，持续发展。

② HSE 目标　追求最大限度地不发生事故、不损害人身健康、不破坏环境，创国际一流的 HSE 业绩。

③ HSE 责任　工作中须采取必要措施，最大限度地减少安全事故，最大限度地减少生产、业务活动对环境造成的损害，最大限度地减少工作和工作环境对自己和他人健康造成的伤害。

④ 燕山石化标语　进入燕山石化公司的各厂区或车间，到处可以看到各种各样的标语，列举以下一些标语供学习和参考。

“先安全后生产，不安全不生产。安全在你脚下，安全在你手中”
“消除一切安全隐患，保障生产工作安全”
“讲究实效、完善管理、提升品质、增创效益”
“严谨思考，严密操作；严格检查，严肃验证”
“产生质量的系统是预防，不是检验”
“安全用电，节约用水；消防设施，定期维护”
“树立企业安全形象，促进安全文明生产”
“我不伤害自己，我不伤害他人，我不被他人伤害”
“安全体面的工作，健康幸福的生活”
“大企业要为国家做大贡献”
“永葆激情、永不服输、荣辱与共、企荣我富”
“进入工厂请放弃一切自治”
“我要安全，安全祝我平安；我要环保，环保佑我健康”
“安全警钟长鸣，思想常备不懈”
“安全生产勿侥幸，违章蛮干出人命”
“劳动创造价值，工作赢得尊严”
“安全快乐的工作，健康舒适的生活”
“安全责任重于泰山”
“精雕细刻志在一流”
“看见别人过，思考自己错”
“思想松一松，事故攻一攻”
“保护环境，造福人类”
“内强素质，外树品牌”

“狠抓质量，突出现场”

“安全生产是企业的基础，产品质量是企业的生命”

3. 公司企业文化

① 企业使命：大企业要为国家做大贡献。

② 企业宗旨：资源利用率高，核心竞争力强。

③ 企业愿景：争当中国石化排头兵，再创燕山石化新辉煌。

④ 企业发展战略：筑牢绿色低碳生存根基，深化差异竞争发展优势。

⑤ 企业传统：强烈的危机意识，高度的责任意识，永葆激情、永不服输的奋斗精神和荣辱与共、企荣我富的团队精神。

⑥ 企业精神：团结，求实，严细，创新。

⑦ 企业核心价值观：员工与企业共同成长，企业与社会和谐发展。

⑧ 企业发展理念：不求最大、但求最好，油化一体、效益最大。

⑨ 企业工作理念：精心做事，责任为先。

⑩ 企业管理理念：严细管理、持续创新。

⑪ 企业人才理念：人人可成才、竞争选人才、岗位育人才、发展聚人才。

⑫ 企业安全理念：以人为本、依法治企、安全第一、健康发展。

4. 燕山石化地域图

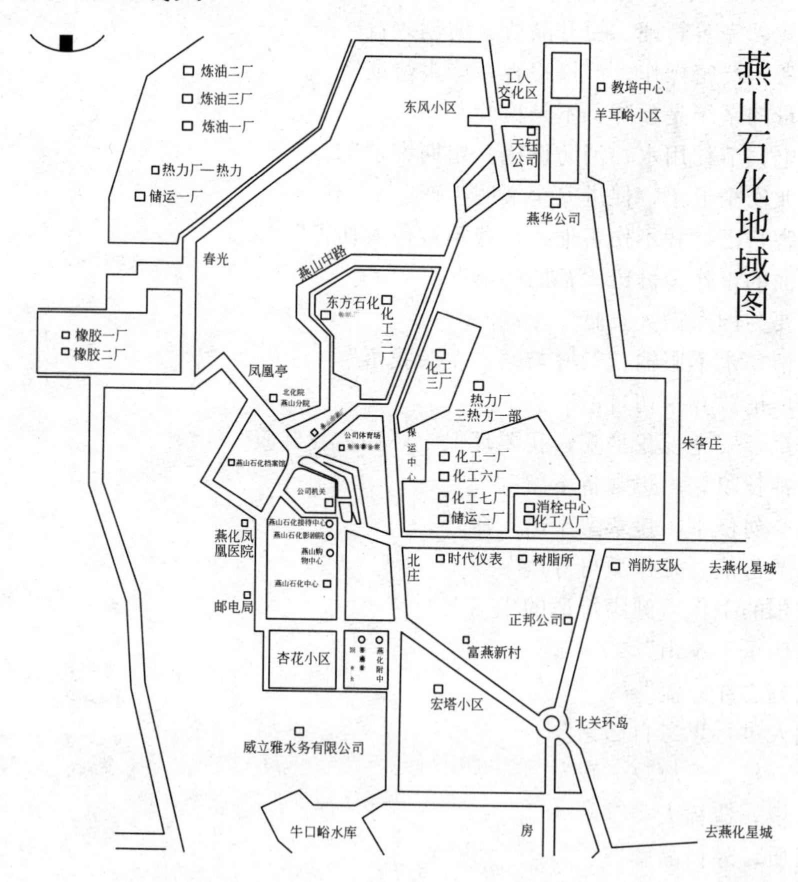